# 微观缺陷对炸药性能影响的分子动力学模拟

## Molecular Dynamics Simulation on the Influence of Microscopic Defects on Performance of Explosives

杭贵云　王金涛　王　涛　著

国防工業出版社

·北京·

**图书在版编目（CIP）数据**

微观缺陷对炸药性能影响的分子动力学模拟 / 杭贵云，王金涛，王涛著. -- 北京：国防工业出版社，2025. 8. -- ISBN 978-7-118-13769-9

Ⅰ. TQ560. 71

中国国家版本馆 CIP 数据核字第 2025GP2407 号

※

国防工業出版社 出版发行

（北京市海淀区紫竹院南路 23 号　邮政编码 100048）

三河市天利华印刷装订有限公司印刷

新华书店经售

*

**开本** 710×1000　1/16　**插页** 3　**印张** 13¼　**字数** 235 千字

2025 年 8 月第 1 版第 1 次印刷　**印数** 1—1500 册　**定价** 79.00 元

---



国防书店：（010）88540777　书店传真：（010）88540776

发行业务：（010）88540717　发行传真：（010）88540762

# 前　言

含能材料分子中蕴含巨大的能量，在外界刺激作用下，含能材料分子中的化学键会发生断裂破坏，快速释放出大量的能量并急剧膨胀从而对外做功。因此，含能材料作为一类特殊的能源材料，在航空航天、武器弹药、民用设备等众多领域得到广泛应用。对于常规武器弹药，含能材料是对目标实施有效毁伤的能量来源与重要依托。因此，武器弹药中装填的含能材料的性能直接影响并决定武器弹药的作战使用性能。

含能材料的生产、制备、加工等环节都有特殊的条件与要求。在含能材料制备过程中，受制备工艺的影响，最终产物中会存在一定量的未完全参与反应的原料及其他副产物，从晶体学的角度来讲，含能材料晶体中存在掺杂缺陷。此外，含能材料晶体在结晶过程中，外界的因素，包含温度、湿度、振动、冲击、电磁场、溶剂等均会影响其结晶过程，从而有可能导致其晶体中产生缺陷，如空位、位错、孪晶等。从微观角度来看，晶体缺陷的存在会影响含能材料的晶体结构，使晶体中炸药分子的堆积与排列方式发生改变，造成炸药晶体密度与分子间作用力发生变化。从宏观角度来看，晶体缺陷会影响含能材料的性能，如感度、稳定性、爆轰性能、力学性能等，从而进一步影响武器弹药在服役过程中的可靠性、安全性与作战使用性能。因此，研究晶体缺陷对含能材料性能的影响具有重要的理论意义与重大的应用前景。

为了研究含能材料的性能，通常采用实验与理论研究方法，实验方法可靠性高，但成本高、周期长，同时存在一定的危险性。相较之下，理论研究方法成本低、周期短，目前已成为一种常见的方法。在理论方法中，分子动力学（molecular dynamics，MD）、量子力学（quantum mechanics，QM）与量子化学（quantum chemistry，QC）是最常见的三种方法。在三种方法中，QM 与 QC 方法主要是计算含能材料分子的不同原子中电子的信息，侧重于从电子层面分析预测物质的性能，其计算量较大，计算耗时较长，要求体系中的原子数不能过多，从而导致其应用受到一定的限制。MD 方法主要是从分子层面预测物质的结构与性能，具有简便易行、准确度较高、计算速度较快等优点，因此在理论计算方面具有明显的优势，从而备受关注。

本书采用 MD 方法，探究微观缺陷对炸药性能影响情况，全书共分为

6 章：第 1 章介绍含能材料微观缺陷的基础知识，包括微观缺陷产生的原因、微观缺陷产生的机理、含能材料微观缺陷研究现状；第 2 章介绍分子动力学理论基础知识；第 3 章选取高能炸药 PETN、HMX 为研究对象，探究微观缺陷对单体炸药性能影响情况；第 4 章以 HMX 基 PBX、CL－20 基 PBX 与 B 炸药为研究对象，探究微观缺陷对混合炸药性能影响；第 5 章选取典型的 CL－20/DNB、CL－20/TNT、CL－20/NQ、CL－20/HMX 共晶炸药为研究对象，探究微观缺陷对 CL－20 共晶炸药性能影响情况；第 6 章选取 HMX/NTO、HMX/NQ 为研究对象，探究微观缺陷对 HMX 共晶炸药性能影响情况。

本书在编写过程中参考了国内外的一些书籍与研究论文，在此向相关作者表示衷心的感谢与诚挚的敬意。本书在出版过程中得到了“含能材料服役性能评估”陕西高校青年创新团队的资助，在此表示衷心的感谢。由于编者水平有限，书中不足与疏漏之处在所难免，敬请读者批评指正。

**杭贵云**

**2025 年 6 月于西安**

# 目　录

# 第 1 章 微观缺陷——影响含能材料性能的重要因素

## 1.1 含能材料微观缺陷分析

炸药作为一种特定的含能材料，能够独立进行化学爆炸反应释放能量。无论是在开矿、工程爆破等民用领域，还是在武器系统弹药装药的军事领域，炸药均具有广泛应用。因此，其安全性和可靠性受到广泛关注。受生产环境、人员技能水平以及提纯和控制精度等客观因素的影响，单体炸药中不可避免地会存在位错、空位、掺杂、孪晶等晶体缺陷，如 Cady[1] 通过实验方法证实了单体炸药太安（PETN）、黑索今（RDX）、梯恩梯（TNT）和 1,3,5 – 三氨基 – 2,4,6 – 三硝基苯（TATB）内存在晶体缺陷。混合炸药在熔铸、压装或储存的过程中，若人工操作不细致、工艺参数控制不精准，可能会导致混合炸药产生孔洞、裂缝等微观缺陷，破坏炸药的微观结构[2]。缺陷的存在会影响炸药的晶体结构，使晶体中分子的排列方式发生变化，影响炸药的稳定性。另外，缺陷的存在还会对炸药的性能产生影响，如感度、爆轰性能、力学性能等，从而直接影响武器弹药的作战使用性能。这些宏观性能是评估炸药安全性和可靠性的重要指标，其性能优劣直接影响着炸药的应用进程。因此，有必要探究微观缺陷对炸药宏观性能的影响。现代武器为了追求更加强大的毁伤威力，一般采用混合炸药作为主装药，利用雷管组件进行起爆。当前，雷管组件常采用感度较高的单体炸药作为传爆药柱，战略武器系统多采用高聚物黏结炸药作为主装药，常规武器系统的主装药则一般选择熔铸类炸药。

自 1952 年“热点”假说[3]提出以来，微观缺陷对含能材料起爆性能的影响备受关注。1961 年 Davis 等[4]通过实验证明，当含能材料受到爆轰波冲击时，孔洞缺陷的附近区域会发生局部分解。位错缺陷对 RDX 和 PETN 性能的影响[5]也通过实验进行了探究，并获得了一些有益结论。国内也进行过相关研究，黄亨建、花成和徐容等采用实验手段探究了缺陷对奥克托今（HMX）感度性能的影响[6-8]。然而，含能材料的爆炸反应过程极为短暂，时间在微秒

($10^{-6}$s）量级实验方法无法捕捉到其微观反应过程。随着计算机技术的高速发展，分子动力学（molecular dynamics，MD）模拟弥补了实验方法的缺点，成为探究含能材料微观结构和反应过程的重要手段。微观缺陷，如刃位错[9]、空位[10-11]、掺杂[12]和孔洞[13]等，对含能材料电子结构、光禁带等性能影响或是其传播、演化过程的模拟研究已见于报道，而关于其对含能材料的反应机理、爆轰性能和力学性能等宏观性能影响的报道较少。为丰富人们关于微观缺陷对含能材料性能影响的认识，需要对其做进一步的深入研究。

## 1.2 含能材料晶体缺陷研究现状

### 1.2.1 国外研究现状

Tsai[14]采用MD方法讨论了炸药模型受压缩过程中，空位簇和滑移带在升温“热点”过程中发挥的作用。研究发现，炸药模型受到冲击压缩时，有两种升温“热点”的机制：一是在平衡状态下，体系动能的麦克斯韦（Maxwellian）分布导致体系内某些分子的动能高于平均值，当动能较大的分子存在的时间几倍于分子的振动周期时，就会形成“热点”；二是结构弛豫，Tsai认为缺陷区域的应变能较“完美”区域更高，当晶体受压缩时，缺陷的运动导致体系发生结构弛豫，势能转化为动能加热分子形成“热点”。Tsai同时指出不是所有的缺陷运动都会引发结构弛豫，只有当分子运动引发结构弛豫并伴有势能的净释放时才会形成局部“热点”。1996年，Brill等[15]首次系统阐述了晶体缺陷在“热点”形成过程中起到的作用。他们的研究指出，由晶体弛豫产生的应变能在晶体缺陷区域较为集中，引发含能材料分解、燃烧甚至爆轰的“热点”往往形成于该区域。这一阐述奠定了探究微观缺陷对含能材料性能影响的理论基础。

Kuklja在探究晶体缺陷对含能材料性能影响方面做了大量系统性工作，她的课题组[10]首次采用Hartree-Fock方法探究了空位缺陷对RDX性能的影响。研究结果表明，RDX空位缺陷的形成能较低，低温条件下亦可在RDX晶体内形成大量空位缺陷；空位缺陷破坏了分子间的相互作用，使电子密度重新排布，晶带发生位移，降低了晶带能隙。随后，Kuklja[16]又探究了当RDX受静水压作用时，空位缺陷对其压缩性及金属化性能的影响，结果表明空位缺陷的存在使RDX晶体更容易压缩且其发生金属性相变的临界压力降低。后来，Kuklja[17]又研究了空位缺陷的聚集效应对RDX晶体性能的影响，结果显示空位缺陷之间的相互作用力是引力，空位缺陷之间容易聚集形成团簇，改变 RDX 晶体内的电子分布状态，对炸药的冲击波感度产生不利影响。2001 年，Kuklja[9] 又探究了刃位错缺陷对 RDX 和 PETN 性能的影响，研究表明刃位错导致带隙之间呈现局部电子态，其引发的结构变形严重影响了炸药晶体的力学性能和电子特性，容易导致 RDX 和 PETN 的引发键断裂，提升其感度。

Borne 等[18] 对掺杂不同数量 HMX 杂质的 RDX 进行了冲击波感度实验。实验结果显示，HMX 杂质的存在导致 RDX 的冲击波感度增加，但是 HMX 杂质含量的多少与冲击波感度之间并没有直接联系。2012 年，Kuklja[19] 以 PETN 为研究对象探究了掺杂缺陷对 PETN 激光感度的影响，结果表明杂质会在带隙内部诱发形成局部电子态，导致带隙变窄，进而激发分子导致 PETN 晶体的感度增加。

Boyd 等[20] 采用 MD 方法探究了孔洞缺陷对 RDX 性能的影响。结果表明，随着孔洞尺寸的增加，平均到每个移除分子的孔洞形成能逐渐减小并趋于稳定。当孔洞尺寸为 1 个分子时，平均到每个分子的孔洞形成能为 50kcal/mol，当孔洞尺寸超过 8 个分子之后，平均到每个移除分子的孔洞形成能为 23 ± 2kcal/mol。位于孔洞缺陷表面或者距其 5 ~ 10Å 距离的分子局部结合能减小，但是其中也存在部分分子的局部结合能比无缺陷区域分子的局部结合能大。Boyd 等在大于 1 个分子尺寸的孔洞附近发现分子构型和取向发生变化，应变减弱。

Moxnes 等[21] 采用 ReaxFF – MD 模拟的方法研究了空位缺陷对 HMX 晶体热稳定性的影响，发现空位缺陷的存在导致引发 HMX 的引发键（$N—NO_2$）发生断裂的温度下降，HMX 的热稳定性下降。Bouma 等[22] 则把焦点放在 RDX 的晶体缺陷对其 PBX 力学响应的影响上，并开展了实验研究。结果发现 RDX 的晶体品质与 PBX 是否易发生变形之间无明显关联，单凭剪切率阈值这一参数评估机械感度是不全面的，还应考虑颗粒之间的滑动摩擦产生的不利影响。

### 1.2.2　国内研究现状

马秀芳[23] 对“完美”型、空位和掺杂缺陷浓度均为 5.6% 的 3 种 HMX 晶体模型及其 PBX 模型进行了 MD 模拟。分析模拟结果发现，晶体缺陷导致 HMX 晶体的抗变形能力减弱，延展性和柔韧性增强，爆速和爆压下降，并且导致以它为基的 PBX 的性能受到同样影响。

Xu 等[24] 在 COMPASS 力场下对含有空位和掺杂缺陷的 CL – 20 及其 PBX 模型进行了 MD 模拟，探究了空位和掺杂缺陷对 ε – CL – 20 及其 PBX 模型的力学性能和结合能的影响。结果显示空位和掺杂缺陷导致 ε – CL – 20 及其

PBX 模型的弹性呈现增强趋势，但破坏了其稳定性，并且研究发现 PBX 的主体炸药对其力学性能起决定性影响。

周婷婷[25]采用 ReaxFF－MD 模拟的方法研究了不同温度下，分子空位缺陷对 HMX 分解和反应机理的影响。结果表明 HMX 的分解有三种机制，即引发键（N—$NO_2$键）断裂、HONO 消除和 HMX 主环断裂。空位缺陷影响了这三种机制对 HMX 分解的贡献率。高温条件下，空位缺陷促进了 N—$NO_2$基团中的 N—N 键和 HMX 主环断裂，抑制 HONO 的生成；低温条件下，空位缺陷对这三种分解机制均有促进作用，其中对 HMX 主环断裂的促进作用最为明显，对 HONO 消除的提升作用较小。此外，空位缺陷还导致 HMX 的分解速率加快，反应活化能降低。

Duan 等[13]在含有 250 个 HMX 分子的超晶胞的基础上建立了三种孔洞缺陷浓度为 10% 的缺陷模型，研究孔洞的动态演化特性。三种缺陷模型孔洞尺寸的设置分别为移除 5 和 20 个 HMX 分子、10 和 15 个 HMX 分子以及 25 个 HMX 分子。研究表明，孔洞尺寸越大，孔洞形成能越低；缺陷模型分子的平均结合能为 32～34kcal/mol，在距离孔洞表面 10Å 范围内的分子结合能显著下降。MD 模拟的过程还显示孔洞越大越容易塌陷，呈现液体状态。同年，Wen 等[26]研究了孪晶缺陷对 HMX 冲击波感度的影响。研究发现孪晶缺陷显著提升了 HMX 的冲击波感度；与“完美”HMX 晶体相比，含孪晶缺陷的 HMX 受到冲击波作用后，内部产生更高的应力和温度，分解得更加迅速。研究还发现，孪晶面的温度是 HMX 晶体内部最高的，显示孪晶缺陷区是最有可能担当“热点”角色的区域。他们推测孪晶提高 HMX 冲击波感度的原因是孪晶面上的分子同其周围分子之间形成了较大的自由体积。

薛向贵[27]采用 ReaxFF－MD 模拟的方法探究了位错缺陷对 RDX 冲击波感度的影响。模拟结果证实，位错缺陷会提升 RDX 的冲击波感度，并且刃位错的影响程度较螺位错更大，主要是由于刃位错使晶体中产生了更大的自由体积。同年，彭亚晶等[11]采用第一性原理方法研究了空位缺陷对 RDX 几何结构、电子结构和振动特性的影响。结果表明，空位缺陷破坏了 RDX 晶胞内的分子结构，改变了电荷分布，使体系的能带隙值降低，反应活性增强；缺陷附近的 N—N 键变长，键能减弱，在受到外界刺激时容易最先断裂，释放能量形成“热点”。

王洪波等[28]基于蒙特卡罗法的思想，采用有限元计算方法从细观尺度探究了孔洞缺陷对 HMX 基 PBX 点火特性的影响，结果表明孔洞缺陷提高了 HMX 基 PBX 模型的撞击感度，且随着孔洞尺寸的增大而增加。但是当孔洞尺寸达到或超过特定阈值后，其撞击感度受到的影响不再明显。

陈科全等[29]以压装 HMX 基 PBX 炸药为对象，采用改进后的圆弧巴西实验，研究了不同预制缺陷条件下炸药的破坏过程，并与无缺陷炸药的实验结果进行对比。结果表明，在所研究的范围内，压装 PBX 炸药的力学强度随缺陷的空间位置变化显著，最高降幅达 75.3%；不同缺陷下炸药的破坏形式差异较大，缺陷与加载方向存在夹角时，炸药存在二次承载的现象，且裂纹从缺陷端部向炸药加载面扩展。

李宁[30]探究了晶体缺陷对单体炸药、PBX 和共晶炸药三类炸药力学性能和感度的影响。研究结果显示，晶体缺陷对三类炸药的力学性能和感度的影响是一致的；晶体缺陷导致炸药的抗变形能力下降，延展性和柔韧性增强；缺陷的存在提高了炸药分子的活化程度，致使稳定性变差，感度增加，安全性变差。

刘智超[31-32]采用 DFT－D 方法，探究了空位缺陷对 NTO 性能的影响。研究表明，空位缺陷对 NTO 晶体的电子结构产生了显著影响，其带隙减小，严重影响了 NTO 的稳定性。空位缺陷的存在导致 NTO 的价带顶和导带底局域于空位缺陷附近，使空位缺陷区域成为反应活性中心。

吕鹏博等[33]利用正交实验建立了含 9 种裂纹缺陷的装药、弹体和靶板模型，并利用 ANSYS/LS－DYNA 模拟了在侵彻靶板时缺陷在冲击载荷作用下的塑性变形情况，计算了炸药的应变能和热分解作用下装药的局部温升情况，从温度角度对含缺陷战斗部的装药安定性进行了分析。模拟分析了裂纹缺陷 4 个因素对于侵爆战斗部装药的侵彻安定性影响主次，得出了位于卵头部装药区的圆柱状裂纹缺陷对于含缺陷的战斗部装药的安定性影响较大的结论。

吕鹏博等[34]建立了含缺陷的装药、弹体和靶板模型，利用 ANSYS/LS－DYNA 模拟了在侵彻靶板时缺陷在冲击载荷作用下的塑性变形情况，计算了炸药的塑性应变能和热分解作用下装药的局部温升情况，从温度角度对含缺陷战斗部的装药安定性进行了分析，通过模拟不同攻角下弹体的穿甲过程，得出了攻角越大对于含缺陷的战斗部装药的安定性影响就越大的结论，证明了含缺陷装药的塑性应变能积累对于装药安定性的影响比较小。

陈科全等[35]以典型 HMX 基 PBX 炸药为研究对象，采用圆弧巴西实验和数字散斑方法，通过预制缺陷的方式研究了不同缺陷条件下炸药裂纹的扩展过程。研究表明，不同缺陷下炸药裂纹扩展过程的差异较大，当缺陷位于加载轴向时，主裂纹完整贯穿试样中心，而当缺陷与加载方向存在夹角时，主裂纹从缺陷两端附近向加载面扩展，且不再通过试样中心。

苗爽等[36]采用分子动力学方法计算得到了掺杂率不同的 PBX 模型的溶度参数、结合能、爆轰参数和力学参数，并进行了比较。结果表明，掺杂缺陷使

PBX 中主体炸药与添加剂之间的溶度参数差值增大，表明它们之间的相容性变差，且变化程度与掺杂率有关；掺杂缺陷对 PBX 爆轰性能的影响不是单调的，掺杂率为 1.25% 和 2.50% 时，PBX 的爆轰性能变好；掺杂缺陷导致 PBX 的力学参数随掺杂率的增加而减小，拉伸模量、体积模量、剪切模量、柯西压及体积模量和剪切模量之比的减小幅度分别为 0.19 ~ 2.66GPa、0.06 ~ 0.25GPa、0.08 ~ 1.09GPa、0.08 ~ 0.55GPa 及 0.05 ~ 1.17，表明 PBX 的刚性与延展性变差，力学性能恶化。掺杂缺陷对 PBX 的相容性、爆轰性能和力学性能将产生影响。

苗爽等[37]分别建立了掺杂率为 4.17%、8.33%、12.50% 和 16.67% 的 4 种 HMX 模型。采用分子动力学方法，计算得到了不同模型的键连双原子作用能、内聚能密度、溶度参数、爆轰参数与力学参数，并与纯 HMX 相关性能参数进行了比较，结果表明，RDX 掺杂缺陷导致炸药的键连双原子作用能和内聚能密度减小，减小幅度分别为 9.53 ~ 36.36kJ/mol 和 0.028 ~ 0.135kJ/cm$^3$；受 RDX 掺杂缺陷的影响，HMX 与氟橡胶（$F_{2311}$）的溶度参数的差值减小，减小幅度为 0.51 ~ 2.32J$^{1/2}$/cm$^{3/2}$，其密度、爆速和爆压减小幅度分别为 1.12% ~ 5.59%、0.84% ~ 4.19% 和 2.27% ~ 11.14%，爆热略有轻微上升，可忽略；RDX 掺杂缺陷还导致 HMX 的弹性模量、体积模量和剪切模量降低，而柯西压及体积模量和剪切模量的比值上升，其变化幅度分别为 1.04 ~ 3.63GPa、0.58 ~ 1.73GPa、0.42 ~ 1.45GPa、0.35 ~ 2.69GPa 和 0.11 ~ 0.64。这说明，随着 RDX 掺杂缺陷浓度增大，HMX 炸药的安全性能降低、爆轰性能下降、力学性能变差、与 $F_{2311}$ 的相容性变好。

苗爽等[38]建立了 3 种空位缺陷浓度一致但孔洞大小不同的 B 炸药缺陷模型。采用分子动力学方法，计算得到了不同 B 炸药模型与感度、结合能、爆轰性能和力学性能相关的参数并进行了比较。结果表明，缺陷模型的键连双原子作用能和内聚能密度分别下降了 9.93 ~ 23.88kJ/mol 和 0.0082 ~ 0.0254kJ/cm$^3$，表明孔洞缺陷的存在使 B 炸药更敏感，且孔洞越大，敏感程度越高。缺陷模型的结合能下降了 368.43 ~ 391.46kJ/mol，表明孔洞缺陷导致 B 炸药的稳定性下降，且孔洞越大，稳定性越差。孔洞缺陷对 B 炸药的爆轰性能影响比较微弱，受密度下降的影响，爆速和爆压轻微下降。孔洞缺陷导致 B 炸药的弹性模量、体积模量、剪切模量和柯西压分别下降 0.21 ~ 1.24GPa、0.23 ~ 1.46GPa、0.08 ~ 0.48GPa 及 0.09 ~ 0.44GPa，体积模量与剪切模量的比值几乎不变，表明孔洞缺陷导致 B 炸药的抗变形能力和延展性变差。

苗爽等[39]分别建立了两种 PBX“完美”模型和 4 种缺陷模型。采用分子动力学方法对这 6 种 PBX 模型进行了模拟计算，得到了感度、结合能、爆轰性能和力学性能参数并进行了对比。结果表明，晶体缺陷导致PBX炸药的键连双原子作用能和内聚能密度减小，分别下降2.46～5.72kJ/mol和0.0251～0.0544kJ/$cm^3$，表明缺陷模型的感度增加，安全性降低；缺陷模型的结合能下降509.61～1618.24kJ/mol，表明炸药的稳定性变差；缺陷模型的密度、爆速和爆压均下降，降幅分别为0.01～0.05g/$cm^3$、36.35～185.69m/s和0.36～1.79GPa，其氧平衡和爆热的变化几乎可以忽略不计，表明缺陷模型的毁伤威力降低。晶体缺陷还导致PBX炸药的拉伸模量、体积模量和剪切模量分别下降0.062～1.772GPa、0.261～1.188GPa和0.012～0.685GPa，体积模量与剪切模量之比增加0.002～0.366，位错和空位缺陷模型的柯西压分别下降0.822GPa和0.479GPa，掺杂和孪晶缺陷模型的柯西压分别上升0.114GPa和0.491GPa，表明缺陷模型的抗变形能力下降、柔韧性增强。

戚春保等[40]建立了不同掺杂率缺陷的PETN模型，采用MD方法对模型进行了结构优化，预测了各种模型的感度、爆轰性能与力学性能。结果表明，缺陷模型的引发键键连双原子作用能与内聚能密度减小，感度升高，安全性降低，密度、爆速与爆压减小，能量密度降低，掺杂缺陷使PETN晶体的模量（拉伸模量、剪切模量与体积模量）减小，柯西压增大，模型有“变软”趋势。

杭贵云等[41-48]采用MD方法，研究了晶体缺陷对CL－20系列共晶炸药，包括CL－20/TNT、CL－20/DNB、CL－20/HMX、CL－20/NQ、HMX系列共晶炸药，以及HMX/NTO、HMX/NQ共晶炸药和HMX性能的影响情况，发现晶体缺陷使共晶炸药中组分之间的结合能减小，稳定性降低，缺陷晶体中引发键键长增大，引发键键连双原子作用能与内聚能密度降低，感度升高，安全性减弱，晶体缺陷使炸药的密度与爆轰参数有不同程度减小，能量密度与威力降低，缺陷模型的拉伸模量、体积模量与剪切模量减小，柯西压增大，体系的刚性、硬度与断裂强度降低，延展性增强。

郭志炜等[49]采用分子动力学方法探究了一系列空位缺陷浓度（0%、1.56%、6.25%和12.5%）对TKX-50感度、力学性能和爆轰性能的影响。研究发现，空位缺陷导致TKX-50的内聚能密度减小、总氢键数目减少，表明含空位缺陷的TKX-50感度增加，安全性降低；并且随着空位缺陷的增多，羟胺阳离子间的氢键数目几乎不变，联四唑阴离子上以氧原子为氢键受体的氢键数目与其他氢键相比明显减少。另外，空位缺陷使TKX-50的体积模量、拉伸模量和剪切模量分别降低了1.530～4.122GPa、3.066～10.652GPa和1.216～4.202GPa，表明随空位缺陷浓度增加，TKX-50晶体刚度下降。所有模型的柯西压为正，表明所有模型均表现出延展性，且体积模量/剪切模量值与泊松比随空位缺陷浓度的增加而增加，表明空位缺陷的增多使 TKX-50 的韧性和塑性都得到增强。此外，空位缺陷还使 TKX-50 的爆速和爆压分别降低了 93～317m/s 和 1.0～3.5GPa，表明缺陷晶体的毁伤威力降低。

胡靖伟等[50]采用分子动力学方法和 ReaxFF－lg 反应性力场，对 1500～3500K 高温下含空位缺陷 CL－20 的初始反应路径、热分解产物和反应动力学进行了研究。结果表明，1500～3500K 时，含空位缺陷 CL－20 的初始分解路径与完美晶体基本相同，首先 N—$NO_2$键断裂生成 $NO_2$。空位缺陷增大了 CL－20 开环反应频次，增加了 $NO_2$的生成量。比较“完美”晶体 CL－20 可见，空位缺陷可降低 CL－20 活化能，加速 CL－20 的热分解进程。2000K 和 3000K 时含 16.7%空位 CL－20 反应速率常数分别是“完美”CL－20 的 1.7 倍和 1.4 倍。空位缺陷其周围的 CL－20 分子更容易发生热分解反应，导致 CL－20 的感度提高。

仲凯等[51]总结了晶体缺陷对含能材料感度影响情况，其中晶体缺陷包括点缺陷、线缺陷、面缺陷、体缺陷，感度包括冲击波感度、撞击感度、热感度与激光感度。结果发现，点缺陷会使炸药的冲击波感度、撞击感度与热感度增加；线缺陷使炸药的冲击波感度与撞击感度增加；面缺陷使炸药的冲击波感度、撞击感度、热感度与激光感度增加；体缺陷也会使炸药的冲击波感度、撞击感度、热感度与激光感度增加。因此，面缺陷与体缺陷对炸药感度的影响更为显著。

黄龙杰等[52]采用分子动力学方法，基于 Smith 力场模拟含不同缺陷特征（孔隙率、孔洞数量和孔洞分布形态）的 β－HMX 单晶在动态拉伸下的变形、损伤及破坏过程。研究结果表明，孔隙率由 1%增大至 2%，β－HMX 单晶的抗拉强度与完美单晶相比下降 5.3%～11.2%，杨氏模量降低 3.6%～13.44%；孔隙率不变的条件下，材料的抗拉强度会随着孔洞数量的增多而下降；当孔洞间距较小时，在拉伸过程中孔洞之间发生相互作用，导致材料的抗拉强度降低；孔洞的分布形态对 β－HMX 炸药单晶抗拉强度影响较为明显，不同应变率下 β－HMX 单晶的破坏机理具有明显差异，在 $5\times10^9 s^{-1}$拉伸应变率下孔洞周围先形成细小裂纹，裂纹逐渐扩展导致 β－HMX 单晶发生断裂，材料具有明显断口，在 $1\times10^{11} s^{-1}$拉伸应变率下，β－HMX 单晶内部形成多条裂纹，导致材料破坏失效。

周婷婷等[53]采用 ReaxFF 反应力场和分子动力学方法，对含圆柱形孔洞的炸药单晶奥克托金（HMX）在冲击载荷下的动态响应进行了研究，并探究了孔洞尺寸和双孔洞的影响。结果表明，冲击载荷下孔洞的塌缩过程分为 3 个阶段，即孔洞上游的塑性变形、上游原子向孔洞中心和下游运动形成流动原子、流动原子与下游碰撞。热点形成的主要机制是流动原子与下游碰撞使动能转换为热能导致温度快速升高。热点的高温诱发了局部化学反应，HMX 分子中 N—$NO_2$键断裂生成 $NO_2$是主要的初始反应机制。圆柱形孔洞的塌缩过程和热点形成机制与球形孔洞是相似的，但圆柱形孔洞的汇聚效应更弱、形成的流动原子速度更低，导致热点温度显著降低、化学反应更弱。此外，圆柱形孔洞于塌缩过程中在其周围形成了剪切带，这在球形孔洞中没有出现。随着孔洞尺寸的增大，流动原子的速度提高、剪切带变宽、热点温度升高且面积增大，进而引发了更剧烈的化学反应。对于沿冲击方向排布相距一个孔洞半径的双孔洞，孔洞塌缩过程与单孔洞是类似的，但由于冲击波在传过上游孔洞后压力有所降低，导致下游孔洞在塌缩过程中形成的流动原子速度更小、热点温度更低。

## 1.3　本书的主要内容

本书以含能材料中常见的微观缺陷为出发点，聚焦微观缺陷对含能材料性能的影响情况，分别以常见的单体炸药（PETN 与 HMX）、混合炸药（包括 HMX 基 PBX、CL－20 基 PBX 与 B 炸药）及共晶炸药（包括 CL－20 系列共晶炸药与 HMX 系列共晶炸药）为研究对象，在 Materials Studio 软件中分别建立了“完美”型与含有晶体缺陷的含能材料模型，采用分子动力学方法，预测了各种模型的稳定性、感度、爆轰性能与力学性能，评价了晶体缺陷对含能材料的性能影响。

各章节的具体内容如下。

第 1 章为概述部分，系统地介绍了晶体缺陷出现的原因及可能对含能材料性能产生的影响，归纳总结了国内外研究现状。

第 2 章介绍了分子动力学理论基础知识，包括经典分子动力学与量子分子动力学。

第 3 章选取高能单体炸药 PETN、HMX 为研究对象，建立含有不同缺陷类型的 PETN、HMX 晶胞模型，采用 MD 方法对所建模型进行模拟计算，获得用于表征 PETN、HMX 安全性、爆轰性能和力学性能的相关参数。通过比较分析模拟结果，探究晶体缺陷对 PETN、HMX 性能的影响。

第 4 章以 HMX 基 PBX、CL－20 基 PBX 与 B 炸药为研究对象，建立不同缺陷种类的混合炸药模型，并对所建模型进行 MD 模拟。根据 MD 模拟的结果，分析主体炸药内的晶体缺陷对混合炸药的安全性、稳定性、爆轰性能和力学性能的影响。

第5章以CL-20共晶炸药为主体，选取典型的CL-20/DNB、CL-20/TNT、CL-20/NQ、CL-20/HMX共晶炸药为研究对象，建立含有不同缺陷类型的共晶炸药模型，采用MD方法对所建模型进行模拟计算，得到用于表征CL-20共晶炸药安全性、稳定性、爆轰性能和力学性能的相关参数。通过比较分析模拟结果，探究微观缺陷对CL-20共晶炸药性能的影响。

第6章以HMX共晶炸药为主体，选取HMX/NTO、HMX/NQ为研究对象，建立含有不同缺陷类型的HMX共晶炸药模型。采用MD方法对所建模型进行模拟计算，得到用于表征HMX共晶炸药安全性、稳定性、爆轰性能和力学性能的相关参数。通过比较分析模拟结果，探究微观缺陷对HMX共晶炸药性能的影响。

## ◇ 参考文献 ◇


[1] Cady H H. Growth and defects of explosives crystals [J]. MRS Proceedings, 1992, 296: 243-254.

[2] 李瑞静. 装药缺陷对弹药性能的影响研究 [D]. 太原: 中北大学, 2015.

[3] Bowden F P, Yoffe A D. Initiation and growth of explosion in liquids and solids [M]. Cambridge: Cambridge University Press, 1952.

[4] Davis W C, Ramsay J B, Travis J R. Shock initiation of solid explosives [J]. The Physicas of Fluids, 1961, 4 (4): 511-521.

[5] Halfpenny P J, Roberts K J, Sherwood J N. Dislocation configurations in single crystals of pentaerythritol tetranitrate and cyclotrimethylene trinitramine [J]. Journal of Crystal Growth, 1983, 65 (1-3): 524-529.

[6] 黄亨建，董海山，舒远杰，等. HMX中晶体缺陷的获得及其对热感度和热安定性的影响 [J]. 含能材料, 2003, 11 (3): 123-126.

[7] 花成，黄明，黄辉，等. RDX/HMX炸药晶体内部缺陷表征与冲击波感度研究 [J]. 含能材料, 2010, 18 (2): 152-157.

[8] 徐容，李洪珍，康彬，等. HMX晶体内部孔隙率、缺陷类型及颗粒度对冲击波感度的影响 [J]. 含能材料, 2011, 19 (6): 632-636.

[9] Kuklja M M, Kunz A B. Electronic structure of molecular crystals containing edge dislocations [J]. Journal of Applied Physics, 2001, 89 (9): 4962-4970.

[10] Kuklja M M, Kunz A B. Ab initio simulation of defects in energetic material. Part I. Molecular vacancy structure in RDX crystal [J]. Journal of Physics and Chemistry of Solids, 2000, 61 (1): 35-44.

[11] 彭亚晶，蒋艳雪. 分子空位缺陷对环三亚甲基三硝胺含能材料几何结构、电子结构及振动特性的影响 [J]. 物理学报, 2015, 64 (24): 243102-1-243102-9.

[12] Tsyshevsky R V, Sharia O, Kuklja M M. Optical absorption energies of molecular defects in pentaerythritol tetranitrate crystals: quantum chemical modeling [J]. Journal of Physical Chemistry C, 2014, 118 (46): 26530-26542.

[13] Duan X H, Li W P, Pei C H, et al. Molecular dynamics simulations of void defects in the energetic material HMX [J]. Journal of Molecular Modeling, 2013, 19 (9): 3893-3899.

[14] Tsai D H. Structural defects and "hot spot" formation in a crystalline solid under rapid compression. I.

Vacancy clusters and slip bands [J]. Journal of Chemical Physics, 1991, 95 (10): 7497 - 7503.

[15] Brill T B, Russell T P, Tao W C, et al. Decomposition combustion and detonation chemistry of energetic materials [J]. Materials Research Society, 1996.

[16] Kuklja M M, Kunz A B. Ab initio simulation of defects in energetic materials: Hydrostatic compression of cyclotrimethylene trinitramine [J]. Journal of Applied Physics, 1999, 86 (8): 4428 - 4434.

[17] Kuklja M M, Kunz A B. Simulation of defects in energetic materials. 3. The structure and properties of RDX crystals with vacancy complexes [J]. The Journal of Physical Chemistry B, 2014, 103 (40): 8427 - 8431.

[18] Borne Lionel, Ritter Helmut. HMX as an impurity in RDX particles: effect on the shock sensitivity of formulations based on RDX [J]. Propellants, Explosives, Pyrotechnics, 2006, 21 (6): 482 - 489.

[19] Tsyshevskiy R, Sharia O, Kuklja M M. Effect of impurities on optical properties of pentaerythritol tetranitrate [J]. AIP Conference Proceedings, 2012, 1426 (1): 1183 - 1186.

[20] Boyd S, Murray J S, Politzer P. Molecular dynamics characterization of void defects in crystalline (1,3,5 - trinitro - 1,3,5 - triazacyclohexane) [J]. The Journal of Chemical Physics, 2009, 131 (20): 204903 - 1 - 204903 - 7.

[21] Moxnes J F, Jensen T L, Unneberg E. Study of thermal instability of HMX crystalline polymorphs with and without molecular vacancies using reactive force field molecular dynamics [J]. Advanced Studies in Theoretical Physics, 2016, 10 (7): 331 - 349.

[22] Bouma R H B, van der Heijden, Antoine E D M. The effect of RDX crystal defect structure on mechanical response of a polymer - bonded explosive [J]. Propellants, Explosives, Pyrotechnics, 2016, 41 (3): 484 - 493.

[23] 马秀芳，肖继军，黄辉，等. HMX 和 HMX/HTPB PBX 的晶体缺陷理论研究 [J]. 化学学报，2008，66 (8): 897 - 901.

[24] Xu X J, Xiao J J, Huang H, et al. Molecular dynamic simulations on the structure and properties of ε - CL - 20 (001)/$F_{2314}$ PBX [J]. Journal of Hazardous Materials, 2010, 175: 423 - 428.

[25] 周婷婷，石一丁，黄风雷，等. 高压下 β - HMX 热分解机理的 ReaxFF 反应分子动力学 [J]. 物理化学学报，2012，28 (11): 2605 - 2615.

[26] Wen Y S, Xue X G, Zhou X Q, et al. Twin induced sensitivity enhancement of HMX versus shock: a molecular reactive force field simulation [J]. The Journal of Physical Chemistry C, 2013, 117 (46): 24368 - 24374.

[27] Xue X G, Wen Y S, Long X P, et al. Influence of dislocations on the shock sensitivity of RDX: molecular dynamics simulations by reactive force field [J]. The Journal of Physical Chemistry C, 2015, 119 (24): 13735 - 13742.

[28] 王洪波，王旗华，卢永刚，等. PBX 炸药细观孔洞缺陷对其冲击点火特性的影响 [J]. 火炸药学报，2015，38 (5): 31 - 36.

[29] 陈科全，蓝林钢，路中华，等. 含预制缺陷 PBX 炸药的力学性能及破坏形式 [J]. 火炸药学报，2015，38 (5): 51 - 53.

[30] 李宁. 含能材料缺陷体系的分子动力学模拟 [D]. 北京：北京理工大学，2016.

[31] 刘智超. 共晶、缺陷和纳米炸药结构与性质的理论研究 [D]. 南京：南京理工大学，2017.

[32] Liu Z C, Wu Q, Zhu W H, et al. Vacancy - induced initial decomposition of condensed phase NTO via

bimolecular hydrogen transfer mechanisms at high pressure: a DFT - D study [J]. Physical Chemistry Chemical Physics, 2015, 17: 10568 - 10578.
[33] 吕鹏博, 王伟力, 刘晓夏, 等. 含裂纹装药缺陷的侵爆战斗部穿甲过程装药安定性的数值模拟研究 [J]. 兵器装备工程学报, 2017, 38 (11): 26 - 30.
[34] 吕鹏博, 王伟力, 刘晓夏, 等. 含装药缺陷的侵爆战斗部穿甲过程装药安定性的数值模拟 [J]. 海军航空工程学院学报, 2017, 32 (4): 389 - 394.
[35] 陈科全, 蓝林钢, 路中华, 等. 含预制缺陷 PBX 炸药裂纹扩展过程的试验研究 [J]. 兵器科学工程学报, 2017, 38 (1): 134 - 136.
[36] 苗爽, 王涛, 王玉玲, 等. 掺杂缺陷对 PBX 性能影响的分子动力学研究 [J]. 固体火箭技术, 2018, 41 (6): 726 - 731.
[37] 苗爽, 张雷, 王涛, 等. RDX 杂质对 HMX 性能影响的分子动力学研究 [J]. 含能材料, 2018, 26 (10): 828 - 834.
[38] 苗爽, 王涛, 王玉玲. 孔洞缺陷对 B 炸药性能影响的理论计算 [J]. 原子与分子物理学报, 2019, 36 (4): 675 - 681.
[39] 苗爽, 王涛, 王玉玲, 等. 晶体缺陷对 HMX 基 PBX 性能影响的理论计算 [J]. 含能材料, 2019, 27 (8): 636 - 643.
[40] Qi C B, Wang T, Miao S, et al. Molecular dynamics research on effect of doping defects on properties of PETN [J]. Journal of Molecular Modeling, 2019, 25 (9): 297.
[41] Hang G Y, Yu W L, Wang T, et al. Theoretical investigations on the structures and properties of CL - 20/TNT cocrystal and its defective models by molecular dynamics simulation [J]. Journal of Molecular Modeling, 2018, 24 (7): 158.
[42] Hang G Y, Yu W L, Wang T, et al. Theoretical investigations into effects of adulteration crystal defect on properties of CL - 20/TNT cocrystal explosive [J]. Computational Materials Science, 2019, 156: 77 - 83.
[43] 杭贵云, 余文力, 王涛, 等. CL - 20/DNB 共晶炸药晶体缺陷的理论计算 [J]. 火炸药学报, 2018, 41 (4): 345 - 351.
[44] Hang G Y, Wang T, Yu W L, et al. Theoretical investigation on properties of CL - 20/HMX cocrystal explosive with crystal defect by molecular dynamcis method [J]. Theoretical Chemistry Accounts, 2022, 141 (8): 39.
[45] 杭贵云, 余文力, 王涛, 等. 晶体缺陷对 CL - 20/NQ 共晶炸药性能影响的理论研究 [J]. 含能材料, 2018, 26 (10): 835 - 842.
[46] 杭贵云, 余文力, 王涛, 等. 奥克托今/3 - 硝基 - 1, 2, 4 - 三唑 - 5 - 酮共晶炸药晶体缺陷的分子动力学研究 [J]. 兵工学报, 2019, 40 (1): 49 - 57.
[47] 杭贵云, 余文力, 王涛, 等. 分子动力学法研究掺杂缺陷对 HMX/NQ 共晶炸药性能的影响 [J]. 火炸药学报, 2019, 42 (2): 145 - 151.
[48] Hang G Y, Yu W L, Wang T, et al. Theoretical investigations into effects of adulteration crystal defect on properties of HMX by molecular dynamics method [J]. Theoretical Chemistry Accounts, 2019, 138 (2): 33.
[49] 郭志炜, 郝嘎子, 胡玉冰, 等. 空位缺陷对 TKX - 50 感度、力学性能及爆轰性能影响的分子动力学模拟 [J]. 含能材料, 2023, 31 (3): 277 - 285.

[50] 胡靖伟，甘强，冯长根，等. 高温下含缺陷 CL-20 初始化学反应的分子动力学模拟［J］. 含能材料，2021，29（6）：482-491.

[51] Zhong K，Bu R P，Jiao F B，et al. Toward the defect engineering of energetic materials：a review of the effect of crystal defects on the sensitivity［J］. Chemical Engineering Journal，2022，429：132310.

[52] 黄龙杰，刘睿，高飞艳，等. 含缺陷分布的 β-HMX 单晶动态拉伸变形及破坏机理［J］. 兵工学报，2023，44（12）：3872-3883.

[53] 周婷婷，楼建锋. 含孔洞炸药晶体 HMX 冲击响应的分子动力学模拟［J］. 含能材料，2024，32（1）：65-75.

# 第 2 章　分子动力学理论基础

## 2.1　引言

当前，分子动力学（molecular dynamics，MD）已成为在原子尺度上模拟研究材料微观结构和性能的最重要理论方法，本节试从量子力学高度简述其理论基础[1-18]。

设有质量为 $m$、坐标为 $r$ 且在势能场 $U(r)$ 中运动的一个微粒子，若令其波函数为 $\psi(r,t)$，则其不含时间的（稳）定态 Schrödinger 方程为

$$-\frac{\hbar^2}{2m}\nabla^2\psi(r)+U(r)\psi(r)=E\psi(r) \tag{2-1}$$

式中：$\hbar=h/2\pi$，$h$ 为 Planck 常量；$|\psi(r,t)|^2\mathrm{d}\tau$ 表示其在时刻 $t$ 于体积元 $\mathrm{d}\tau=\mathrm{d}r_x\mathrm{d}r_y\mathrm{d}r_z$ 内出现的概率。以 $-i\hbar\nabla$ 代替动能 $\frac{1}{2}mv^2=\frac{p^2}{2m}$ 中的经典动量 $p$，则式（2-1）的算子表达式即本征值方程为

$$\hat{H}\psi(r)=E\psi(r) \tag{2-2}$$

式中：$\hat{H}$ 为 Hamilton 总能量算子；$\psi$ 为本征函数；$E$ 为相应的本征值总能量，即该粒子的动能和势能之和。

现推广到多粒子体系：其中包含质量为 $m_e$ 的 $n$ 个电子，带电荷为 $-e$，空间坐标为 $r_{e_n}$；包含质量为 $m_n$ 的 $A$ 个原子核，带电荷为 $Z_Ae$（$Z$ 为核 $A$ 的原子序数），空间坐标为 $r_{n_A}$；粒子间存在相互作用。于是，该体系的本征值方程为

$$\left(-\frac{\hbar^2}{2m_e}\sum_n\nabla_n^2-\frac{\hbar^2}{2}\sum_A\frac{1}{m_A}\nabla_A^2+\frac{1}{2}\sum_{n_1\neq n_2}\frac{e^2}{r_{e_{n_1}}-r_{e_{n_2}}}+\frac{1}{2}\sum_{A_1\neq A_2}\frac{Z_{A_1}Z_{A_2}e^2}{r_{n_{A_1}}-r_{n_{A_2}}}-\sum_{n,A}\frac{Z_Ae^2}{r_{e_n}-r_{n_A}}\right)$$
$$\psi(r_{e_1},r_{e_2},r_{e_3},\cdots,r_{n_1},r_{n_2},r_{n_3},\cdots,r_{n_A})=E\psi(r_{e_1},r_{e_2},r_{e_3},\cdots,r_{n_1},r_{n_2},r_{n_3},\cdots,r_{n_A}) \tag{2-3}$$

式中：Hamilton 算子包含 5 项，依次为电子和核的动能算子、电子之间和核之间的排斥能算子以及电子与核之间的吸引能算子。

将 cgs（厘米·克·秒制）单位变换为原子单位，则 Schrödinger 本征值方程式（2－3）可简化为

$$\left(-\frac{1}{2}\sum_{n}\nabla_{n}^{2}-\frac{1}{2}\sum_{A}\frac{1}{m_{A}}\nabla_{A}^{2}+\frac{1}{2}\sum_{n_1\neq n_2}\frac{1}{r_{n_1n_2}}+\frac{1}{2}\sum_{A_1\neq A_2}\frac{Z_{A_1}Z_{A_2}}{r_{A_1A_2}}-\sum_{A}\sum_{n}\frac{Z_{A}}{r_{An}}\right)\psi=E\psi \tag{2-4}$$

式中：$r_{n_1n_2}$、$r_{A_1A_2}$ 和 $r_{A_n}$ 依次为电子 1 和电子 2、核 1 和核 2 以及核 $A$ 和电子 $n$ 之间的距离。

因原子核的质量比电子的质量大数千倍，分子中电子运动比核运动快近千倍，故而考虑电子运动时可将核视为不动，即在固定的核骨架下研究电子的运动；而考虑核运动时，电子可视为处于其基态之下。这就是著名的 Born－Oppenheimer 近似，又称绝热近似。在该近似下，体系的总波函数 $\psi$ 等于电子运动的波函数 $\varphi$ 与核运动波函数 $\varphi'$ 的乘积，即

$$\psi=\varphi'\varphi \tag{2-5}$$

由此可将式（2－4）分离变量得到以下两个方程，即

$$\left(-\frac{1}{2}\sum_{n}\nabla_{n}^{2}+\frac{1}{2}\sum_{n_1\neq n_2}\frac{1}{r_{n_1n_2}}-\sum_{A,n}\frac{Z_{A}}{r_{An}}\right)=\varepsilon\varphi \tag{2-6}$$

$$\left(-\sum_{A}\frac{1}{2m_{A}}\nabla_{A}^{2}+\varepsilon\right)\varphi'=E\varphi' \tag{2-7}$$

式（2－6）描述一定分子构型即原子核均固定时的电子运动；在电子 Hamilton 算子 $\hat{H}_{电子}$ 中已不含核动能项以及核与核之间的排斥项，量子化学如分子轨道理论主要就是求解式（2－6）。式（2－7）描述核运动，核 Hamilton 算子 $\hat{H}_{核}$ 除核动能项外，还有电子的总能量 $\varepsilon$；在该核运动方程中 $\varepsilon$ 成为势能项。Born－Oppenheimer 近似把核和电子运动分别加以处理，极大地简化了计算，成为整个理论与计算化学以及分子光谱学的重要支柱。如果通过求解方程式（2－6）得到电子的总能量 $\varepsilon$，然后在该势场中按牛顿（Newton）力学定律（$F=ma$）求得原子核运动的轨迹，则就属于量子分子动力学。如果不涉及电子 Schrödinger 方程的求解，而只是在经验性势场作用下，如在分子力学力场中根据 Newton 经典力学研究核运动，则就属于经典 MD。

## 2.2　经典分子动力学

以经典动量 $p=mv$ 代换量子力学中的动量算子 $\hat{p}$，上述关于核的

Schrödinger 运动方程式（2－7）变为经典形式，即

$$\frac{1}{2}\sum_{A}\frac{p^2}{m_A}+U=\frac{1}{2}\sum_{A}m_Av_A^2+U=E \tag{2-8}$$

某一质量为 $m$ 的原子核在势能场 $U$ 作用下的运动，可通过求解其牛顿方程加以描述，即

$$F=ma=m\frac{\partial v}{\partial t}=-\frac{\partial U}{\partial r}=-\nabla U \tag{2-9}$$

方程式（2－8）和式（2－9）构成经典 MD 的基础。在一定力场下进行 MD 模拟，首先经由势能函数通过能量极小化求得稳定构型即核坐标 $r$，势能 $U$ 对坐标 $r$ 的一阶导数的负值就是力 $F$，再按 Newton 方程求得加速度 $a=\frac{\partial v}{\partial t}$。一旦知道某时刻 $t$ 的核位置 $r$，所受的力 $F$ 以及速度 $v$，就可求得下一时刻 $t+\Delta t$ 的新的力，再由受到的新力求得新的速度，以新的力和速度得到新的位置。于是原子核的位置随时间向前移动，即获得了原子运动的轨迹，可见与 Monte Carlo 方法属于随机性分子模拟不同，MD 是一种遵循牛顿运动方程、具有确定性的分子模拟方法。

### 2.2.1 力场

因为经典 MD 是由分子力学（molecular mechanics，MM）发展而来，故而它是在 MM 力场下进行模拟的。MM 力场就是核运动的势能函数（$U$），通常取键长、键角、二面角内坐标系统，以原子核之间的距离作为它的变量。从 20 世纪 80 年代至今，已发展出许多著名的力场。其简单的形式往往都包括键伸缩项（$U_r$）、键角弯曲项（$U_\alpha$）、二面角扭转项（$U_\theta$）、范德华（van der Waals）非键作用项（$U_{\mathrm{vdW}}$）和 Coulomb 静电项（$U_q$）等，即

$$U=U_r+U_\alpha+U_\theta+U_{\mathrm{vdW}}+U_q \tag{2-10}$$

若键伸缩项取最简单的二次函数模型即简谐振动势，则有

$$U_r=k_r(r-r_0)^2 \tag{2-11}$$

式中：$k_r$ 为可调力场参数，是反映键伸缩振动强度的弹力常数；$r$ 为瞬时键长；$r_0$ 为平衡构型下的键长，又称自然键长或标准键长。

描述键角在其平衡值附近做小幅振荡，此作用势的二次函数模型为

$$U_\alpha=k_\alpha(\alpha-\alpha_0)^2 \tag{2-12}$$

式中：$k_\alpha$ 为键角弯曲的待定弹力常数；$\alpha$ 和 $\alpha_0$ 分别为瞬时键角和平衡键角。

对于分子中由相连三键四原子形成的二面角扭转项，其势能二次函数形式为

$$U_{\theta} = k_{\theta}(\theta - \theta_0)^2 \tag{2-13}$$

式中：$k_{\theta}$ 为二面角扭转的可调弹力常数；$\theta$ 和 $\theta_0$ 依次为瞬时二面角和平衡二面角。

以上二次函数只适用于常温常压平衡构型附近的核运动，如果核运动偏离平衡位置较远，则应包含与之适应的高次函数势模型。例如，对于键伸缩项，就有各种非谐振动势模型。此外，还可以通过包含一些交叉项来改进力场。

对于分子之间的两个原子或同一分子中被 3 个以上键隔开的两个原子，它们之间的相互作用以范德华非键作用项加以描述。著名的 $U_{\mathrm{vdW}}$ 模型有 Lennard - Jones（L - J）经验势，即

$$U_{\mathrm{vdW}} = \varepsilon_{ij}\left[\left(\frac{r_{ij}^0}{r_{ij}}\right)^{12} - 2\left(\frac{r_{ij}^0}{r_{ij}}\right)^{6}\right] \tag{2-14}$$

式中：$r_{ij}$ 为 $i$ 与 $j$ 原子之间的距离；$r_{ij}^0$ 为两原子间作用势最大的位置（势阱位置）；$\varepsilon_{ij}$ 为势阱深度。当 $r_{ij}$ 趋于无穷大时，吸引能与排斥能项均为 0，范德华作用也为零。

带电原子之间的静电势作用 $U_q$ 常以 Coulomb 点电荷作用形式描述，即

$$U_q = \frac{q_i q_j}{r_{ij}} \tag{2-15}$$

式中：$q_i$ 和 $q_j$ 分别为 $i$ 和 $j$ 原子所带电荷；$r_{ij}$ 为两原子之间的距离。当分子中存在偶极 - 偶极相互作用时，其静电相互作用项的形式为

$$U_q = \frac{\mu_i \mu_j}{r_{ij}^3}(\cos\phi - 3\cos\alpha_i \cdot \cos\alpha_j) \tag{2-16}$$

式中：$\mu_i$ 和 $\mu_j$ 为偶极矩；$\phi$ 为两偶极矩之间的角度；$\alpha_i$ 和 $\alpha_j$ 分别为两偶极向量间的夹角。

如上可见，分子力场包含势能函数的形式和待定参数。由于势能函数以及早先的参数优化方法通常都是经验性的，所以分子力场也称为经验力场。只通过经验力场作静态计算，经由能量极小化求得稳定甚至平衡构型以及相关性能，即只求解方程式（2 - 8），就是 MM。而在力场即势能 $U$ 的作用下，原子核按牛顿第二定律（式（2 - 9））运动，获得原子运动轨迹，进而根据统计力学求得体系的各种性能，这就构成经典 MD。所以经典 MD 实质上是 MM 加牛顿第二定律，即需要求解式（2 - 8）和式（2 - 9）。

尽管力场参数化的方法已由拟合分子性质（如键长、键角、振动频率等实验数据）发展为依据量子化学从头算结果（如势能面数据等），从而使力场更为可靠和普适，有时还称之为从头算力场，但是只要囿于式（2 - 8），就仍然属于经典 MD。甚至完全放弃经典力场中原子类型、原子固有联结性和内坐

标等概念，而是基于量子化学中键级概念，通过建立体系能量与键级的关系，去发展反应性力场，以求推广应用于存在化学反应（即伴随旧键断裂、新键生成）的体系；这些工作很有意义，进展也较快，但它们仍然属于经典 MD。

经典 MD 由 MM 发展而来，本质上属于经典力学，不涉及求解 Schrödinger 方程，不提供电子结构参数。它们的经验性和近似性换得的最大优势就是广泛适用性和极大的快速性，在微型计算机上即可处理包含成千上万原子的复杂体系，计算和模拟它们的广义结构和多种性能，故而成为材料科学研究中最重要的理论方法之一。本书较为系统地模拟研究多类炸药的结构和性能，主要应用的就是经典 MD 方法。

### 2.2.2 系综

MD 模拟研究的对象主要是凝聚相多粒子（分子或原子）体系，其间存在较多强相互作用。欲使统计学原理成立，必须服从粒子系综的规律。系综是在给定宏观条件下大量结构完全相同的系统的集合；其中每个系统均各自独立，且各系统处在某一微观运动状态之下。微观运动状态在相空间中构成一个连续区域，与微观量相对应的宏观量是在该宏观条件下所有可能的运动状态的平均值。对于粒子总数为 $N$ 的系综，其任意微观量 $u(p,q)$ 的宏观平均 $\bar{u}$ 可表示为

$$\bar{u} = \int \frac{u(p,q)\rho(p,q,t)\,\mathrm{d}^s q \mathrm{d}^s p}{\int \rho(p,q,t)\,\mathrm{d}^s q \mathrm{d}^s p} \tag{2-17}$$

式中：$s=3N$；$q$ 和 $p$ 分别为广义坐标和广义动量，形成相空间；$\rho(p,q,t)$ 为权重因子。$\rho(p,q,t)$ 的函数形式与宏观条件有关，若宏观条件是平衡态，则 $\rho$ 必不显含时间，即只是 $p$ 和 $q$ 的函数。式（2-17）分母为 1，即归一化时，$\rho$ 称为系综分布函数，又称概率密度。

后续章节中的 MD 模拟只取平衡态系综，主要是微正则系综（$N$, $E$, $T$）、正则系综即恒温恒容系综（$N$, $V$, $T$），以及恒温恒压系综（$N$, $P$, $T$），而没有涉及非平衡态。

### 2.2.3 边界条件

以 MD 方法模拟材料的各种性能时，必须要给定恰当的边界条件。边界条件有多种，如自由表面边界、固定边界、柔性边界和周期性边界等。通常选择周期性边界条件，以利消除表面或边界效应的影响，还可用较少粒子系统的模拟，应对多种系综的模拟并使庞大体系的模拟研究成为可能。所谓周期性边界，就是让所选择的原胞的上与下、前与后及左与右的粒子均存在相互作用；

为此，原胞的线度应大于单个粒子间相互作用力程的两倍。模拟的原胞应足够大，以排除任何可能的动力学扰动。为减少计算工作量，模拟箱尺寸不宜过大，但又必须足够大到满足统计学处理的可靠性。

### 2.2.4　数值解法

无论是经典 MD 还是量子 MD，对原子核运动牛顿方程的求解都是最基本的。这里简单介绍被广泛应用的 Verlet 算法。设有势能场 $U$ 中运动的原子核，在时间 $t$ 的坐标、速度、动量及其所受力依次为 $x(t)$、$v(t)$、$p(t)$ 和 $f(x,t)$，则依据牛顿第二定律，式（2－9）为

$$F = m\frac{\mathrm{d}^2x}{\mathrm{d}t^2} = -\frac{\partial U}{\partial x}$$

将此方程对时间积分，可求该原子核随时间变动的速度和位置。加速度 $a(t)$ 的表达式为

$$a = \frac{\mathrm{d}^2x}{\mathrm{d}t^2} = \frac{\mathrm{d}v}{\mathrm{d}t}$$

经时间 $t$ 后的速度 $v(t)$ 和位置 $x(t)$ 与其初值 $v_0$ 和 $x_0$ 的关系为

$$\begin{cases} v = v_0 + at \\ x = x_0 + v_0 t + \dfrac{1}{2}at^2 \end{cases}$$

根据 Taylor 级数对位置 $x$ 的向前和向后展开为

$$x(t+\delta t) = x(t) + \frac{\mathrm{d}x}{\mathrm{d}t}\delta t + \frac{1}{2!}\frac{\mathrm{d}^2x}{\mathrm{d}t^2}(\delta t)^2 + \cdots \tag{2-18a}$$

$$x(t-\delta t) = x(t) - \frac{\mathrm{d}x}{\mathrm{d}t}\delta t + \frac{1}{2!}\frac{\mathrm{d}^2x}{\mathrm{d}t^2}(\delta t)^2 - \cdots \tag{2-18b}$$

将式（2－18a）与式（2－18b）相加，有

$$x(t+\delta t) = -x(t-\delta t) + 2x(t) + \frac{\mathrm{d}^2x}{\mathrm{d}t^2}(\delta t)^2 \tag{2-19}$$

即得到计算位置的公式为

$$x(t+\delta t) = -x(t-\delta t) + 2x(t) + \frac{f(t)}{m}(\delta t)^2 \tag{2-20}$$

将式（2－18a）与式（2－18b）相减，有

$$x(t+\delta t) = x(t-\delta t) + 2\frac{\mathrm{d}x}{\mathrm{d}t}\delta t \tag{2-21}$$

即得到计算速度或动量的公式为

$$v(t) = \frac{p(x,t)}{m} = \frac{1}{2\delta t}[x(t+\delta t) - x(t-\delta t)] \tag{2-22}$$

还可得到计算加速度和作用力的公式，即

$$a(t)=\frac{f(x,t)}{m}=\frac{1}{(\delta t)^2}[x(t+\delta t)-2x(t)+x(t-\delta t)] \tag{2-23}$$

于是，导出了用前一时间（$t-\delta t$）和当前时间（$t$）的坐标和速度及作用力，求算后一时间（$t+\delta t$）的坐标、速度和作用力的计算公式。这种方法称为 Verlet 方法。因实际计算中，$\delta t$ 数值取得很小，$\frac{1}{\delta t}$项的存在易导致较大计算误差。为克服此缺点，Verlet 发展出称为“跳蛙式”的新方法，按 Verlet－跳蛙法计算位置和速度的表达式为

$$x(t+\delta t)=x(t)+v\left(t+\frac{\delta t}{2}\right)\delta t \tag{2-24}$$

$$v\left(t+\frac{\delta t}{2}\right)=v\left(t-\frac{\delta t}{2}\right)+a(t)\delta t \tag{2-25}$$

设已知 $t$ 时的位置和$\left(t-\frac{\delta t}{2}\right)$时的速度，则由 $x(t)$ 可计算出力和加速度，再按式（2－25）可预求得$\left(t+\frac{\delta t}{2}\right)$时的速度，依此类推，便可获得核运动轨迹。计算时间 $t$ 时的速度表达式为

$$v(t)=\frac{1}{2}\left[v\left(t+\frac{\delta t}{2}\right)+v\left(t-\frac{\delta t}{2}\right)\right] \tag{2-26}$$

总之，跳蛙法仅需储存 $v\left(t-\frac{\delta t}{2}\right)$和 $x(t)$ 两类数据，节省储存空间；加之使用简便，准确性和稳定性均高，故而得到广泛应用。

### 2.2.5 MD 计算流程

以 Verlet－跳蛙法为例，其分子动力学计算流程见图 2－1[11]。

在模拟箱中随机地放置待研究体系的分子。对于晶体，通常取其实验晶胞或超晶胞形态，从而确定原子的初始位置。设体系中总原子数为 $N$，根据统计力学中的能量均分原理，该体系原子的平均总动能 $\sum_{i=1}^{N}\frac{1}{2}m\bar{v}_i^2=\frac{3}{2}Nk_BT$，其中 $k_B$ 为玻耳兹曼常量，$T$ 为热力学温度，由此式可确定原子的初始速度。由初始位置和速度，每步可产生新的位置和速度；从新产生的速度按下式可求得系统的计算温度 $T_{cal}$，即

$$T_{cal}=\frac{\sum_{i}^{N}m_i\bar{v}_i^2}{3Nk_B} \tag{2-27}$$

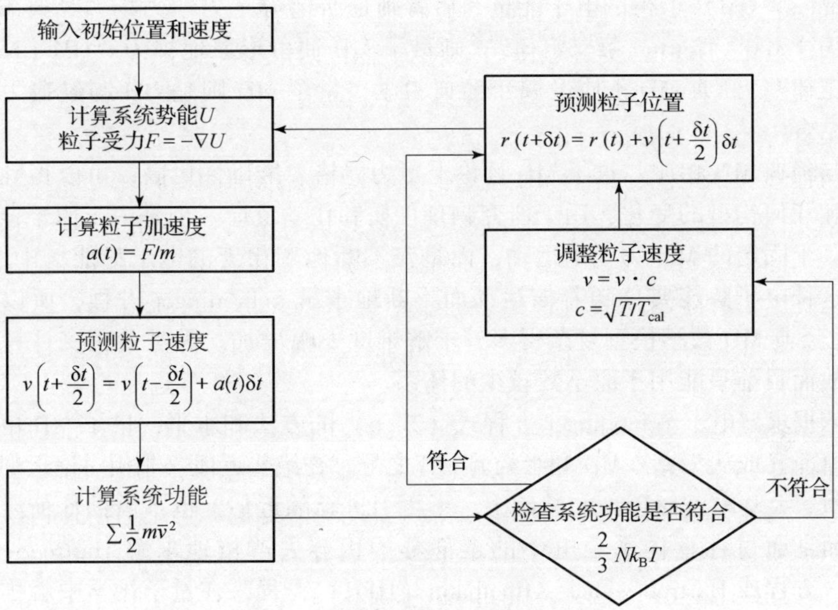


**图 2－1　经典分子动力学计算流程**

若系统的计算温度 $T_{cal}$ 偏离所设定温度 $T$，超过了允许范围（$0.9\leqslant T_{cal}/T\leqslant 1.1$），则需加以校正。校正的办法是把全部原子的速度乘以校正因子 $c=\sqrt{\frac{T}{T_{cal}}}$，便可使 $T_{cal}$ 调整为设定温度 $T$。

## 2.3　量子分子动力学

在 Born－Oppenheimer 近似下，对于具有 $A$ 个核、$n$ 个电子的体系，其电子运动的 Schrödinger 本征值方程为式（2－6），即

$$\left(-\frac{1}{2}\sum_{n}\nabla_n^2+\frac{1}{2}\sum_{n_1\neq n_2}\frac{1}{r_{n_1n_2}}-\sum_{A,n}\frac{Z_A}{r_{An}}\right)=\varepsilon\varphi$$

式中：Hamilton 算子 $\hat{H}$ 包括 3 项，分别是电子动能项、电子之间的排斥能项和电子与核之间的吸引能项，本征值 $\varepsilon$ 是电子的总能量。若原子核真正在电子势能场中通过求解牛顿运动方程，求得其位置和速度随时间而变化的轨迹，进而借助统计力学求得其各种性能，这就归属于量子 MD。可见量子 MD 与经典 MD 的根本区别在于核运动的势能场，前者是通过量子力学（quantum mechanics，QM）求得的电子能量，后者则是所谓分子力学力场；经典 MD 若概括为“MM + Newton 第二定律”，则量子 MD 便可形象地视为“QM + Newton 第二定律”。经典 MD 本质上属于经典力学，量子 MD 则是 QM 与经典力学的有机结合。

与经典 MD 相比，量子 MD 理论上更为严格、准确性更高；可以得到电子结构随几何构型的变化，用于研究物理性质和化学反应。但是由于原子核已不是在一个固定的 MM 力场中运动，而是在不断地变化着的电子势能场中运动；获得这种电子势能要伴随着核运动而不断地求解 Schrödinger 方程，所以量子 MD 比经典 MD 数学模型复杂得多，求解难度大幅增加。因需要很多计算机资源，故而目前只能用于原子数较少的体系。

依据求解电子 Schrödinger 方程式（2－6）的方法和水平，量子 MD 也有第一性原理（或从头算）MD 和半经验 MD 之分。在绝热近似、非相对论近似和轨道近似三大基本近似理论的基础上，不再引进新的近似，也不借助任何经验参量，而是通过计算体系全电子的全部分子积分去严格地求解 Hartree－Fock（HF）方程或 Hartree－Fock－Roothann（HFR）方程，在量子化学中就称为从头算（ab initio）法；以从头算求得的电子总能量作为核运动的势能，就是从头算 MD。与之相反，求解 HF 或 HFR 方程即求解 Schrödinger 方程式（2－6）时，为了计算简便，省去了一些分子积分，或引进了一些经验参量，从而形成了量子化学中为数众多的近似方法或半经验方法，如紧束缚模型下的计算方法、Dewar 的 AM1 方法及 Steward 的 PM3 方法等，以这些半经验方法求得电子总能量用作核运动的势能，对应地就有各种半经验的量子 MD 方法，即紧束缚 MD、AMI－MD 和 PM3－MD 等。

### 2.3.1 Hartree－Fock 方程

基于三大近似理论运用变分法可导出 HF 方程。它是类似于标准本征值方程的微分方程组，有

$$\hat{F}\varphi_i = \varepsilon_i \varphi_i,\ i = \frac{1,2,\cdots,n}{2} \tag{2-28}$$

这是对单电子波函数（轨道）$\varphi_1,\varphi_2,\cdots,\varphi_{n/2}$ 的波动方程。式中 Fock－Hamilton 算子为

$$\hat{F} = \hat{H}_{实} + \sum_j (2\hat{J}_j - \hat{K}_j) \tag{2-29}$$

$\hat{F}$ 的本征值（轨道能量）通式为

$$\varepsilon_i = H_{ij} + \sum_j (2J_{ij} - K_{ij}) \tag{2-30}$$

电子总能量为

$$\varepsilon = 2\sum_{i} H_{ii} + \sum_{i}\sum_{j}(2J_{ij} - K_{ij}) \tag{2-31}$$

式中：$H_{ii}$、$J_{ij}$和 $K_{ij}$依次称为 Hamilton 量矩阵元、库仑积分和交换积分。

若把分子轨道表示为原子轨道基函数的线性组合（LCAO-MO），即

$$\varphi_i = \sum_{\mu} C_{\mu i}\phi_{\mu} \tag{2-32}$$

可导出 HFR 代数方程组，便于用计算机迭代计算，即

$$\sum_{\nu}(F_{\mu\nu} - \varepsilon_i S_{\mu\nu})C_{\nu i} = 0 \tag{2-33}$$

式中：$F_{\mu\nu}$为 Fock 算子矩阵元，表达式为

$$F_{\mu\nu} = H_{\mu\nu} + \sum_{\lambda\sigma} P_{\lambda\sigma}\left[(\mu\nu \mid \lambda\sigma) - \frac{1}{2}(\mu\lambda \mid \nu\sigma)\right] \tag{2-34}$$

通过运用自洽场（SCF）方法求解 HFR 方程，可得分子轨道 $\varphi_i$（即 LCAO 展开系数 $C_{\nu i}$）及对应的单电子轨道能量 $\varepsilon_i$，由此可得电子总能量。

## 2.3.2　Kohn-Sham 方程

求解 Schrödinger 电子运动方程时，不通过 HF 方程，而是根据 Hohenberg-Kohn（HK）的著名定理，通过求解著名的 Kohn-Sham（KS）单电子方程，即运用当前十分热门的密度泛函理论（density functional theory，DFT）方法，也属于第一性原理方法，有时也称为从头算（ab initio）法。基于电子体系的基态能量可由电子密度唯一地确定的 HK 著名定理，对于含 $n$ 个电子体系的总能量 $E$ 可严格地写为电子密度 $\rho$ 的泛函，有

$$E[\rho] = T[\rho] + U[\rho] + E_{\mathrm{XC}}[\rho] \tag{2-35a}$$

$$= -\frac{1}{2}\sum_{i}\int \varphi_i(r_1)\nabla^2\varphi_i(r_1)\mathrm{d}r_1 + \sum_{A}\int \frac{Z_A}{r_{A1}}\rho(r_1)\mathrm{d}r_1 + \frac{1}{2}\int \frac{\rho(r_1)\rho(r_2)}{r_{12}}\mathrm{d}r_1\mathrm{d}r_2 + E_{\mathrm{XC}}[\rho] \tag{2-35b}$$

式中：$T[\rho]$为（电子密度为 $\rho$ 的）非相互作用体系的动能；$U[\rho]$为经典 Coulomb 作用能，$E_{\mathrm{XC}}[\rho]$为包含在总能量中的所有多体作用项，特别是交换-相关能。式（2-35b）中第一项代表电子密度为$\rho(r_1) = \sum_{i}\phi_i(r_1)\phi_i(r_1)$的 $n$ 个非相互作用电子的动能，第二项代表核与电子（间距为 $r_{A1}$）的相互吸引能，第三项为两个电荷分布$\rho(r_1)$和$\rho(r_2)$之间的排斥能，最后一项为交换-相关能。式中单电子轨道$\{\phi_i(r_1); i = 1, 2, \cdots, n\}$是下列单电子 KS 方程的解，即

$$\left[-\frac{1}{2}\nabla^2+\sum_A\frac{Z_A}{R_{A1}}+\int\frac{\rho(r_2)}{r_{12}}\mathrm{d}r_2+V_{\mathrm{XC}}\right]\phi_i(r_1)=\hat{H}_{\mathrm{KS}}\phi_i(r_1)=\varepsilon_i\phi_i(r_1) \tag{2-36}$$

式中：交换 - 相关势 $V_{\mathrm{XC}}$ 是 $E_{\mathrm{XC}}$ 对电子密度的微商，即

$$V_{\mathrm{XC}}=\frac{\partial E_{\mathrm{XC}}[\rho]}{\partial\rho} \tag{2-37}$$

交换 - 相关能的计算需作某些近似。如在基于均匀电子气的局域密度近似（local - density approximation，LDA）模型下，交换相关能表示为

$$E_{\mathrm{XC}}^{\mathrm{LDA}}=E_{\mathrm{X}}^{\mathrm{LDA}}+E_{\mathrm{C}}^{\mathrm{LDA}} \tag{2-38}$$

对交换能 $E_{\mathrm{X}}$ 和相关能 $E_{\mathrm{C}}$ 的不同处理，即交换和相关泛函的不同选择，构成用于实际计算的多种 DFT 方法。一旦确定了所用泛函，经式（2 - 37）求导可得交换 - 相关势 $V_{\mathrm{XC}}$，再根据式（2 - 36）可求得一组解 $\{\phi_i(r_1);i=1,2,\cdots,n\}$ 和相应的能量 $\varepsilon_i$。

在 LCAO - MO 方案下，选择 AO 即基函数 $x_k$，则 MO 表示为

$$\phi_i=\sum_k C_{ik}x_k \tag{2-39}$$

于是，可把解式（2 - 36）偏微分方程问题转变为求解以下久期方程，即

$$\sum_{u=1}^{n}[F_{\nu\mu}-\varepsilon_i S_{\nu\mu}]C_{ui}=0,\ \nu=1,2,\cdots,n \tag{2-40}$$

式中：

$$F_{\nu\mu}=\int x_\nu(r_1)\hat{H}_{\mathrm{KS}}x_u(r_1)\mathrm{d}r_1 \tag{2-41}$$

$$S_{\nu\mu}=\int x_\nu(r_1)\int x_u(r_1)\mathrm{d}r_1 \tag{2-42}$$

求解式（2 - 40）代数方程组，需经由试探、迭代过程，即需运用自洽场（SCF）方法。这与求解 HFR 方程式（2 - 33）是类似的。足见无论经由 HF 方程，还是通过 KS 方程求解 Schrödinger 方程去研究多体电子运动，最终总是归结为借助计算机去求解单电子的代数方程组，从而求得分子轨道和相应的能量。

### 2.3.3 从头算 MD 方法

从头算 MD 的建立归功于 Car 和 Parrinello 的工作。

众所周知，第一性原理从头算如 HF 方法求解电子运动方程，其计算量随体系中电子数 $N$ 的增多而呈 4 次方（$N^4$）增长。DFT 方法虽较 HF 有较大改进，但计算量也与基函数的 3 次方成正比。特别是 MD 模拟相对于成百成千甚

至上万原子的体系，核坐标又随时间推移而不断地变动；因对上百原子的模拟就要计算 $10^4 \sim 10^6$ 原子构型下的电子结构；若要对每一构型的电子基态都真正进行从头算，则计算量大到简直难以想象！所以，一直认为从头算不可能直接用于统计力学模拟。1985 年，Car 和 Parrinello 在真实的物理体系中引入一个虚拟的电子动力学体系，该虚拟体系的势能面 $E$ 是原子核和电子二套自由度的总泛函；正好该虚拟体系运动产生的轨迹与真实物理体系的运动轨迹非常一致。通过参数 $\mu$ 调整和初始条件的选取，要使电子的运动时间标度远小于核运动的时间标度，以使电子在核坐标变动之前尽量趋于基态，即通过保证体系在模拟过程中始终满足 Born – Oppenheimer 绝热近似，即使得电子总能够调整运动状态跟上核的运动。于是，除对初始原子构型外，无须每步运行都要用 SCF 方法求解 KS 方程组，从而极大地减少了计算量，保证了从头算法真正可以直接用于 MD 模拟。Car 和 Parrinello 统一考虑电子与核的自由度，把 DFT 与 MD 有机结合起来，基本解决了 DFT 用于统计力学模拟的理论和技术难题。他们首创从头算 MD 即 CP – MD 方法，使之成为物理、化学、材料科学等诸多领域研究结构、性能的最重要的理论方法之一，极大地提高和扩展了计算机模拟实验的理论水平以及深度和广度。

### 2.3.4　从头算 MD 计算流程

取周期性边界条件，单电子轨道波函数满足 Bloch 定理，可用于平面波展开，即

$$\Psi_{i,k}(\boldsymbol{r}) = \mathrm{e}^{i\boldsymbol{k}\cdot\boldsymbol{r}} \sum_{g} C_{i,k}(\boldsymbol{g})\mathrm{e}^{i\boldsymbol{g}\cdot\boldsymbol{r}}$$

式中：$\boldsymbol{g}$ 为分子动力学原胞（MD box）的倒格矢；$\boldsymbol{k}$ 为第一 Brillouin 区内的波矢；$C_{i,k}(\boldsymbol{g})$ 为 Fourier 系数，对 $\boldsymbol{g}$ 求和可截断成有限的。当 $\boldsymbol{k}=0$ 即在 $\Gamma$ 点，相因子是任意的，可取实波函数 $\Psi_i(\boldsymbol{r})$，带来很大计算方便。

图 2 – 2 给出从头算 MD 计算流程示意。在 $t=0$ 时，前两个方块可完成真实的单独的电子运动计算，即在初始构型和试探波函数下，通过量子化学传统的矩阵对角化方法求得初始波函数即 MO$\{\psi_i\}$。有了$\{\psi_i\}$即 MO 系数 $C_i$，表明整个电子 – 离子耦合系统就处在 Born – Oppenheimer 势能面上，于是就可进入电子 – 离子耦合系统的动力学计算，即经 DFT 方法计算总能量 $E[\rho(\boldsymbol{r})]$ 以及由 Hellman – Feymann 定理求得能量对核坐标 $R_I$ 的微分 $\nabla_{R_I}E$（即离子受到的力），从而进入 $t+\Delta t$ 时刻的一个 MD 模拟循环：对于电子则有相应每个 $k$ 点下对每个电子态以及每个平面波分量的电子运动方程 $\mu\ddot{C}_I(\boldsymbol{g})=\hat{H}C(\boldsymbol{g})$ 求解；而对于每个离子则是求解牛顿运动方程 $M\ddot{R}_I=-\nabla_R E$，如同经典 MD 那样。这里

“·”代表对时间 $t$ 的微分，$\mu$ 的引入用于调节 $\{\psi_i\}$ 和 $\{R_I\}$ 两套参数的时间标度。CP 方法的最大优势就是同时处理电子和离子系统，无须在每步 MD 中重复以 SCF 方法求解 KS 方程，便能同时得到离子运动轨迹和相应的基态电子结构。

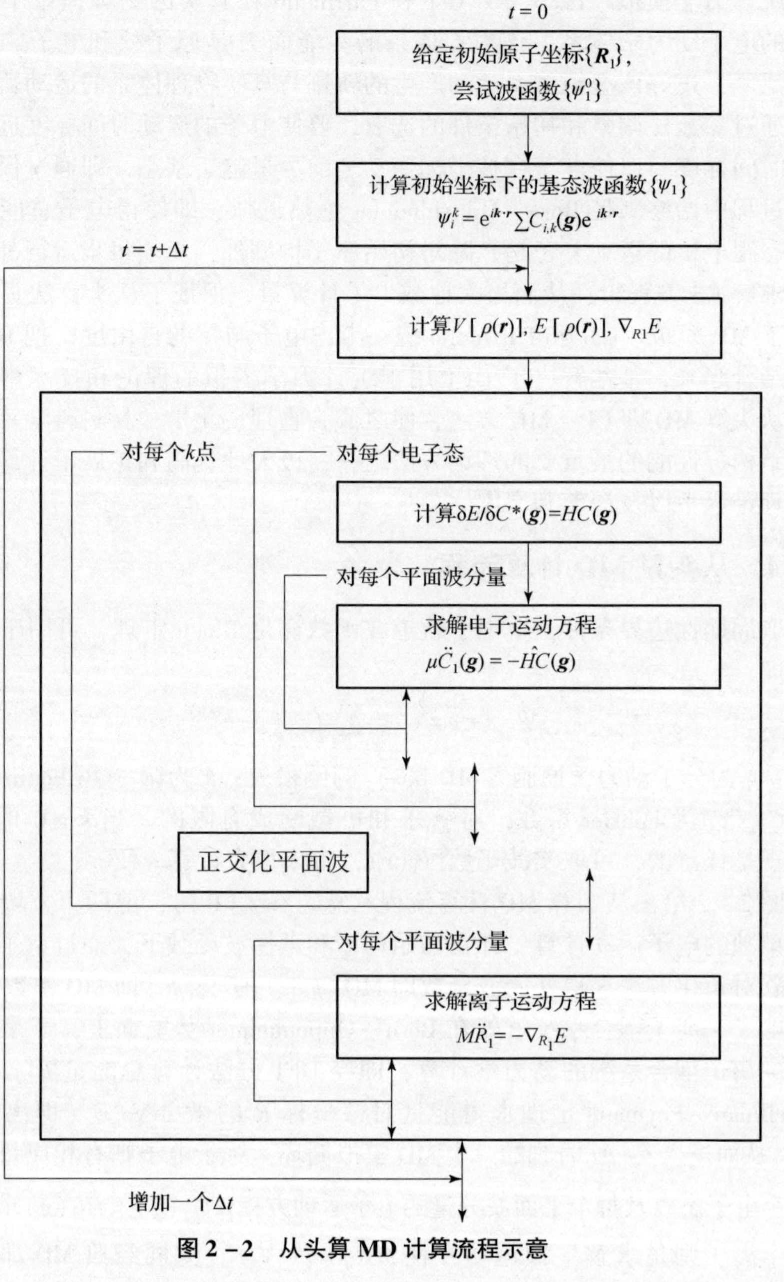


图 2-2　从头算 MD 计算流程示意

## ◇ 参考文献 ◇

[1] Allen M P, Tildesley D J. Computer simulation of liquids [M]. Oxford: Oxford University Press, 1989.

[2] 陈凯先，蒋华良，嵇汝运. 计算机辅助药物设计 - 原理、方法及应用 [M]. 上海：上海科学技术出版社，2000.

[3] Leach A R. Molecular Modelling: Principles and Applications. Second edition [M]. England: Pearson Education Limited, 2001.

[4] 杨小震. 分子模拟与高分子材料 [M]. 北京：科学出版社，2002.

[5] Frenkel & Smit. 分子模拟—从算法到应用 [M]. 汪文川，等译. 北京：化学工业出版社，2002.

[6] 吴兴惠，项金钟. 现代材料计算与设计教程 [M]. 北京：电子工业出版社，2002.

[7] Raabe D. 计算材料学 [M]. 项金钟，吴兴惠，译. 北京：化学工业出版社，2002.

[8] 徐筱杰，侯廷军，乔学斌，等. 计算机辅助药物分子设计 [M]. 北京：化学工业出版社，2004.

[9] 高执棣，郭国霖. 统计热力学导论 [M]. 北京：北京大学出版社，2004.

[10] 陈舜麟. 计算材料科学 [M]. 北京：化学工业出版社，2005.

[11] 陈正隆，徐为人，汤立达. 分子模拟的理论与实践 [M]. 北京：化学工业出版社，2007.

[12] 张跃，谷景华，尚家香，等. 计算材料学基础 [M]. 北京：北京航空航天大学出版社，2007.

[13] 肖鹤鸣，许晓娟，邱玲. 高能量密度材料的理论设计 [M]. 北京：科学出版社，2008.

[14] 陈敏伯. 计算化学——从理论化学到分子模拟 [M]. 北京：科学出版社，2009.

[15] 陆小华. 材料化学工程中的热力学与分子模拟研究 [M]. 北京：科学出版社，2011.

[16] 魏冬青，顾若需，连鹏，等. 分子模拟与计算机辅助药物设计 [M]. 上海：上海交通大学出版社，2012.

[17] 朱卫华，肖鹤鸣. 高能晶体量子化学 [M]. 北京：科学出版社，2012.

[18] 肖继军，朱卫华，朱伟，等. 高能材料分子动力学 [M]. 北京：科学出版社，2013.

# 第 3 章 微观缺陷对单体炸药性能影响

## 3.1 引言

单体炸药，顾名思义，是指只含一种含能化合物的炸药。按照分子结构的组成，单体炸药可以分为 6 类，即硝基化合物、硝胺、硝酸酯、氯酸与过氯酸的衍生物、叠氮化物和其他化合物。其中，在军事上应用较为广泛的是前 3 类炸药。硝基化合物炸药的典型代表是 TNT，具有良好的安定性和安全性，广泛应用于军事和民用领域。硝胺类炸药的典型代表是 RDX 和 HMX，它们具有非常高的能量密度，受到广泛关注。其中，HMX 是目前已应用炸药中综合性能最好的猛炸药。硝酸酯类炸药的典型代表是 PETN，其做功能力和猛度略大于 RDX，广泛应用于雷管、导爆索、传爆药和特种炸药的制造。硝酸酯类炸药具有优良的氧平衡和爆轰性能，但由于安定性较差、机械感度较高，使其在应用上受到诸多限制。PETN 作为硝酸酯类炸药中安定性相对较好的炸药，其主要用于生产雷管、传爆药和导爆索。尽管运用计算机模拟的方法对 PETN 单体炸药开展研究的文献很多，其中也包括一些分析晶体缺陷对 PETN 性能影响的文献[1-6]，并且取得了一些研究成果，但是至今还未发现采用经典 MD 方法探究晶体缺陷对 PETN 感度、爆轰性能和力学性能影响的公开报道。对于 HMX，国内外也采用特定的方法，对其性能进行了预测[7-11]，但晶体缺陷对 HMX 性能影响的研究相对较少。为此，本章在 Condensed - phase Optimized Molecular Potential for Atomistic Simulation Studies（COMPASS）力场下，选择 NPT 系综对含有晶体缺陷的 PETN 与 HMX 模型进行 MD 模拟，探究晶体缺陷对 PETN 与 HMX 性能的影响，为通过改善 PETN 与 HMX 的晶体品质提升其综合性能提供理论依据。

## 3.2　微观缺陷对 PETN 性能影响

### 3.2.1　晶体缺陷对 PETN 性能影响

受合成环境和工艺的制约，合成理想 PETN 晶体的可能性微乎其微，在其内部往往会存在晶体缺陷。在晶体生长过程中，受外界环境影响，如辐射、温度、撞击等，可能会给 PETN 晶体引入位错、孪晶、掺杂和空位等缺陷。本节主要探讨了位错、孪晶和空位缺陷对 PETN 性能的影响。

**1. 模型的搭建**

1）PETN 超晶胞及其切割分面模型的搭建

PETN 的分子式为 $C_5H_8N_4O_{12}$，其结构式如图 3－1（a）所示。利用 MS（Materials Studio）软件中的 Visualizer 模块建立 PETN 分子模型，如图 3－1（b）所示。PETN 晶体属于正方晶系，空间群为 P－421C，其晶格参数为 $a=b=9.38$Å，$c=6.71$Å，$\alpha=\beta=\gamma=90.00°$，每个 PETN 单晶胞中包含两个 PETN 分子[12]。

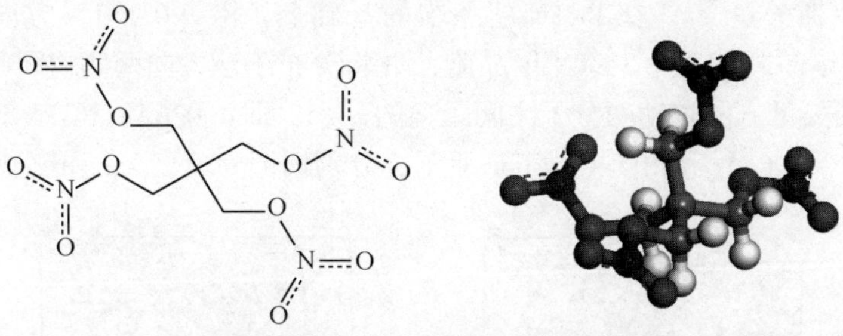


（a）PETN结构式　　（b）PETN分子模型

**图 3－1　PETN 的结构式和分子模型**

根据 PETN 晶胞参数的信息，在 MS 软件的 Visualizer 模块中，利用 Build Crystal 命令搭建 PETN 的单晶胞模型，而后分别沿着 *X*、*Y*、*Z* 这 3 个方向分别延伸 3、4、6 倍的晶格参数，建成 PETN（3×4×6）超晶胞模型，周期箱中共 144 个 PETN 分子，如图 3－2（a）所示。PETN 的主要生长晶面和产生位错的晶面是（1 1 0）面[13]，将 PETN（3×4×6）超晶胞沿着（1 1 0）晶面方向进行"切割"，"切割"厚度设置为 22.515Å，其上层真空层高度设置为 0Å。搭建出含有 144 个 PETN 分子的 PETN 超晶胞切割分面模型，如图 3－2（b）所示。为了便于同含有晶体缺陷的模型进行对比，将 PETN（1 1 0）面超晶胞初始模型标记为模型－1。

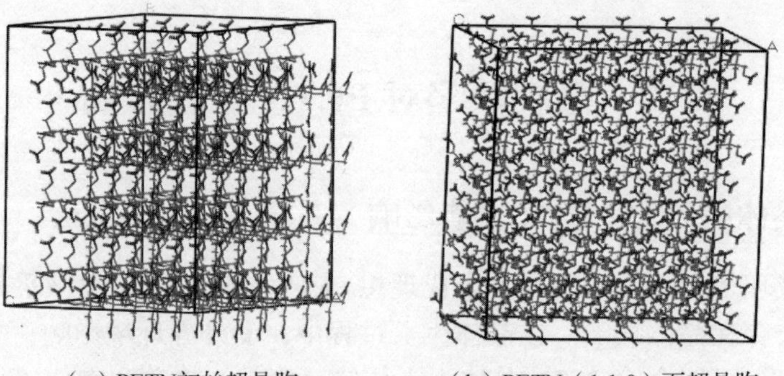


**图 3-2　PETN 初始超晶胞及其切割分面模型**

2）PETN 缺陷模型的搭建

本章建立的所有缺陷模型均是在 PETN（1 1 0）面超晶胞模型的基础上操作的。如无特殊说明，下文中提到的 PETN 超晶胞初始模型指的就是 PETN（1 1 0）面超晶胞初始模型。

（1）位错缺陷模型。

PETN 的滑移系为（1 1 0）［0 0 1］，（1 1 0）是其滑移面，［0 0 1］是其滑移的伯格斯矢量[13]。在 PETN 超晶胞的基础上，沿［0 1 0］方向分别去除 3 个 PETN 单晶胞和 2 个 PETN 单晶胞，并将分布于该方向两侧的同等数量的晶胞沿伯格斯矢量方向移动两分子之间距离的一半，即 4.026Å。PETN 超晶胞位错模型如图 3-3（a）和图 3-3（b）所示，分别标记为模型-2 和模型-3。

**图 3-3　PETN 的位错缺陷模型（附彩图）**

（2）孪晶缺陷模型。

晶体的孪晶一般发生在晶体的生长面，因此在本节中以 PETN 晶体的（1 1 0）面作为孪晶面建立 PETN 超晶胞孪晶模型，如图 3-4 所示，将孪晶缺陷模型标记为模型-4。图中标记为绿色的平面就是孪晶面。

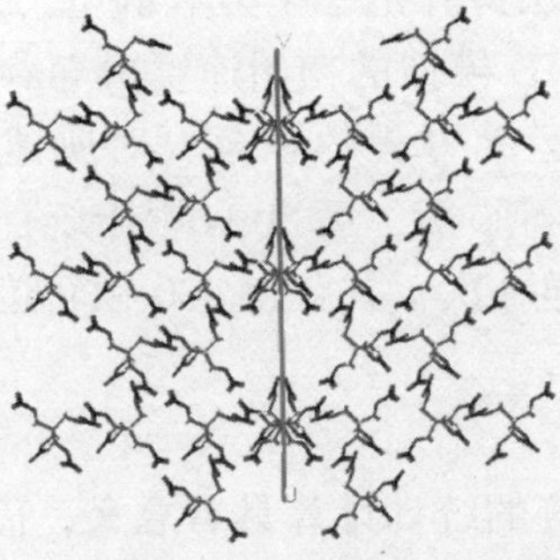

图 3-4　PETN 的孪晶缺陷模型（附彩图）

（3）空位缺陷模型。

在 PETN（1 1 0）面超晶胞初始模型的基础上，通过将图 3-5（a）中标记为绿色的 4 个 PETN 分子剪切掉，得到 PETN 超晶胞的空位缺陷模型，如图 3-5（b）所示，将空位缺陷模型标记为模型-5。

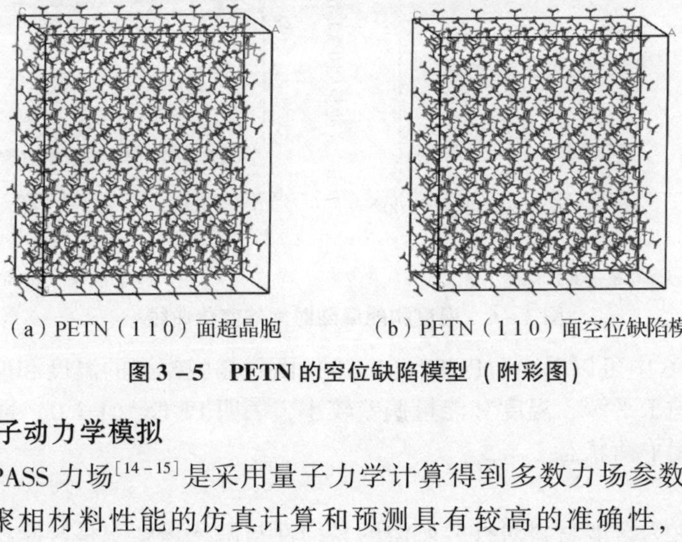

（a）PETN（1 1 0）面超晶胞　　（b）PETN（1 1 0）面空位缺陷模型

图 3-5　PETN 的空位缺陷模型（附彩图）

**2. 分子动力学模拟**

COMPASS 力场[14-15]是采用量子力学计算得到多数力场参数的从头算力场，对凝聚相材料性能的仿真计算和预测具有较高的准确性，尤其是其对 PETN 进行过成功的计算[6]。因此，本节选择 COMPASS 力场进行 MD 模拟。

对 PETN 超晶胞模型进行 MD 模拟之前，首先采用 Smart 算法对 PETN 超晶胞模型进行几何结构优化以降低整个体系的能量。采用模拟退火的方式对优化后的模型进行分子弛豫，选取其中能量最小的退火模型进行 MD 模拟。MD 模拟是在恒压恒温（constant pressure，temperature and particle number，NPT）系综下进行的，模拟温度为 298K，压力设置为 $1.01\times10^{-4}$ GPa，模拟精度为"Fine"。采用 Andersen[16] 和 Parrinello[17] 的方法控制温度和压力，采用基于原子[18]和 Ewald[19]加和的方法计算范德华力和静电力作用，截断半径取 15.5Å，并对截断尾部进行矫正。MD 模拟的初始速度由 Maxwell - Boltzmann 分布确定，采用 Verlet 方法求解牛顿运动方程的积分。对所建模型进行 100ps 的 MD 模拟，前 50ps 对模型体系进行平衡，后 50ps 用于统计分析确定能量、力学参数和其他参数。每 0.1ps 取样一次，共获得 500 帧轨迹。

**3. 结果讨论**

1）平衡判别

为保证对模型原子轨迹的统计计算具有意义，需对经 MD 模拟后的模型体系进行平衡判别。判断模型体系平衡的依据是温度和能量的波动幅度随 MD 模拟时间的变化稳定在 5%~10% 范围内。本节以 PETN（1 1 0）面超晶胞初始模型的 MD 模拟为例，在图 3-6 中展示其温度、能量随时间变化的曲线。

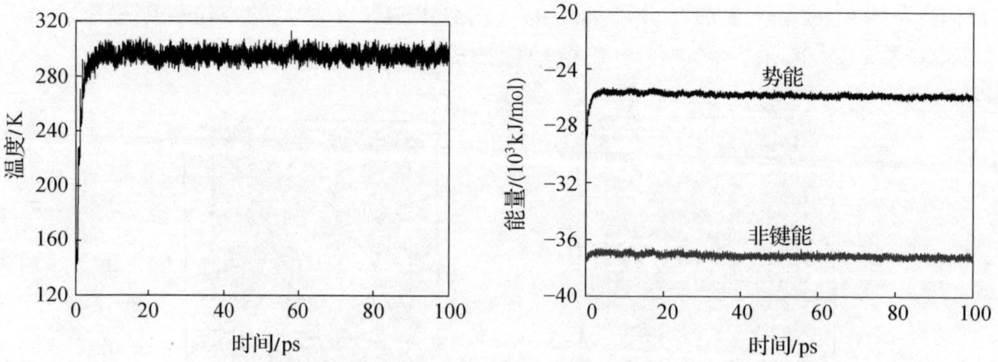

（a）温度变化曲线　（b）能量变化曲线

**图 3-6　温度和能量随时间的变化曲线**

从图 3-6 中可以看出，PETN（1 1 0）面超晶胞模型的温度和能量随时间的推移逐渐趋于平缓，温度和能量偏差较小，表明 PETN（1 1 0）面超晶胞初始模型已达到平衡状态。

2）感度

感度定义为含能材料对外界刺激的易损性与敏感程度，是含能材料安全性的反映，也是含能材料最为重要的性能，直接决定了含能材料的发展应用前景。通常，外界的刺激可以分为多种，如热、摩擦、撞击、冲击波、电火花等，因此含能材料的感度就包括热感度、摩擦感度、撞击感度、冲击波感度与静电感度等。由于感度的极端重要性，研究人员做了大量的工作来测试或者预测含能材料的感度。从目前来看，含能材料的感度主要可以通过两种途径得到：①实验测量；②理论预测。在两种方法中，实验测量方法结果可靠、准确度高，但需要配套的测试设备、规范的实验方法与完善的实验条件，实验步骤较为复杂，需要消耗大量的时间以及相应的原料，具有一定的危险性且成本较高。此外，受制备工艺、技术条件、原料特性等因素的限制，部分含能材料未能成功合成或合成具有较大的困难，从而导致其感度无法通过实验测量方法得到。相比于实验方法，理论预测方法简便易行、可操作性强、适用范围广、成本低并且安全性好。因此，理论预测方法是目前预测含能材料感度的一种最常用的方法。

由于含能材料的感度受多种因素的影响，如含能材料种类、分子结构、晶体堆积模式与外界环境等，因此准确预测含能材料的感度，评价其安全性能是一项极其复杂而又极为困难的工作。国内外提出了众多的理论来预测其感度，其中包括“热点”理论[20-21]、“引发键”理论[22]、带隙理论[23-26]、硝基电荷理论[27-29]、引发键离解能理论[30-31]、爆速与爆压理论[32-34]、爆热理论[35-38]、分子堆积理论[39-42]等。

长期以来，肖鹤鸣教授及其课题组一直致力于含能材料的分子设计与性能研究工作，提出了相应的感度预测理论。其中，肖鹤鸣等指出，含能材料的感度与其分子中引发键键连双原子作用能与内聚能密度之间存在直接的关系[43-50]。换言之，这两个因素可以从某种程度上影响或者决定含能材料的感度。目前，该理论已成功用于预测部分含能体系的感度，如单组分炸药 HMX[47-48]、RDX[49-50]、CL-20[51]、PETN[6]，以及两组分含能体系 AP/HMX[44-45]、CL-20/HMX[52]与 CL-20/TNT 共晶炸药[53]以及多组分的含能体系[46]等。因此，采用肖鹤鸣等提出的引发键键连双原子作用能与内聚能密度理论来预测 PETN 的感度，从而评价其安全性。

（1）引发键键连双原子作用能。

从本质上来讲，含能材料是由其分子中各种类型的化学键组成的，并且各种化学键都对应一定的键能，因此含能材料发生化学反应的过程即为分子中化学键的断裂与重组过程。在含能材料中，引发键定义为分子中强度最弱、能量最低的化学键。在外界刺激下，引发键发生断裂破坏的可能性最大，从而使含能材料发生分解或者爆炸。在含能材料中，一些常见的活性基团，如 $X—NO_2$ 基团（$X$ = C、N、O）与$—N_3$基团的键能相对较弱，通常被认为是引发键。

对于硝酸酯类炸药，如 PETN 和 NG 等，其引发键为 $O—NO_2$ 基团中的 O—N 键[54-56]，其引发键键连双原子作用能（$E_{O—N}$）的定义为

$$E_{O—N} = \frac{E_1 - E_2}{n} \tag{3-1}$$

式中：$E_1$为平衡状态下硝酸酯类炸药模型的总能量（kJ/mol）；$E_2$为平衡状态下硝酸酯类炸药模型中引发键的 O 原子和 N 原子被固定后的总能量（kJ/mol）；

$n$ 为硝酸酯类炸药模型中全部引发键的个数。

根据 MD 模拟得到的能量数据以及公式（3-1）计算得到了不同 PETN 模型的引发键键连双原子作用能，如图 3-7 所示。

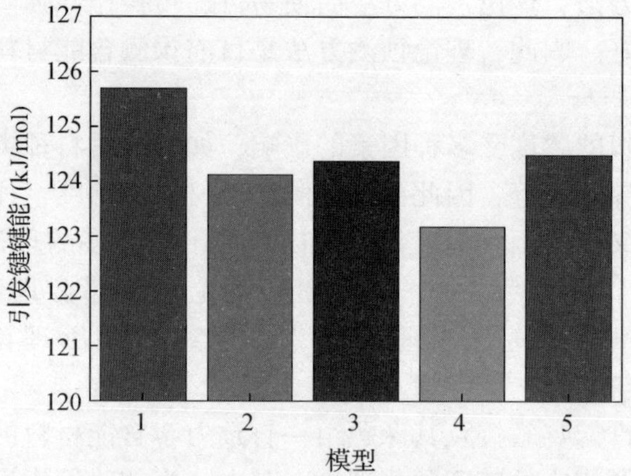


**图 3-7　缺陷不同的 PETN 模型的键连双原子作用能**

从图 3-7 中可以看出，PETN 超晶胞及其缺陷模型的引发键键连双原子作用能的大小顺序为模型-1＞模型-5＞模型-3＞模型-2＞模型-4，即缺陷模型的引发键键连双原子作用能较 PETN 超晶胞初始模型减小。其中，孪晶缺陷模型的降幅为 2.52kJ/mol，是所有缺陷模型中降幅最大的。空位缺陷对 PETN 超晶胞的引发键键连双原子作用能的影响最小，仅下降了 1.21kJ/mol。引发键键连双原子作用能下降，表明引发键对 PETN 分子中 $O—NO_2$ 基团内的 O 原子和 N 原子的束缚能力下降，PETN 的感度升高，安全性变差。其中，孪晶缺陷对 PETN 的感度影响最大。

（2）内聚能密度。

内聚能密度（cohesive energy density，CED）属于非键力作用的范畴，主要定义为物质由凝聚态变为气态时需要从外界吸收的能量。内聚能密度由范德华力与静电力两部分组成，在数值上等于两者之和。内聚能密度也是预测、评价含能材料感度的重要指标。内聚能密度越大，表明含能材料发生状态转换时需要从外界吸收的能量越多，预示其感度越低、安全性越好。

CED 的计算式为

$$\mathrm{CED}=\frac{E_{\mathrm{coh}}}{V_{\mathrm{m}}} \tag{3-2}$$

$$E_{\mathrm{coh}}=H_{\mathrm{V}}-\mathrm{RT} \tag{3-3}$$

式中：CED 为物质的内聚能密度（$\mathrm{kJ/cm^3}$）；$E_{\mathrm{coh}}$ 为每摩尔物质的内聚能（kJ/mol）；

$H_V$为摩尔蒸发热（kJ/mol）；RT 为每摩尔物质气化时所做的膨胀功（kJ/mol）；$V_m$为物质的摩尔体积（$cm^3$/mol）。

根据公式和 MD 模拟的结果，计算得到了 PETN 超晶胞及其缺陷模型的 CED 及其分量，具体数值如表 3－1 所列。

**表 3－1　缺陷不同的 PETN 模型的 CED 及其分量**

| 参数 | 模型－1 | 模型－2 | 模型－3 | 模型－4 | 模型－5 |
|---|---|---|---|---|---|
| CED/($kJ/cm^3$) | 0.7530 | 0.7364 | 0.7374 | 0.7351 | 0.7429 |
| 范德华力/($kJ/cm^3$) | 0.3756 | 0.3689 | 0.3696 | 0.3687 | 0.3731 |
| 静电力/($kJ/cm^3$) | 0.3671 | 0.3574 | 0.3576 | 0.3527 | 0.3596 |

由表 3－1 中的数据可以看出，较 PETN 超晶胞初始模型，PETN 缺陷模型的 CED 均减小。其中，孪晶缺陷模型的下降幅度最大，降幅为 0.0179$kJ/cm^3$，空位缺陷模型的下降幅度最小，降幅为 0.0101$kJ/cm^3$。CED 减小，表明 PETN 由凝聚态转化为气态所需的能量减小，受外界刺激作用时的敏感程度增加，安全性变差。因此，晶体缺陷会使炸药的安全性能恶化，其中孪晶缺陷对 PETN 的感度影响最大。

3）爆轰性能

爆轰性能主要反映含能材料的威力，也可以用来预测武器弹药的毁伤效果，通常用炸药的氧平衡系数（OB）、密度（$\rho$）与爆轰参数进行表征。常见的爆轰参数主要包括爆压（$p$）、爆速（$D$）与爆热（$Q$）等。由于爆轰参数是含能材料能量密度的直接体现，且含能材料的种类有多种，国内外提出了众多的理论方法来计算含能材料的爆轰参数，评价其威力大小[57－66]。

在实际中，炸药的爆轰参数受多种因素的影响，如密度、含能材料种类、分子结构、分子中存在的化学键与化学基团等，因此选取合适的方法，准确预测爆轰参数是一项复杂的工作。选取修正氮当量法[67]来计算不同比例的共晶炸药的爆轰参数，评价其威力大小。修正氮当量法综合考虑了炸药的爆炸过程、爆轰产物、炸药分子中的化学键与各类化学基团等因素对其爆轰参数的影响，因此计算精度较高，并且计算过程较为简单。

对于仅由碳（C）、氢（H）、氧（O）和氮（N）4 种元素组成，分子式为 $C_aH_bO_cN_d$ 的炸药，氧平衡系数（OB）的计算公式为[68－69]

$$OB = \frac{[c-(2a+b/2)]}{M_r} \times 16 \times 100\% \tag{3-4}$$

式中：$a$ 为炸药分子中包含 C 原子的数目；$b$ 为包含 H 原子的数目；$c$ 为包含

O 原子的数目；$M_r$为所研究炸药的相对分子质量。

对于由多种组分形成的混合炸药，OB 可以通过以下公式计算得到[68-69]，即

$$OB = \sum w_i OB_i \tag{3-5}$$

式中：$w_i$、$OB_i$ 分别为混合炸药中第 $i$ 种组分所占的质量分数（%）与氧平衡系数。

根据修正氮当量法，爆速（$D$）与爆压（$p$）的计算公式为[67]

$$\begin{cases} D = (690 + 1160\rho_0)\sum N_{ch} \\ p = 1.106(\rho_0 \sum N_{ch})^2 - 0.84 \\ \sum N_{ch} = \dfrac{100}{M_r}(p_i N_{p_i} + \sum B_K N_{B_K} + \sum G_j N_{G_j}) \end{cases} \tag{3-6}$$

式中：$D$ 为爆速（m/s）；$p$ 为爆压（GPa）；$\rho_0$ 为炸药的密度（$g/cm^3$）；$\sum N_{ch}$为炸药的修正氮当量；$p_i$为 1mol 炸药爆炸时生成第 $i$ 种爆轰产物的摩尔数；$N_{p_i}$为炸药爆炸时生成产物中第 $i$ 种爆轰产物的氮当量系数；$B_K$为炸药分子所有的化学键中第 $K$ 种化学键出现的次数；$N_{B_K}$为炸药分子的化学键中第 $K$ 种化学键的氮当量系数；$G_j$为炸药分子所有的化学基团中第 $j$ 种基团出现的次数；$N_{G_j}$为炸药分子的化学基团中第 $j$ 种基团的氮当量系数。

利用式（3-4）和式（3-6）计算 PETN 的 OB、$D$ 和 $p$，需要模型的分子式、$\rho$ 值和各类爆轰产物的量等信息。不同 PETN 模型的分子式在模型建立之后即可获得，如表 3-2 所列。$\rho$ 值是在各模型经 MD 模拟达到平衡状态之后通过统计平均得到的。根据修正氮当量法的规定，对于分子组成为 $C_aH_bN_cO_d$类炸药，各类爆轰产物的生成顺序如下：H 最先与 O 反应生成 $H_2O$；若 O 有剩余，则 O 与 C 先生成 CO，继而生成 $CO_2$，若仍有多余的 O，则生成 $O_2$；若 O 不足以将 H 全部氧化，则有 $H_2$生成；若 O 不足以将 C 全部氧化，则有固态的碳生成；N 转化为 $N_2$。根据上述原则，不同 PETN 模型的爆轰产物的生成量如表 3-2 所列。

**表 3-2 缺陷不同的 PETN 模型爆轰产物的生成量**

| 模型 $n$ | 分子式 | $H_2O$/mol | $CO_2$/mol | CO/mol | $N_2$/mol |
|---|---|---|---|---|---|
| 模型-1 | $C_{720}H_{1152}N_{576}O_{1728}$ | 576 | 432 | 288 | 288 |
| 模型-2 | $C_{690}H_{1104}N_{552}O_{1656}$ | 552 | 414 | 276 | 276 |
| 模型-3 | $C_{700}H_{1120}N_{560}O_{1680}$ | 560 | 420 | 280 | 280 |
| 模型-4 | $C_{720}H_{1152}N_{576}O_{1728}$ | 576 | 432 | 288 | 288 |
| 模型-5 | $C_{700}H_{1120}N_{560}O_{1680}$ | 560 | 420 | 280 | 280 |

根据不同 PETN 模型 MD 模拟计算得到的 $\rho$ 和式（3－4）和式（3－6）计算得到了不同 PETN 模型的 OB、$D$ 和 $p$ 等爆轰参数，如表 3－3 所列。

**表 3－3　缺陷不同的 PETN 模型的爆轰参数**

| 模型 $n$ | OB/% | $\rho$/(g/cm³) | $D$/(m/s) | $p$/GPa |
|---|---|---|---|---|
| 模型－1 | －10.13 | 1.65 | 8055.10 | 27.97 |
| 模型－2 | －10.13 | 1.62 | 7947.45 | 26.93 |
| 模型－3 | －10.13 | 1.62 | 7947.45 | 26.93 |
| 模型－4 | －10.13 | 1.61 | 7911.56 | 26.59 |
| 模型－5 | －10.13 | 1.62 | 7947.45 | 26.93 |

由表 3－3 中的数据可以看出，PETN 超晶胞初始模型的 $\rho$、$D$ 和 $p$ 最大，分别为 1.65g/cm$^3$、8055.10m/s 和 27.97GPa，而缺陷模型的 $\rho$、$D$ 和 $p$ 均减小，但是变化较小。位错缺陷（模型－2 和模型－3）和空位缺陷（模型－4）对 PETN 模型 $\rho$、$D$ 和 $p$ 的影响在同量级条件下相同，孪晶缺陷模型（模型－4）的降幅最大，$\rho$、$D$ 和 $p$ 的降幅分别为 0.04g/cm$^3$、143.54m/s 和 1.38GPa。$\rho$、$D$ 和 $p$ 减小，表明 PETN 的爆轰性能变差，毁伤能力下降。因此，可以得出晶体缺陷导致 PETN 的爆轰性能变差，其中孪晶缺陷模型对 PETN 爆轰性能的影响最大。

4）力学性能

力学性能是物质的基本属性，代表物质受到外界的拉伸、压缩等作用力时，自身的尺寸（长度、宽度、高度）、体积等参数发生形变或者产生破坏的难易程度。对于含能材料来说，力学性能会影响其生产、加工、运输、储存与使用等多个环节。力学性能主要通过力学参数来反映，常见的力学参数包括 $E$、$K$、$G$、$C_{12}-C_{44}$ 与 $\gamma$。其中，$E$ 称为拉伸模量（或杨氏模量），$K$ 定义为体积模量，$G$ 定义为剪切模量，$C_{12}-C_{44}$ 定义为柯西压，$\gamma$ 定义为泊松比。在不同的力学参数中，$E$ 可以反映材料的刚性，材料的刚性越强，对应的 $E$ 值越大；$G$ 主要是材料硬度的反映，$G$ 越大，表明材料的硬度越大；$K$ 通常用来评价材料的断裂强度，$K$ 越大，说明材料的断裂强度越大，在外界作用下，材料越不容易产生形变或破坏[70]；$C_{12}-C_{44}$ 是评价材料延展性的重要指标，若 $C_{12}-C_{44}>0$，说明柯西压为正值，预示材料具有较好的延展性；反之，若柯西压为负值，则说明材料的延展性较差，在外界作用下，材料容易出现脆性断裂[71]。

力学性能通常采用应力与应变之间的关系来描述，表达式为[72－73]

$$\sigma_i = C_{ij}\varepsilon_j \tag{3-7}$$

式中：$\sigma$ 为体系的应力；$\varepsilon$ 为应变；$C_{ij}(i、j=1,2,\cdots,6)$为体系的弹性系数。在式（3－7）中，$C_{ij}=C_{ji}$，即独立的弹性系数只有 21 个。

当材料呈现出各向同性的特点时，弹性系数之间的关系式为

$$C_{11}=C_{22}=C_{33},C_{12}=C_{13}=C_{23},C_{44}=C_{55}=C_{66}=\frac{1}{2}(C_{11}-C_{12}) \tag{3-8}$$

此时，弹性系数矩阵中只包含两个独立的弹性系数 $C_{11}$ 与 $C_{12}$。这里选取两个拉梅常数（$\lambda$ 和 $\mu$），其中 $C_{12}=\lambda$，$C_{11}-C_{12}=2\mu$。此时，式（3－7）中的弹性系数矩阵 $\boldsymbol{C}=[C_{ij}]$的形式为

$$[C_{ij}]=\begin{bmatrix} \lambda+2\mu & \lambda & \lambda & 0 & 0 & 0 \\ \lambda & \lambda+2\mu & \lambda & 0 & 0 & 0 \\ \lambda & \lambda & \lambda+2\mu & 0 & 0 & 0 \\ 0 & 0 & 0 & \mu & 0 & 0 \\ 0 & 0 & 0 & 0 & \mu & 0 \\ 0 & 0 & 0 & 0 & 0 & \mu \end{bmatrix} \tag{3-9}$$

对于各向同性材料，力学参数（$E$、$\gamma$、$G$、$K$）的计算公式为[72－73]

$$E=\frac{\mu(3\lambda+2\mu)}{\lambda+\mu},\gamma=\frac{\lambda}{2(\lambda+\mu)},G=\mu,K=\lambda+\frac{2}{3}\mu \tag{3-10}$$

由于含能材料的特殊性以及分子在晶体中不同方向堆积的差异性，将其视为各向同性材料是不合适的。为了能够计算其力学性能，通常将其视为多晶物质，即认为其晶体是由许多无规取向的单晶组成的。此时，力学参数可以采用 Reuss 方法[74]计算得到，表达式为

$$K_R=(a+2b)^{-1},G_R=15(4a-4b+3c)^{-1} \tag{3-11}$$

式中：$a=S_{11}+S_{22}+S_{33}$；$b=S_{12}+S_{23}+S_{31}$；$c=S_{44}+S_{55}+S_{66}$；$\boldsymbol{S}=[S_{ij}]$定义为柔量系数矩阵。柔量系数矩阵 $\boldsymbol{S}$ 可以通过求解弹性系数矩阵 $\boldsymbol{C}$ 的逆矩阵得到，两者之间满足 $\boldsymbol{S}=\boldsymbol{C}^{-1}$。

力学参数之间的关系为

$$E=2G(1+\gamma)=3K(1-2\gamma) \tag{3-12}$$

根据式（3－12），可以得到 $E$ 与 $\gamma$ 的表达式为

$$E=\frac{9GK}{3K+G} \tag{3-13}$$

$$\gamma=\frac{3K-2G}{2(3K+G)} \tag{3-14}$$

表 3－4 中列出了不同 PETN 超晶胞模型经 MD 模拟后计算得到的力学性能。图 3－8 展示了不同 PETN 缺陷模型较初始模型的 $E$、$K$、$G$ 和柯西压（$C_{12}-C_{44}$）的变化情况。

**表 3 – 4　缺陷不同的 PETN 模型的弹性系数及力学参数**

| 模型 $n$ | 模型 – 1 | 模型 – 2 | 模型 – 3 | 模型 – 4 | 模型 – 5 |
|---|---|---|---|---|---|
| $C_{11}$/GPa | 12.59 | 12.30 | 12.74 | 13.08 | 10.69 |
| $C_{22}$/GPa | 13.39 | 12.70 | 11.71 | 10.03 | 12.34 |
| $C_{33}$/GPa | 12.39 | 11.16 | 11.92 | 9.39 | 11.38 |
| $C_{44}$/GPa | 3.47 | 3.11 | 3.30 | 2.68 | 2.84 |
| $C_{55}$/GPa | 3.34 | 2.77 | 3.01 | 2.13 | 2.90 |
| $C_{66}$/GPa | 3.29 | 2.78 | 3.17 | 2.49 | 3.02 |
| $C_{12}$/GPa | 5.69 | 5.92 | 5.93 | 6.12 | 5.54 |
| $C_{13}$/GPa | 6.23 | 6.18 | 6.20 | 5.98 | 6.51 |
| $C_{23}$/GPa | 6.70 | 6.54 | 5.82 | 5.68 | 6.06 |
| $C_{15}$/GPa | –0.16 | 0.06 | 0.16 | 0.13 | 0.05 |
| $C_{25}$/GPa | –0.27 | –0.04 | 0.26 | 1.61 | –0.02 |
| $C_{35}$/GPa | –0.08 | 0.11 | 0.18 | 0.67 | –0.05 |
| $C_{46}$/GPa | –0.01 | –0.02 | 0.26 | 0.01 | 0.07 |
| $E$/GPa | 8.80 | 7.73 | 8.21 | 6.26 | 7.50 |
| $\gamma$ | 0.32 | 0.34 | 0.33 | 0.35 | 0.34 |
| $K$/GPa | 8.36 | 8.13 | 7.99 | 7.21 | 7.82 |
| $G$/GPa | 3.32 | 2.88 | 3.09 | 2.31 | 2.80 |
| $(C_{12}-C_{44})$/GPa | 2.22 | 2.81 | 2.63 | 3.44 | 2.70 |

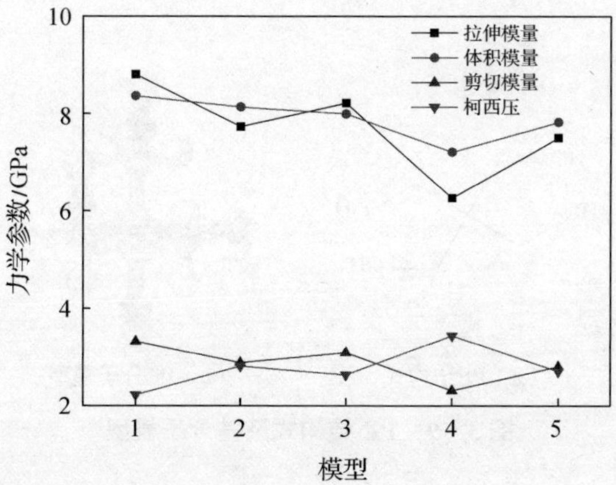


**图 3 – 8　缺陷不同的 PETN 模型的力学参数曲线图**

从表3－4和图3－8可以看出，较PETN超晶胞初始模型，缺陷模型的拉伸模量、体积模量与剪切模量均下降，降幅分别为1.07GPa、0.59GPa、2.54GPa、1.30GPa；0.23GPa、0.37GPa、1.15GPa、0.54GPa和0.44GPa、0.23GPa、1.01GPa、0.52GPa。这表明缺陷模型的刚度、断裂强度和硬度减弱，抗变形能力下降。柯西压均增加，增幅分别为0.59GPa、0.41GPa、1.22GPa、0.48GPa。这表明缺陷模型的柔韧性和延展性增强，发生变形而不产生裂缝的能力增强，发生断裂时的断裂截面更粗糙。所有晶体缺陷中，孪晶缺陷对PETN力学性能的影响最大。

### 3.2.2 掺杂缺陷对PETN性能影响

PETN是通过PE与硝酸或硝硫混合酸发生酯化反应制备而成的[69]。在其合成过程中，难免会引入PE、PEMonoN、PEDiN和PETriN等杂质。因此，有必要探究这些杂质对PETN性能的影响。本节通过在PETN超晶胞初始模型的基础上剪除PETN分子并在其原位置引入杂质分子建立掺杂不同杂质分子的PETN缺陷模型，探究掺杂缺陷对PETN性能的影响。

**1. 模型的搭建**

根据PE、PEMonoN、PEDiN和PETriN的结构式，利用MS软件中的Visualizer模块建立PE、PEMonoN、PEDiN和PETriN分子模型，如图3－9至图3－12所示。通过随机将PETN超晶胞初始模型中的8个PETN分子替换成上述4种杂质分子建立4种PETN掺杂缺陷模型，如图3－13（a）至图3－13（d）所示，图中的球棍分子模型即为所引入的杂质分子。为便于叙述和对比，将PETN超晶胞初始模型标记为模型－1，其余掺杂模型依次标记为模型－2～模型－5。

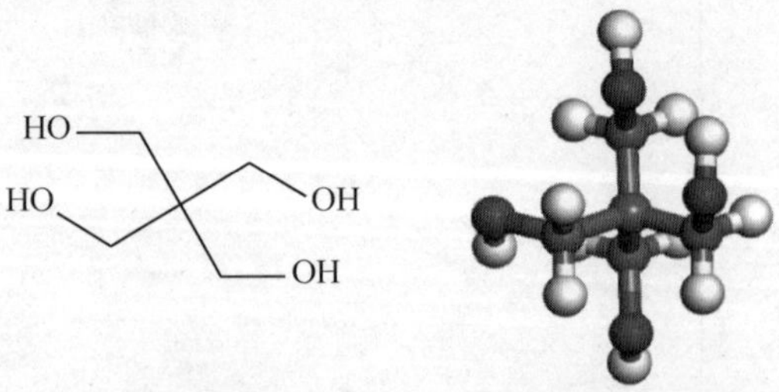


（a）PE结构式　　（b）PE分子模型

**图3－9　PE结构式及其分子模型**

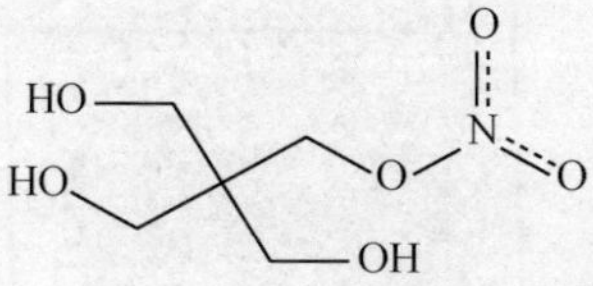

(a) PEMonoN结构式

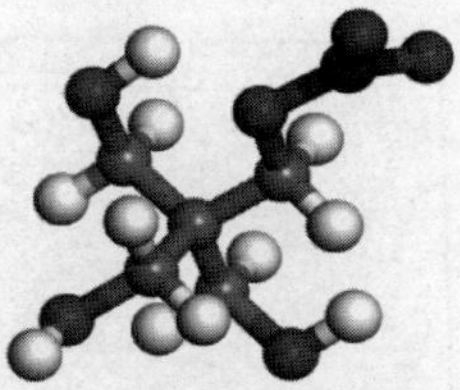

(b) PEMonoN分子模型

**图 3－10　PEMonoN 结构式及其分子模型**

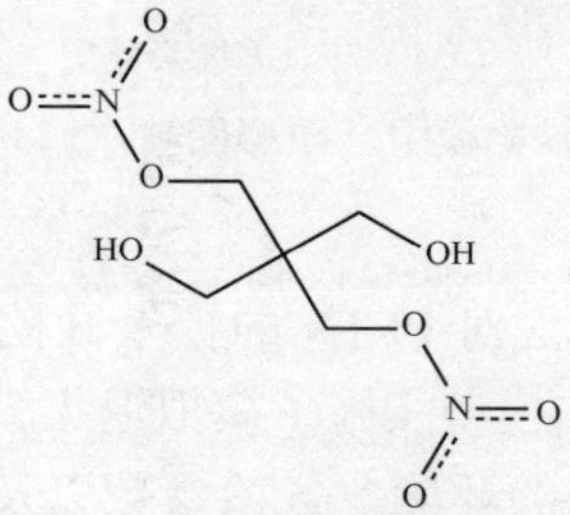

(a) PEDiN结构式

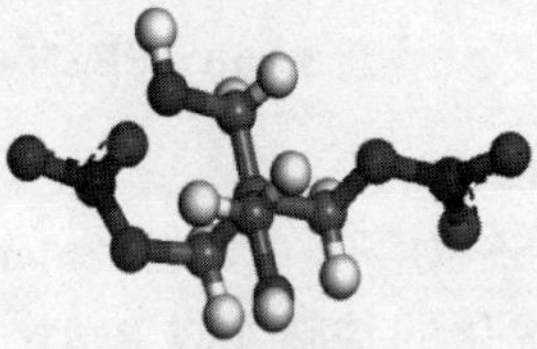

(b) PEDiN分子模型

**图 3－11　PEDiN 结构式及其分子模型**

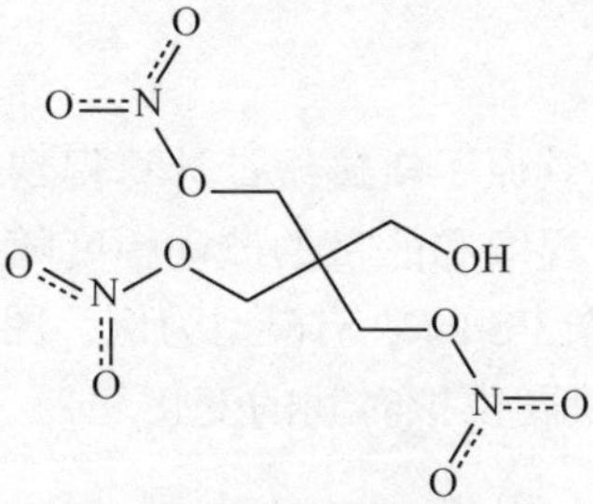

(a) PETriN结构式

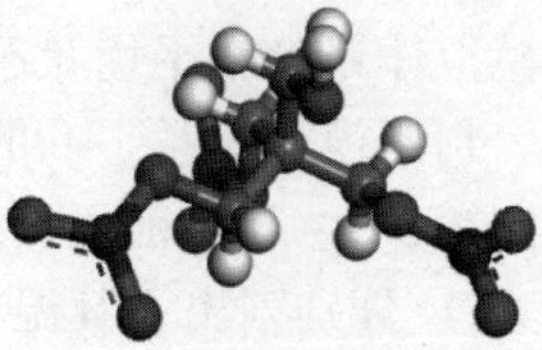

(b) PETriN分子模型

**图 3－12　PETriN 结构式及其分子模型**

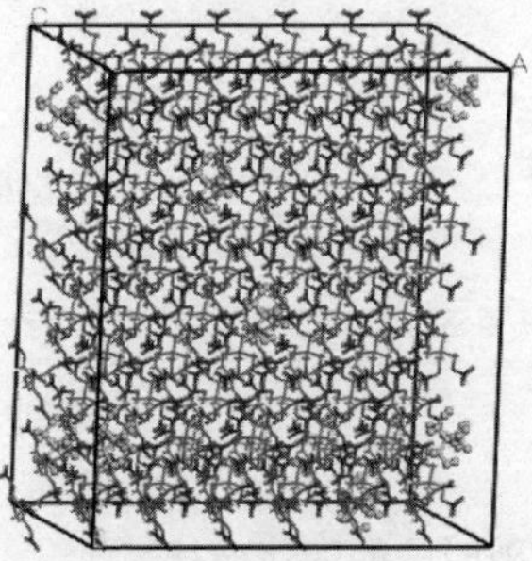

(a) PE掺杂模型

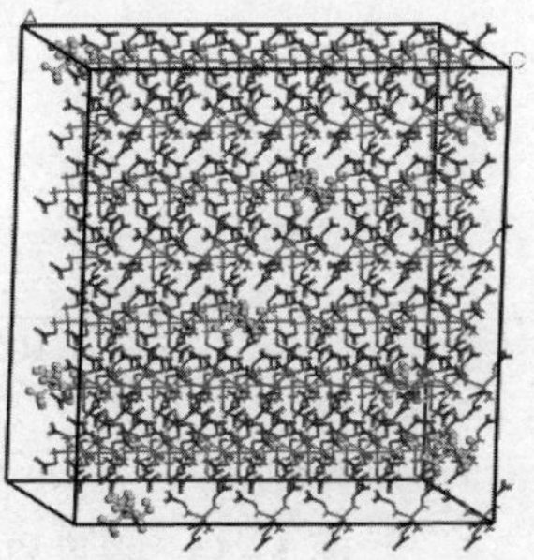

(b) PEMonoN掺杂模型

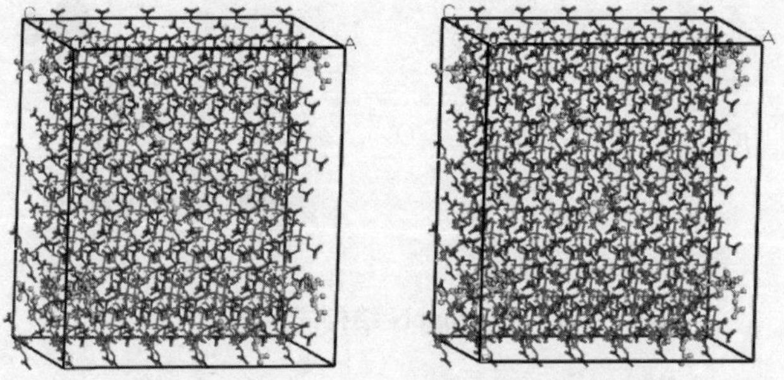

（c）PEDiN掺杂模型　　（d）PETriN掺杂模型

**图3-13　PETN 掺杂缺陷模型（附彩图）**

**2. 结果讨论**

在 COMPASS 力场下，采用 Smart 算法对 PETN 的掺杂缺陷模型进行几何结构优化。在优化的基础上对 PETN 缺陷模型实施了模拟退火，选取其中能量最小的退火模型进行 MD 模拟。MD 模拟的环境、各项参数以及控制方法的设置与 3.2.1 节一致。对所建模型进行 100ps 的 MD 模拟，前 50ps 对模型体系进行平衡，后 50ps 用于统计分析确定能量、力学参数和其他参数。每 0.1ps 取样一次，共获得 500 帧轨迹。

1）平衡判别

只有当模拟体系处于平衡状态时，对其原子轨迹统计计算得到的仿真结果才具有意义。判断模型体系平衡的依据是温度和能量的波动幅度随 MD 模拟时间的变化稳定在 5%～10% 范围内。以掺杂 PE 的缺陷模型为例，图 3-14（a）和图 3-14（b）分别列出了其温度和能量随模拟时间的变化。

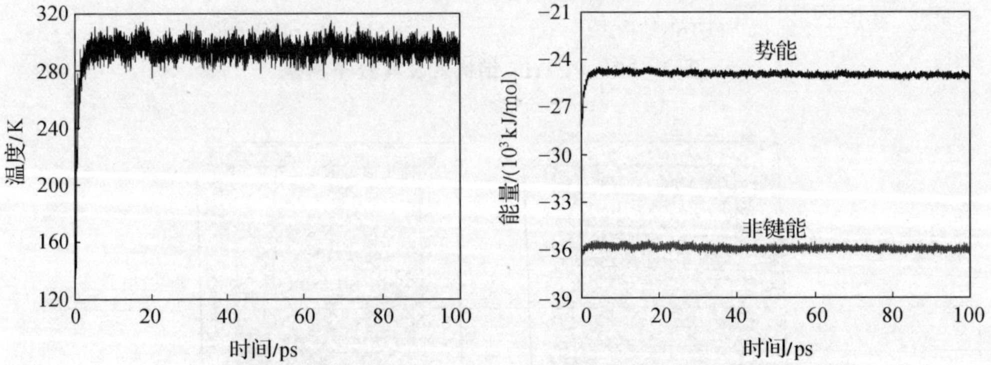


（a）温度变化曲线　　（b）能量变化曲线

**图3-14　温度和能量随时间的变化曲线**

从图 3 - 14 中可以看出，随着模拟时间的变化，掺杂 PE 的缺陷模型的温度和能量波动逐渐趋于平缓，表明掺杂 PE 的缺陷模型已达到平衡状态。

2）感度

（1）引发键键连双原子作用能。

根据 MD 模拟计算得到的不同 PETN 模型的能量参数以及式（3 - 1），计算得到了不同 PETN 模型的引发键键连双原子作用能，如图 3 - 15 所示。

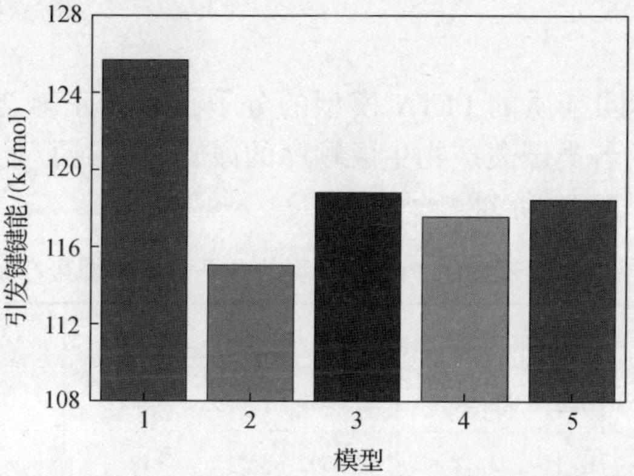


**图 3 - 15　掺杂杂质不同的 PETN 模型的引发键键连双原子作用能**

从图 3 - 15 中可以看出，同 PETN 超晶胞初始模型相比，PETN 掺杂缺陷模型的引发键键连双原子作用能减小，减小幅度分别为 10.65kJ/mol、6.88kJ/mol、8.12kJ/mol 和 7.25kJ/mol。引发键键连双原子作用能减小表明，引发键束缚 O 原子和 N 原子的能力下降，在受到外界刺激作用时，引发键更容易发生解离导致 PETN 分解甚至爆炸。因此，掺杂缺陷会导致 PETN 的感度上升，安全性变差。分析图 3 - 15 中的数据可以发现，模型 - 2 的引发键键连双原子作用能最小，感度最高，安全性能最差，表明 4 种杂质分子中 PE 对 PETN 的感度影响最大。出于安全考虑，在制备 PETN 时应尽量提升其纯度以降低其感度。

（2）内聚能密度（CED）。

表 3 - 5 中列出了经 MD 模拟计算得到的不同 PETN 超晶胞模型的 CED 及其分量。

**表 3 - 5　掺杂杂质不同的 PETN 模型的 CED 及其分量**

| 参数 | 模型 - 1 | 模型 - 2 | 模型 - 3 | 模型 - 4 | 模型 - 5 |
|---|---|---|---|---|---|
| CED/(kJ/cm$^3$) | 0.7530 | 0.7191 | 0.7414 | 0.7342 | 0.7380 |
| 范德华力/(kJ/cm$^3$) | 0.3756 | 0.3538 | 0.3691 | 0.3652 | 0.3675 |
| 静电力/(kJ/cm$^3$) | 0.3671 | 0.3555 | 0.3621 | 0.3589 | 0.3603 |

从表3-5中的数据可以看出，较PETN超晶胞初始模型，掺杂缺陷模型的CED下降，降幅为0.0116~0.0339kJ/$cm^3$。CED降低意味着PETN吸收较低的能量就会由凝聚态转化为气态，表明PETN缺陷模型的感度上升、安全性变差。分析表3-5中的数据可以发现，模型-2的CED最小，感度最高，安全性能最差，表明4种杂质分子中PE对PETN的感度影响最大。这同以引发键键连双原子作用能为判据获得的掺杂缺陷对PETN感度性能影响的结果是一致的。

3）爆轰性能

根据掺杂有不同杂质的PETN模型的分子式和修正氮当量法规定的关于$C_aH_bN_cO_d$类炸药的各类爆轰产物生成顺序的原则，得到了不同PETN模型的爆轰产物的量，如表3-6所列。

**表3-6 掺杂杂质不同的PETN模型的分子式及其爆轰产物的生成量**

| 模型 $n$ | 分子式 | $H_2O$/mol | $CO_2$/mol | CO/mol | $N_2$/mol |
|---|---|---|---|---|---|
| 模型-1 | $C_{720}H_{1152}N_{576}O_{1728}$ | 576 | 432 | 288 | 288 |
| 模型-2 | $C_{720}H_{1184}N_{544}O_{1664}$ | 592 | 352 | 368 | 272 |
| 模型-3 | $C_{720}H_{1176}N_{552}O_{1680}$ | 588 | 372 | 348 | 276 |
| 模型-4 | $C_{720}H_{1168}N_{560}O_{1696}$ | 584 | 392 | 328 | 280 |
| 模型-5 | $C_{720}H_{1160}N_{568}O_{1712}$ | 580 | 412 | 308 | 284 |

根据MD模拟计算得到的掺杂不同杂质的PETN模型的$\rho$值和式（3-4）和式（3-6）计算得到了不同PETN模型的OB、$D$和$p$等爆轰参数，如表3-7所列。

**表3-7 掺杂杂质不同的PETN模型的爆轰参数**

| 模型 $n$ | OB/% | $\rho$/(g/$cm^3$) | $D$/(m/s) | $p$/GPa |
|---|---|---|---|---|
| 模型-1 | -10.13 | 1.65 | 8055.10 | 27.97 |
| 模型-2 | -13.36 | 1.58 | 7749.39 | 25.21 |
| 模型-3 | -12.53 | 1.60 | 7834.75 | 25.97 |
| 模型-4 | -11.72 | 1.59 | 7812.85 | 25.73 |
| 模型-5 | -10.92 | 1.62 | 7993.90 | 26.84 |

分析表 3－7 中的数据可以看出，PETN 超晶胞初始模型最接近零氧平衡，其 $D$ 和 $p$ 最大。掺杂缺陷模型的氧平衡性能均变差，$D$ 和 $p$ 均变小。其中，降幅最大的是杂质分子为 PE 的掺杂模型（模型－2），$D$ 和 $p$ 的降幅分别为 305.71m/s 和 2.76GPa。$D$ 和 $p$ 减小，表明 PETN 的爆轰性能变差，毁伤威力减弱。因此，在制备 PETN 的过程中应尽量提升 PETN 的纯度以提高其能量密度，尤其是要降低 PE 杂质的含量。

4）力学性能

根据 MD 模拟计算获得的弹性系数、$K$ 和 $G$，计算得到不同 PETN 模型的力学性能参数，具体数值列于表 3－8 中。图 3－16 展示了不同 PETN 超晶胞模型的 $E$、$K$、$G$ 和 $C_{12}-C_{44}$ 的变化情况。

**表 3－8　掺杂杂质不同的 PETN 模型的弹性系数及力学参数**

| 模型 $n$ | 模型－1 | 模型－2 | 模型－3 | 模型－4 | 模型－5 |
|---|---|---|---|---|---|
| $C_{11}$/GPa | 12.59 | 12.08 | 12.45 | 12.40 | 11.70 |
| $C_{22}$/GPa | 13.39 | 12.07 | 12.04 | 12.23 | 13.26 |
| $C_{33}$/GPa | 12.39 | 11.37 | 11.45 | 10.44 | 12.31 |
| $C_{44}$/GPa | 3.47 | 2.86 | 2.35 | 2.76 | 3.39 |
| $C_{55}$/GPa | 3.34 | 2.91 | 2.57 | 2.69 | 3.31 |
| $C_{66}$/GPa | 3.29 | 3.24 | 2.79 | 2.86 | 3.44 |
| $C_{12}$/GPa | 6.23 | 6.13 | 6.13 | 5.95 | 6.18 |
| $C_{13}$/GPa | 5.69 | 5.56 | 5.84 | 5.97 | 6.00 |
| $C_{23}$/GPa | 6.70 | 5.58 | 5.87 | 5.67 | 6.27 |
| $C_{15}$/GPa | －0.16 | 0.27 | 0.39 | －0.06 | －0.01 |
| $C_{25}$/GPa | －0.27 | 0.11 | －0.15 | －0.01 | 0.06 |
| $C_{35}$/GPa | －0.08 | 0.01 | －0.10 | －0.80 | －0.39 |
| $C_{46}$/GPa | －0.01 | －0.08 | 0.30 | 0.02 | 0.09 |
| $E$/GPa | 8.80 | 7.97 | 7.15 | 7.42 | 8.66 |
| $\gamma$ | 0.32 | 0.33 | 0.35 | 0.34 | 0.32 |
| $K$/GPa | 8.36 | 7.77 | 7.94 | 7.74 | 8.22 |
| $G$/GPa | 3.32 | 3.00 | 2.65 | 2.77 | 3.25 |
| $(C_{12}-C_{44})$/GPa | 2.76 | 3.27 | 3.78 | 3.19 | 2.79 |

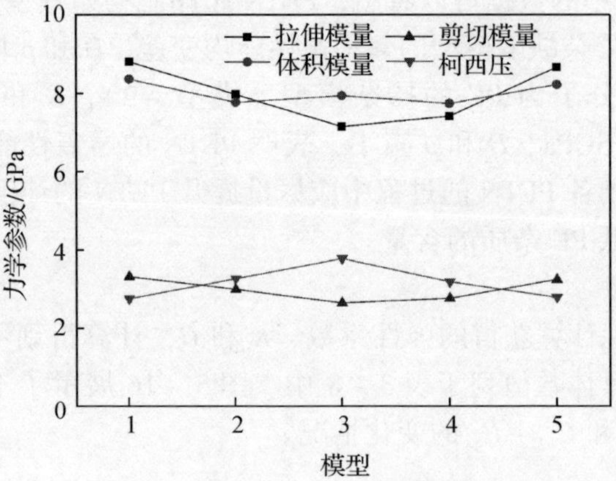


**图 3-16　掺杂杂质不同的 PETN 模型的力学参数曲线图**

从表 3-8 和图 3-16 中可以看出，较 PETN 超晶胞初始模型，含有不同杂质分子的掺杂缺陷模型的 $E$、$K$ 和 $G$ 均减小，下降幅度分别为 0.83GPa、1.65GPa、1.38GPa、0.14GPa；0.59GPa、0.42GPa、0.62GPa、0.14GPa 和 0.32GPa、0.67GPa、0.55GPa、0.05GPa。$C_{12}-C_{44}$ 上升，增幅分别为 0.51GPa、1.02GPa、0.43GPa、0.03GPa。工程模量下降，表明含杂质的 PETN 的抗变形能力、断裂强度和硬度下降，刚度减弱；$C_{12}-C_{44}$ 增加表明含杂质的 PETN 的柔韧性和延展性增强，发生变形而不产生裂缝的能力增强；发生断裂时的断裂截面更粗糙。

## 3.2.3　空位缺陷浓度对 PETN 性能影响

在 2.2 节中探究了空位缺陷对 PETN 性能的影响，结果表明空位缺陷会导致 PETN 的感度上升，力学性能和爆轰性能变差。为进一步深入了解空位缺陷对 PETN 性能的影响，本节通过在 PETN 超晶胞初始模型的基础上剪除 PETN 分子建立空位缺陷浓度不同的 PETN 超晶胞缺陷模型，探究空位缺陷浓度对 PETN 性能的影响。

**1. 模型的搭建**

在 PETN 超晶胞初始模型的基础上，通过分别剪除 4、8、12 和 16 个 PETN 分子建立空位缺陷浓度分别为 2.78%、5.56%、8.34% 和 11.12% 的 PETN 超晶胞的空位缺陷模型。空位缺陷浓度为 11.12% 的 PETN 模型如图 3-17（b）所示。其中，图 3-17（a）中标记为绿色的 PETN 分子为剪除掉的分子。为叙述方便，认为 PETN 超晶胞初始模型的空位缺陷浓度为 0。

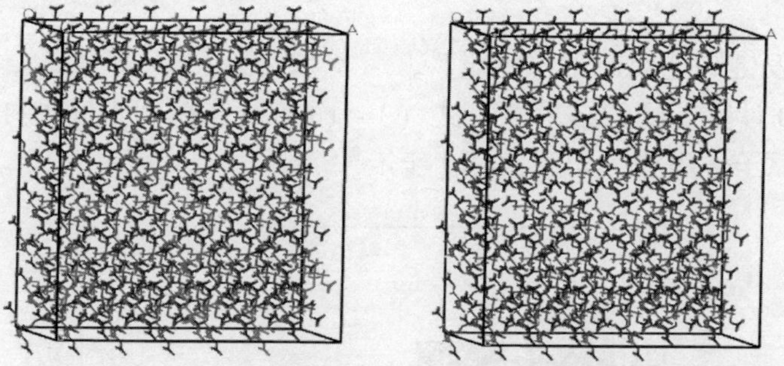

（a）PETN（1 1 0）面超晶胞　　（b）PETN（1 1 0）面空位缺陷模型

**图 3－17　空位缺陷浓度为 11.12％的 PETN 模型（附彩图）**

## 2. 结果讨论

PETN 的空位缺陷模型选择 COMPASS 力场进行 MD 模拟。首先，采用 Smart 算法对其进行几何结构优化。在优化的基础上对 PETN 缺陷模型实施模拟退火，选取其中能量最小的退火模型进行 MD 模拟。MD 模拟的环境、各项参数以及控制方法的设置同 3.2.1 节一致。对所建模型进行 100ps 的 MD 模拟，前 50ps 对模型体系进行平衡，后 50ps 用于统计分析确定能量、力学参数和其他参数。每 0.1ps 取样一次，共获得 500 帧轨迹。

1）平衡判别

温度和能量随 MD 模拟时间变化的波动幅度同时在 5%～10% 以内，标志着模拟体系达到了平衡状态。以空位缺陷浓度为 11.12% 的 PETN 缺陷模型的 MD 模拟为例，其温度和能量随时间变化曲线如图 3－18 所示。由图 3－18 可以看出，PETN 空位缺陷模型的温度和能量随时间的推移波动逐渐趋于平缓，表明空位缺陷模型已达到平衡状态。

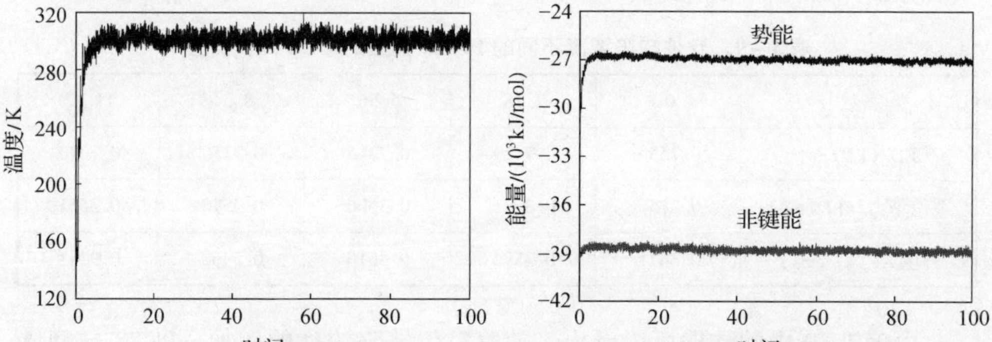


（a）温度变化曲线　　（b）能量变化曲线

**图 3－18　温度和能量随时间的变化曲线**

2）感度

（1）引发键键连双原子作用能。

根据 MD 计算得到的结果以及式（3－1），计算得到不同 PETN 模型的引发键键连双原子作用能，如图 3－19 所示。

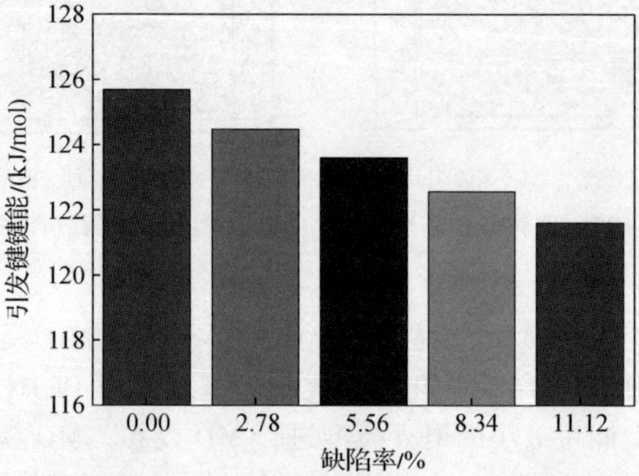


**图 3－19　空位缺陷浓度不同的 PETN 模型的引发键键连双原子作用能**

从图 3－19 中可以看出，随着 PETN 模型中空位缺陷浓度的增加，PETN 引发键键连双原子作用能逐渐减小，减小幅度为 1.21～4.09kJ/mol。引发键键连双原子作用能减小，表明引发键束缚 N 原子和 O 原子的能力减弱，在受到外界激励的作用下，引发键更易发生解离，从而使 PETN 分解甚至爆炸。因此，随着空位缺陷浓度的增加，PETN 的感度逐渐升高，安全性能降低。

（2）CED。

根据 MD 模拟的结果，计算得到了空位缺陷浓度不同的 PETN 模型的 CED 及其分量，如表 3－9 所列。

**表 3－9　空位缺陷浓度不同的 PETN 模型的 CED 及其分量**

| 参数 | 0 | 2.78 | 5.56 | 8.34 | 11.12 |
|---|---|---|---|---|---|
| CED/（$kJ/cm^3$） | 0.7530 | 0.7429 | 0.7215 | 0.7158 | 0.7090 |
| 范德华力/（$kJ/cm^3$） | 0.3756 | 0.3731 | 0.3606 | 0.3590 | 0.3551 |
| 静电力/（$kJ/cm^3$） | 0.3671 | 0.3596 | 0.3510 | 0.3468 | 0.3441 |

由表 3－9 中的数据可以看出，随着空位缺陷浓度的增加，PETN 模型体系的 CED 逐渐减小，减小幅度为 0.0101～0.0440$kJ/cm^3$，CED 减小意味着 PETN 由凝聚态转化为气态所需要的能量减小、感度上升。这表明，随着空位

缺陷浓度的增加，PETN 的感度逐渐增加，安全性变差。

3）爆轰性能

根据含有不同空位缺陷浓度的 PETN 模型的分子式和修正氮当量法规定的关于 $C_aH_bN_cO_d$类炸药的各类爆轰产物生成顺序的原则，得到了空位缺陷浓度不同的 PETN 模型的爆轰产物的生成量，如表 3－10 所列。

**表 3－10　空位缺陷浓度不同的 PETN 模型的分子式及其爆轰产物的生成量**

| 缺陷率/% | 分子式 | $H_2O$/mol | $CO_2$/mol | CO/mol | $N_2$/mol |
|---|---|---|---|---|---|
| 0 | $C_{720}H_{1152}N_{576}O_{1728}$ | 576 | 432 | 288 | 288 |
| 2.78 | $C_{700}H_{1120}N_{560}O_{1680}$ | 560 | 420 | 280 | 280 |
| 5.56 | $C_{680}H_{1088}N_{544}O_{1632}$ | 544 | 408 | 272 | 272 |
| 8.34 | $C_{660}H_{1056}N_{528}O_{1584}$ | 528 | 396 | 264 | 264 |
| 11.12 | $C_{640}H_{1024}N_{512}O_{1536}$ | 512 | 384 | 256 | 256 |

根据 MD 模拟计算得到空位缺陷浓度不同的 PETN 模型的 $\rho$ 值以及式（3－5）和式（3－6）计算得到了不同 PETN 模型的 OB、$D$ 和 $p$ 等爆轰参数，如表 3－11 所列。

**表 3－11　空位缺陷浓度不同的 PETN 模型的爆轰参数**

| 缺陷率/% | OB/% | $\rho$/(g/cm$^3$) | $D$/(m/s) | $p$/GPa |
|---|---|---|---|---|
| 0 | －10.13 | 1.65 | 8055.10 | 27.97 |
| 2.78 | －10.13 | 1.62 | 7947.45 | 26.93 |
| 5.56 | －10.13 | 1.60 | 7875.68 | 26.25 |
| 8.34 | －10.13 | 1.58 | 7803.92 | 25.58 |
| 11.12 | －10.13 | 1.59 | 7839.80 | 25.90 |

从表 3－11 中的数据可以看出，随着空位缺陷浓度的增加，PETN 超晶胞模型的 OB 没有发生变化，$\rho$ 先下降后增加，但总体上缺陷模型的 $\rho$ 较初始模型是下降的。根据式（3－6），影响 PETN 的 $D$ 和 $p$ 的因素是 PETN 的 $\rho$ 和 PETN 的修正氮当量系数。由于所有 PETN 模型的修正氮当量系数是相同的，可以得出空位缺陷对 PETN 的 $D$ 和 $p$ 的影响本质上是对 PETN 的 $\rho$ 的影响。空位缺陷对 PETN 的 $\rho$ 的影响有两方面因素：一是晶胞体积相同的前提下，分子

量减少，$\rho$ 减小；二是空位缺陷发生凝聚坍塌，晶胞体积收缩，$\rho$ 增加。空位缺陷浓度较低时，分子量的变化对 PETN 的 $\rho$ 起主要影响，随着空位缺陷浓度的增加，PETN 的 $\rho$ 逐渐减小；当空位缺陷浓度超过某一阈值时，晶胞收缩开始发挥主导作用，PETN 的 $\rho$ 开始增加。因此，PETN 的 $D$ 和 $p$ 随空位缺陷浓度的增加先下降后增大，但由于 $\rho$ 总体较初始模型是下降的，故爆轰性能变差。

4）力学性能

表 3－12 中列出了空位缺陷浓度不同的 PETN 超晶胞模型经 MD 模拟后计算得到的力学性能。图 3－20 展示了空位缺陷浓度不同的 PETN 超晶胞模型的 $E$、$K$、$G$ 和 $C_{12}-C_{44}$ 的变化情况。

**表 3－12　空位缺陷浓度不同的 PETN 模型的弹性系数及力学参数**

| 缺陷率/% | 0 | 2.78 | 5.56 | 8.34 | 11.12 |
|---|---|---|---|---|---|
| $C_{11}$/GPa | 12.59 | 10.69 | 11.24 | 11.24 | 9.86 |
| $C_{22}$/GPa | 13.39 | 12.34 | 11.34 | 10.83 | 11.76 |
| $C_{33}$/GPa | 12.39 | 11.38 | 11.45 | 10.05 | 11.29 |
| $C_{44}$/GPa | 3.47 | 2.84 | 2.65 | 2.92 | 3.10 |
| $C_{55}$/GPa | 3.34 | 2.90 | 2.36 | 2.57 | 2.85 |
| $C_{66}$/GPa | 3.29 | 3.02 | 2.64 | 2.92 | 2.79 |
| $C_{12}$/GPa | 5.69 | 5.54 | 5.82 | 5.78 | 5.84 |
| $C_{13}$/GPa | 6.23 | 6.51 | 5.93 | 6.01 | 6.29 |
| $C_{23}$/GPa | 6.70 | 6.06 | 5.66 | 5.58 | 6.06 |
| $C_{15}$/GPa | −0.16 | 0.05 | 0.05 | 0.02 | 0.03 |
| $C_{25}$/GPa | −0.27 | −0.02 | −0.01 | −0.21 | 0.15 |
| $C_{35}$/GPa | −0.08 | −0.05 | −0.05 | −0.11 | 0.11 |
| $C_{46}$/GPa | −0.01 | 0.07 | −0.11 | −0.02 | 0 |
| $E$/GPa | 8.82 | 7.50 | 7.05 | 6.96 | 7.23 |
| $\gamma$ | 0.32 | 0.34 | 0.35 | 0.34 | 0.34 |
| $K$/GPa | 8.36 | 7.82 | 7.65 | 7.41 | 7.67 |
| $G$/GPa | 3.32 | 2.80 | 2.62 | 2.59 | 2.69 |
| $(C_{12}-C_{44})$/GPa | 2.22 | 2.70 | 3.17 | 2.86 | 2.74 |

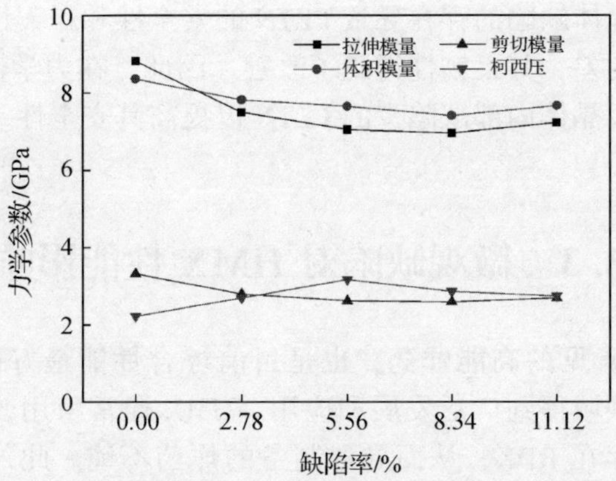


**图 3-20　空位缺陷浓度不同的 PETN 模型的力学参数曲线图**

从表 3-12 和图 3-20 可以看出，缺陷模型的 $E$、$K$ 和 $G$ 随空位浓度的增加先减后增，且较初始模型减小，降幅分别为 1.32 ~ 1.86GPa、0.54 ~ 0.95GPa 和 0.52 ~ 0.73GPa，表明缺陷模型的刚度、硬度和断裂强度减弱，缺陷模型的抗变形能力下降。缺陷模型的 $K/G$ 和 $C_{12}-C_{44}$ 增加，但其随空位浓度增加的变化是非单调的，先增后减，在缺陷浓度 5.56% 处出现极值点，表明缺陷模型的柔韧性和延展性增强，发生变形而不产生裂缝的能力增强，发生断裂时的断裂截面更粗糙。

## 3.2.4　本节小结

本节采用 MD 模拟的方法探究了位错、孪晶、空位和掺杂缺陷对 PETN 炸药性能的影响，并且探究了不同杂质分子和不同空位浓度对 PETN 炸药性能的影响。主要获得以下结论。

（1）位错、孪晶和空位 3 种晶体缺陷会导致 PETN 的感度升高，安全性变差，爆轰性能下降，其中孪晶缺陷对其性能影响最大。缺陷模型的刚度、断裂强度和硬度减弱，抗变形能力下降，柔韧性和延展性增强，发生变形而不产生裂缝的能力增强，其断裂截面变得粗糙，其中孪晶缺陷对其影响最大。

（2）掺杂缺陷会导致 PETN 的感度上升，安全性变差，爆轰性能减弱，毁伤威力下降，其中 PE 杂质对其影响程度相对较大。缺陷模型的刚度、断裂强度和硬度减弱，抗变形能力变差，柔韧性和延展性得到改善。

（3）随着空位缺陷浓度的增加，PETN 的感度逐渐上升，安全性能持续变差，爆轰性能下降，但其随空位浓度增加的变化是非单调的，先减后增；空位缺陷导致 PETN 的刚度、硬度和断裂强度下降，抗变形能力变差，柔韧性和延展性得到改善，但空位缺陷浓度对其影响是非单调的。

综上所述，晶体缺陷的存在导致 PETN 的安全性和爆轰性能变差。缺陷模型的抗变形能力变差，其柔韧性得到了改善。因此，在力学性能满足需求的前提下，应尽量选用晶体内部缺陷少的 PETN 以提高其安全性。

## 3.3 微观缺陷对 HMX 性能影响

HMX 是一种常见的高能炸药，也是目前综合性能最好的单质炸药之一，因此在含能材料领域得到广泛发展和应用。HMX 通常采用改进型乙酸酐法制备，在产物中会存在 RDX，从而导致制备的炸药不纯。此外，在晶体的生长过程中，由于外界因素的干扰，晶体的生长过程可能会受到影响，从而使晶体中存在缺陷。晶体缺陷的存在可能会影响炸药的性能，如感度、能量特性与力学性能等，从而进一步影响武器弹药的威力与安全性[75-79]。对此，本节以 HMX 单体炸药为研究对象，分别建立“完美”型与含有掺杂缺陷的 HMX 晶体模型。采用分子动力学方法，预测各种模型的感度、爆轰性能与力学性能并进行比较，探讨并综合评价晶体缺陷对炸药性能的影响。

### 3.3.1 计算模型与计算方法

**1. HMX 初始模型的建立**

HMX 属于单斜晶系，空间群为 P21/C，晶格参数为 $a$ = 6.540Å、$b$ = 11.050Å、$c$ = 8.700Å、$\alpha$ = 90.00°、$\beta$ = 124.30°和 $\gamma$ = 90.00°，单个晶胞中包含 2 个 HMX 分子[80]。HMX 的分子模型如图 3-21（a）所示，单个晶胞模型如图 3-21（b）所示，而后将单个晶胞模型扩展为 48（4×4×3）的超晶胞模型，其中包含 96 个 HMX 分子，共 2688 个原子，如图 3-21（c）所示。为了便于与含有晶体缺陷的模型进行比较，将“完美”型晶体模型标记为模型-1。

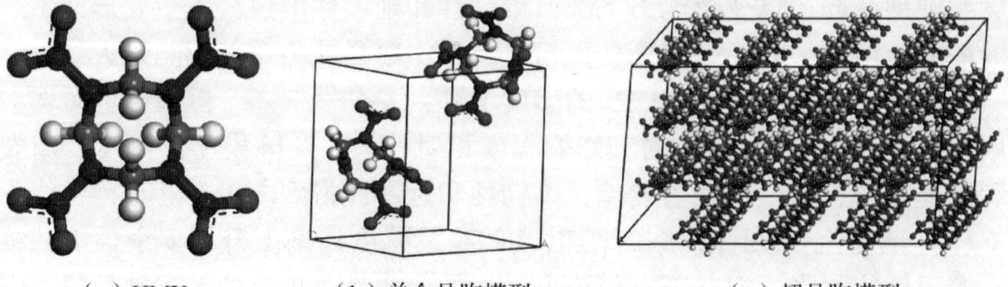

（a）HMX　　（b）单个晶胞模型　　（c）超晶胞模型

**图 3-21　HMX 分子、单个晶胞与超晶胞模型**

**2. HMX 缺陷模型的建立**

用 2 个 RDX 分子（图 3－22（a））替换“完美”型晶体中的 2 个 HMX 分子（图 3－22（b）中标记为黄色），得到掺杂率为 2.08% 的缺陷晶体模型，如图 3－22（c）所示，将所得缺陷模型标记为模型－2。

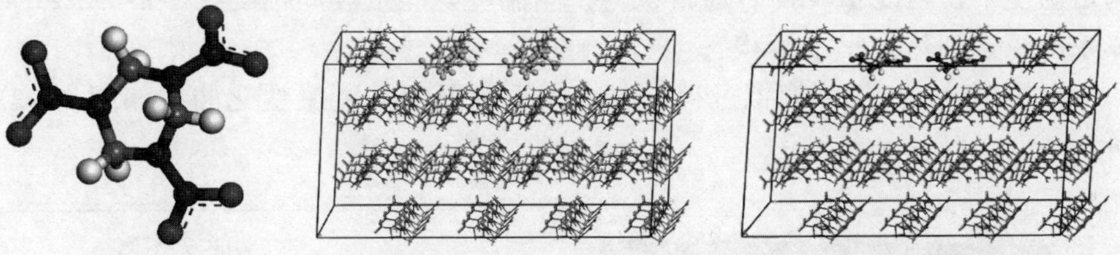

（a）RDX　（b）初始晶胞模型　（c）含有掺杂缺陷的晶胞模型

**图 3－22　RDX 分子、初始晶胞模型与含有掺杂缺陷的晶胞模型（附彩图）**

类似地，分别用 4、6、8、12、16、24 个 RDX 分子替换初始模型中同等数量的 HMX 分子，得到掺杂率分别为 4.17%、6.25%、8.33%、12.50%、16.67%、25.00% 的缺陷晶体模型，分别标记为模型－3、模型－4、模型－5、模型－6、模型－7 与模型－8。

**3. 计算条件设置**

在建立 HMX“完美”型与含有掺杂缺陷的模型后，对建立的各种模型进行能量最小化处理，优化其晶体结构，使模型中分子的排列位置发生改变，模型结构更趋于稳定与合理，同时消除内应力的影响，从而提高计算精度。优化过程结束后，进行分子动力学计算，选择恒温恒压（NPT）系综，即体系的温度、压力与模型中的原子总数在整个过程中始终保持恒定，压力设置为 0.0001GPa，温度设置为 295K。在计算时，为保证计算结果的精度与准确性，选择 COMPASS 力场[14－15]，一是 COMPASS 力场采用从头算法，其中的参数已经进行了修正，能够保证计算精度；二是该力场适合用于对凝聚态物质进行计算，预测其性能。在进行计算时，模型中分子的初始速度由 Maxwell－Boltzman 分布确定，采用周期性边界条件。为了使温度与压力保持在一定的范围内，采用 Andersen 控温方法[16]，压力采用 Parrinello 方法进行控制[17]。此外，采用基于原子方法[18]来计算范德华力的作用，而静电力的计算采用 Ewald 方法[19]。在计算中，时间步长设置为 1fs，总模拟计算时间设置为 200ps（$2\times10^5$fs）。其中前 100ps 主要用来对体系进行平衡计算，优化其结构，使其达到平衡状态；后 100ps 主要是用来对平衡体系进行计算，从而得到各种能量、体系中分子的各种化学键键长、键能与静态性能等相关的参数。在整个模拟过程中，每隔 1ps 输出一步结果文件，共得到 100 帧体系的轨迹文件。

## 3.3.2 结果分析

**1. 平衡判别和平衡体系**

在提取计算结果时，需要让体系达到平衡状态，而体系平衡时，必须同时满足温度平衡与能量平衡。通常认为，当温度与能量波动幅度在5%~10%时，体系已经达到热力学平衡状态。

以模型-2为例，模拟过程中混合体系的温度与能量变化曲线如图3-23所示。

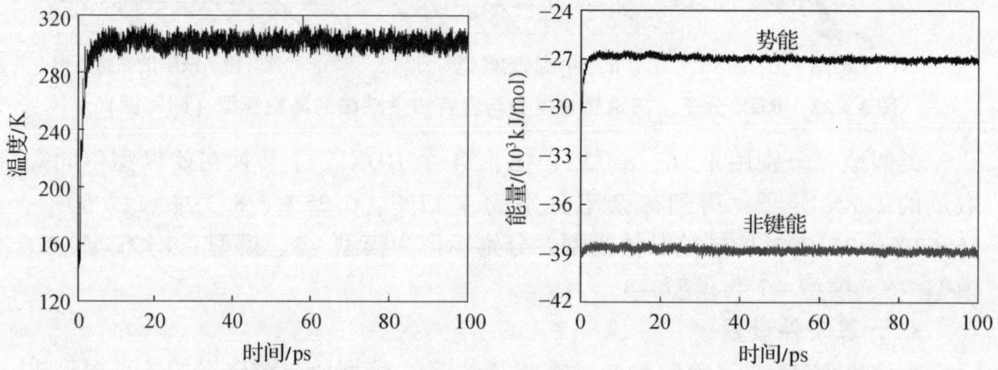


（a）温度变化曲线　　（b）能量变化曲线

**图3-23　温度与能量的变化曲线**

从图3-23（a）可以看出，在模拟计算初期，体系的温度有所上升，并且波动幅度较大。随着时间的推移，温度波动幅度逐渐减小，最终温度波动幅度为±15K。图3-23（b）中能量的变化曲线也呈现出类似的规律，最终能量波动幅度为±5%，偏差相对较小，表明混合体系已达到热力学平衡状态。对于其他的晶体模型，分子动力学计算时，均以温度变化曲线与能量变化曲线来判别混合体系是否达到热力学平衡状态。

**2. 感度**

1）键连双原子作用能

引发键是指含能材料中能量最低、强度最弱的化学键。在外界刺激下，引发键最容易发生断裂破坏，从而使含能材料发生分解或爆炸。对于HMX及其掺杂缺陷晶体，HMX的感度最高，最容易发生分解或者爆炸，而HMX的引发键是N—$NO_2$键中的N—N键[22,81-82]。因此，选择HMX分子中的N—N键作为引发键来预测体系的感度。键连双原子作用能主要用来反映键的强度。键连双原子作用能越大，说明键的强度越大，键断裂时需要的能量越多，预示含能材料的感度越低，安全性越好。

通过计算，得到不同体系的键连双原子作用能，如图 3－24 所示。

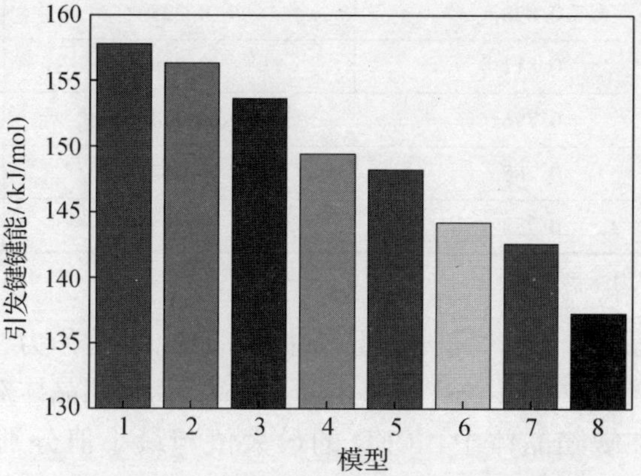


**图 3－24　不同模型的键连双原子作用能**

从图 3－24 可以看出，对于“完美”型的晶体模型（模型－1），键连双原子作用能最大（157.82kJ/mol），而缺陷晶体的键连双原子作用能均有不同程度的减小。其中当掺杂率为 2.08%（模型－2）时，键连双原子作用能为 156.33kJ/mol；当掺杂率为 25.00%（模型－8）时，键连双原子作用能为 137.29kJ/mol，键连双原子作用能减小幅度为 0.94%～13.01%。键连双原子作用能减小，说明引发键的强度降低，键断裂时需要的能量减小，预示炸药的感度升高、安全性降低。此外，随着掺杂率的增加，键连双原子作用能逐渐减小，表明炸药的感度逐渐升高。因此，晶体缺陷使得炸药的感度增大、安全性减弱。

2）CED

CED 定义为单位体积内 1mol 物质由凝聚态变为气态时克服分子间作用力所做的功，属于非键力，在数值上等于范德华力与静电力之和。根据计算结果，得到不同模型的 CED、范德华力与静电力等相关的能量，结果如表 3－13 所列。

**表 3－13　不同模型的 CED、范德华力与静电力**

| 模型 $n$ | CED/(kJ/cm$^3$) | 范德华力/(kJ/cm$^3$) | 静电力/(kJ/cm$^3$) |
|---|---|---|---|
| 模型－1 | 0.858 | 0.241 | 0.617 |
| 模型－2 | 0.851 | 0.238 | 0.613 |
| 模型－3 | 0.843 | 0.232 | 0.611 |

续表

| 模型 $n$ | CED/(kJ/cm$^3$) | 范德华力/(kJ/cm$^3$) | 静电力/(kJ/cm$^3$) |
|---|---|---|---|
| 模型-4 | 0.828 | 0.227 | 0.601 |
| 模型-5 | 0.811 | 0.219 | 0.592 |
| 模型-6 | 0.796 | 0.214 | 0.582 |
| 模型-7 | 0.788 | 0.212 | 0.576 |
| 模型-8 | 0.773 | 0.205 | 0.568 |

注：CED=范德华力+静电力。

从表3-13可以看出，“完美”型晶体的CED、范德华力与静电力最大，分别为0.858kJ/cm$^3$、0.241kJ/cm$^3$和0.617kJ/cm$^3$，而缺陷晶体对应的能量均有不同程度的减小。在缺陷晶体中，CED的最大值与最小值分别为0.851kJ/cm$^3$、0.773kJ/cm$^3$，CED减小幅度为0.82%~9.91%。CED减小，表明炸药由凝聚态变为气态时需要的能量减小，预示炸药的感度增大，安全性降低。此外，随着晶体中掺杂率的增加，CED逐渐减小，表明炸药的感度逐渐升高，安全性逐渐减弱。因此，晶体缺陷会对炸药的安全性产生不利影响。

### 3. 爆轰性能

爆轰性能是含能材料威力与能量密度的直接体现，也可以用来评价武器弹药的毁伤效果，通常用爆轰参数进行表征。常见的爆轰参数主要包括炸药的密度（$\rho$）、爆速（$D$）与爆压（$p$）等。本书中采用修正氮当量法[67]来计算炸药的爆轰参数并预测其能量密度。

根据修正氮当量理论，通过计算得到不同体系的爆轰参数，结果如表3-14所列，其中炸药的密度可以直接从平衡体系中提取得到。

**表3-14　不同模型的密度与爆轰参数**

| 模型 $n$ | $\rho$/(g/cm$^3$) | $D$/(m/s) | $p$/GPa |
|---|---|---|---|
| 模型-1 | 1.892 | 9053 | 39.02 |
| 模型-2 | 1.888 | 9038 | 38.85 |
| 模型-3 | 1.879 | 9005 | 38.47 |
| 模型-4 | 1.865 | 8953 | 37.89 |
| 模型-5 | 1.847 | 8887 | 37.14 |
| 模型-6 | 1.824 | 8802 | 36.20 |
| 模型-7 | 1.805 | 8733 | 35.43 |
| 模型-8 | 1.781 | 8644 | 34.48 |

从表 3 – 14 可以看出，“完美”型晶体（模型 – 1）的密度与爆轰参数最大，分别为 1.892g/cm$^3$、9053m/s、39.02GPa，表明其威力最大、能量密度最高。由于晶体缺陷的影响，炸药的密度减小，爆速与爆压也呈现出逐渐减小的变化趋势。在缺陷晶体中，掺杂率为 2.08% 的晶体（模型 – 2）对应的密度与爆轰参数最大，分别为 1.888g/cm$^3$、9038m/s、38.85GPa，而掺杂率为 25.00% 的晶体（模型 – 8）对应的密度与爆轰参数最小，分别为 1.781g/cm$^3$、8644m/s、34.48GPa。与“完美”型晶体相比，密度、爆速与爆压的减小幅度分别为 0.21% ~ 5.87%、0.17% ~ 4.52%、0.44% ~ 11.64%。密度与爆轰参数减小，表明炸药的威力减小，能量密度降低，因此晶体缺陷会对炸药的能量特性产生不利影响。此外，随着掺杂率的增加，即缺陷数量的增加，炸药的密度与爆轰参数逐渐减小，表明其能量密度逐渐降低。

**4. 力学性能**

通过计算，得到不同模型的力学性能参数，结果如表 3 – 15 所列与图 3 – 25 所示。

**表 3 – 15　不同模型的弹性系数与力学参数**

| 缺陷率/% | 0 | 2.08 | 4.17 | 6.25 | 8.33 | 12.50 | 16.67 | 25.00 |
|---|---|---|---|---|---|---|---|---|
| $C_{11}$/GPa | 15.368 | 15.114 | 14.867 | 14.239 | 13.677 | 12.432 | 11.706 | 10.875 |
| $C_{22}$/GPa | 14.969 | 14.322 | 13.775 | 12.616 | 11.927 | 11.386 | 10.718 | 9.372 |
| $C_{33}$/GPa | 13.348 | 12.992 | 12.450 | 11.781 | 11.004 | 9.838 | 9.128 | 8.167 |
| $C_{44}$/GPa | 6.781 | 6.674 | 6.218 | 6.106 | 5.447 | 4.895 | 4.135 | 3.125 |
| $C_{55}$/GPa | 6.484 | 6.117 | 6.026 | 5.698 | 5.419 | 4.952 | 4.388 | 3.628 |
| $C_{66}$/GPa | 5.327 | 5.028 | 4.911 | 4.537 | 4.214 | 4.117 | 4.106 | 3.917 |
| $C_{12}$/GPa | 7.646 | 7.611 | 7.456 | 7.143 | 6.895 | 6.497 | 5.871 | 5.363 |
| $C_{13}$/GPa | 5.596 | 5.175 | 4.936 | 4.617 | 4.502 | 4.363 | 4.220 | 3.864 |
| $C_{23}$/GPa | 6.015 | 5.962 | 5.773 | 5.566 | 5.218 | 5.113 | 5.029 | 4.936 |
| $C_{15}$/GPa | 0.096 | −0.214 | 0.221 | 0.073 | 0.178 | −0.077 | −0.109 | −0.097 |
| $C_{25}$/GPa | 0.117 | 0.186 | −0.093 | 0.154 | 0.044 | 0.152 | 0.225 | 0.113 |
| $C_{35}$/GPa | −0.126 | 0.035 | 0.047 | −0.158 | −0.252 | 0.157 | 0.185 | −0.129 |
| $C_{46}$/GPa | 0.230 | −0.119 | 0.116 | 0.269 | −0.083 | −0.048 | −0.046 | 0.038 |
| $E$/GPa | 13.945 | 13.524 | 13.101 | 12.207 | 11.583 | 10.977 | 10.295 | 9.015 |

续表

| 缺陷率/% | 0 | 2.08 | 4.17 | 6.25 | 8.33 | 12.50 | 16.67 | 25.00 |
|---|---|---|---|---|---|---|---|---|
| $\gamma$ | 0.227 | 0.229 | 0.228 | 0.231 | 0.232 | 0.229 | 0.233 | 0.238 |
| $K$/GPa | 8.512 | 8.318 | 8.027 | 7.563 | 7.204 | 6.751 | 6.426 | 5.735 |
| $G$/GPa | 5.683 | 5.502 | 5.334 | 4.958 | 4.701 | 4.466 | 4.175 | 3.641 |
| $(C_{12}-C_{44})$/GPa | 0.865 | 0.937 | 1.238 | 1.037 | 1.448 | 1.602 | 1.736 | 2.238 |

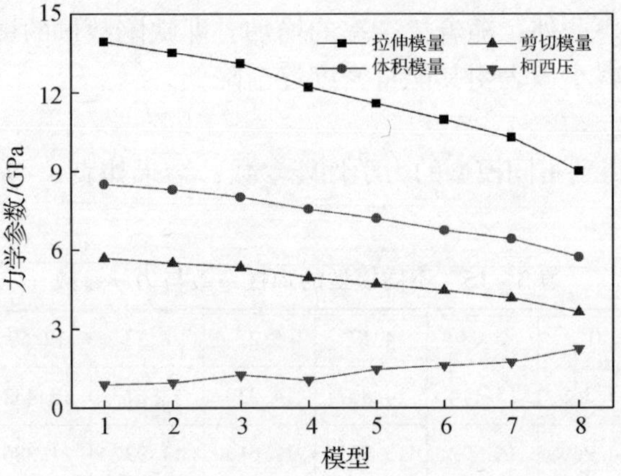


**图 3－25　不同模型的力学性能参数曲线图**

从表 3－15 与图 3－25 可以看出，初始模型的拉伸模量、体积模量与剪切模量的值最大，分别为 13.945GPa、8.512GPa、5.683GPa，而柯西压的值最小（0.865GPa），表明其刚性与硬度较好，而塑性与延展性相对较差一些。与初始模型相比，缺陷晶体的 $E$、$K$、$G$ 均有不同程度的减小，而柯西压则逐渐增大。在缺陷晶体中，$E$、$K$、$G$ 减小幅度分别为 0.421～4.930GPa、0.194～2.777GPa、0.181～2.042GPa，而柯西压增大幅度为 0.072～1.373GPa。模量减小，表明体系的刚性与硬度降低，而柯西压增大则表明体系的塑性与延展性增强。此外，随着掺杂率的增加，即缺陷数量的增加，$E$、$K$、$G$ 逐渐减小，而柯西压逐渐增大，表明体系的硬度与刚性逐渐减弱，塑性与延展性逐渐增强。在缺陷晶体中，$E$、$K$、$G$ 减小的原因可能是由于晶体缺陷的影响，晶体中分子的排列方式发生了改变，晶体结构遭到破坏，从而使体系的刚性减弱、硬度降低，在外界作用下，体系更容易产生形变。

### 3.3.3　本节小结

本节采用分子动力学方法，分别预测了“完美”型与含有掺杂缺陷的 HMX 晶体的感度、爆轰性能与力学性能，研究并评估了晶体缺陷对炸药性能的影响。实验及分析结果表明以下几点。

（1）缺陷晶体的引发键键长增大，而键连双原子作用能与内聚能密度减小，表明其感度升高，安全性降低。随着缺陷数量的增加，炸药的感度逐渐增大。因此，晶体缺陷会对炸药的安全性产生不利影响。

（2）由于晶体缺陷的影响，炸药的密度与爆轰参数减小，表明其威力降低，能量特性受到削弱。随着掺杂率的增加，密度与爆轰参数逐渐减小，能量密度逐渐降低。因此，晶体缺陷会对炸药的能量特性产生不利影响。

（3）与“完美”型晶体相比，缺陷晶体的拉伸模量、体积模量与剪切模量减小，而柯西压逐渐增大，表明体系的刚性与硬度降低，而塑性与延展性增强。

## ◇ 参考文献 ◇

[1] Kuklja M M, Kunz A B. Electronic structure of molecular crystals containing edge dislocations [J]. Journal of Applied Physics, 2001, 89 (9): 4962 - 4970.

[2] Tsyshevsky R V, Sharia O, Kuklja M M. Optical absorption energies of molecular defects in pentaerythritol tetranitrate crystals: quantum chemical modeling [J]. Journal of Physical Chemistry C, 2014, 118 (46): 26530 - 26542.

[3] Tsyshevskiy R, Sharia O, Kuklja M M. Effect of impurities on optical properties of pentaerythritol tetranitrate [J]. AIP Conference Proceedings, 2012, 1426 (1): 1183 - 1186.

[4] Peng X, Zybin S, Thompson A P, et al. Reactive MD simulations of anisotropic response of PETN under high - rate shear deformation [C]. APS Meeting Abstracts, 2008.

[5] Pereverzev A, Sewell T D. Effect of vacancy defects on the terahertz spectrum of crystalline pentaerythritol tetranitrate [C]. AIP Conference Proceedings, 2012.

[6] 刘冬梅，肖继军，朱伟，等. 不同温度下 PETN 晶体感度判别和力学性能预测的 MD 研究 [J]. 含能材料，2013，21 (5)：563 - 569.

[7] 马秀芳，赵峰，肖继军，等. HMX 基多组分 PBX 结构和性能的模拟研究 [J]. 爆炸与冲击，2007，27 (2)：109 - 115.

[8] 肖继军，黄辉，李金山，等. HMX 晶体和 HMX/$F_{2311}$ PBXs 力学性能的 MD 模拟研究 [J]. 化学学报，2007，65 (17)：1746 - 1750.

[9] 石一丁，黄风雷. HMX 状态方程与弹性性能的分子动力学研究 [J]. 含能材料，2009，17 (5)：561 - 567.

[10] 郭昕，南海，齐晓飞，等. RDX 和 HMX 晶体力学性能的分子动力学模拟及其撞击加载响应 [J]. 含能材料，2013，21 (4)：485 - 489.

[11] Xiao J J, Zhu W, Ma X F, et al. A novel model for the molecular dynamics simulation study on mechanical properties of HMX/$F_{2311}$ polymer - bonded explosive [J]. Molecular Simulation, 2008, 34 (8): 775 - 779.

[12] Cady H H, Larson A C. Pentaerythritol tetranitrate II: Its crystal structure and transformation to PETN I; an algorithm for refinement of crystal structures with poor data [J]. Acta Crystallographica, 2010, 31 (7): 1864 - 1869.

[13] Gallagher H G, Halfpenny P J, Miller J C, et al. Dislocation slip systems in pentaerythritol tetranitrate (PETN) and cyclotrimethylene trinitramine (RDX) [J]. Philosophical Transactions: Physical Sciences and Engineering, 1992, 339 (1654): 293 - 303.

[14] Sun H. Compass: an ab initio force - field optimized for condense - phase applications - overview with details on alkanes and benzene compounds [J]. The Journal of Physical Chemistry B, 1998, 102: 7338 - 7364.

[15] Sun H, Ren P, Fried J R. The COMPASS force field: parameterization and validation for phosphazenes [J]. Computational and Theoretical Polymer Science, 1998, 8: 229 - 246.

[16] Andersen H C. Molecular dynamics simulations at constant pressure and/or temperature [J]. Journal of Chemical Physics, 1980, 72 (4): 2384 - 2393.

[17] Parrinello M, Rahman A. Polymorphic transitions in single crystals: a new molecular dynamics method [J]. Journal of Applied Physics, 1981, 52 (12): 7182 - 7190.

[18] Allen M P, Tildesley D J. Computer Simulation of Liquids [M]. Oxford: Oxford University Press, 1987.

[19] Ewald P P. Evaluation of optical and electrostatic lattice potentials [J]. Annals of Physics, 1921, 64: 253 - 287.

[20] Bowden F P, Yoffe A D. Initiation and growth of explosion in liquids and solids [M]. Cambridge: Cambridge University Press, 1952.

[21] Armstrong R W, Ammon H L, Elban W L, et al. Investigation of hot spot characteristics in energetic crystals [J]. Thermochimica Acta, 2002, 384 (1): 303 - 313.

[22] Kamlet M J, Adoiph H G. The relationship of impact sensitivity with structure of organic high explosives [J]. Propellants, Explosives, Pyrotechnics, 1979, 4 (2): 30 - 34.

[23] 朱卫华，张效文，肖鹤鸣. 高能晶体撞击感度理论研究—第一性原理带隙（$\Delta E_g$）判据 [J]. 含能材料，2010，18（4）：431 - 434.

[24] Qiu L, Xiao H M, Zhu W H, et al. Ab initio and molecular dynamics studies of crystalline TNAD (trans - 1, 4, 5, 8 - tetranitro - 1, 4, 5, 8 - tetraazadecalin) [J]. The Journal of Physical Chemistry B, 2006, 110 (22): 10651 - 10661.

[25] Zhu W H, Wei T, Zhu W, et al. Comparative DFT study of solid ammonium perchlorate and ammonium dinitramide [J]. The Journal of Physical Chemistry A, 2008, 112 (20): 4688 - 4693.

[26] Zhu W H, Zhang X W, Zhu W, et al. Density functional theory studies of hydrostatic compression of crystalline ammonium perchlorate [J]. Physical Chemistry Chemical Physics, 2008, 10 (48): 7318 - 7323.

[27] Rice B M, Hare J J. A quantum mechanical investigation of the relation between impact sensitivity and the charge distribution in energetic molecules [J]. The Journal of Physical Chemistry A, 2002, 106:

1770 - 1783.

[28] Stephen A D, Kumarashas P, Pawar R B. Charge density distribution, electrostatic properties, and impact sensitivity of the high energetic molecule TNB: a theoretical charge density study [J]. Propellants, Explosives, Pyrotechnics, 2011, 36: 168 - 174.

[29] Stephen A D, Srinivasan P, Kumarashas P. Bond charge depletion, bond strength and the impact sensitivity of high energetic 1, 3, 5 - triamino - 2, 4, 6 - trinitrobenzene (TATB) molecule: a theoretical charge density analysis [J]. Computational and Theoretical Chemistry, 2011, 967: 250 - 256.

[30] Politzer P, Murray J S. C - $NO_2$ dissociation energies and surface electrostatic potential maxima in relation to the impact sensitivities of some nitroheterocyclic molecules [J]. Molecular Physics, 1995, 86: 251 - 255.

[31] Murray J S, Concha M C, Politzer P. Links between surface electrostatic potentials of energetic molecules, impact sensitivities and C - $NO_2$/N - $NO_2$ bond dissociation energies [J]. Molecular Physics, 2009, 107: 89 - 97.

[32] 王桂香，肖鹤鸣，居学海，等. 含能材料的密度、爆速、爆压和静电感度的理论研究 [J]. 化学学报，2007，65 (6)：517 - 524.

[33] Wang G X, Xiao H M, Xu X J, et al. Detonation velocities and pressures, and their relationships with electric spark sensitivities for nitramines [J]. Propellants, Explosives, Pyrotechnics, 2006, 31: 102 - 109.

[34] Wang G X, Xiao H M, Ju X H, et al. Detonation velocities and pressures, and their relationships with electric spark sensitivities for nitro arenes [J]. Propellants, Explosives, Pyrotechnics, 2006, 31: 361 - 368.

[35] Politzer P, Murray J S. Impact sensitivity and the maximum heat of detonation [J]. Journal of Molecular Modeling, 2015, 21: 262.

[36] Politzer P, Murray J S, Clark T. Mathematical modeling and physical reality in noncovalent interactions [J]. Journal of Molecular Modeling, 2015, 21: 52.

[37] Politzer P, Murray J S. High performance, low sensitivity: conflicting or compatible [J]. Propellants, Explosives, Pyrotechnics, 2016, 41 (3): 414 - 425.

[38] Politzer P, Murray J S. Some molecular/crystalline factors that affect the sensitivities of energetic materials: molecular surface electrostatic potentials, lattice free space and maximum heat of detonation per unit volume [J]. Journal of Molecular Modeling, 2015, 21: 25.

[39] Ma Y, Zhang A B, Zhang C H, et al. Crystal packing of low - sensitivity and high - energy explosives [J]. Crystal Growth & Design, 2014, 14 (9): 4703 - 4713.

[40] Zhang C Y, Wang X C, Huang H. π - Stacked interactions in explosive crystals: buffers against external mechanical stimuli [J]. Journal of the American Chemical Society, 2008, 130: 8359 - 8365.

[41] Ma Y, Zhang A B, Xue X G, et al. Crystal packing of impact - sensitive high energy explosives [J]. Crystal Growth & Design, 2014, 14 (11): 6101 - 6114.

[42] Zhang C Y. Investigation of the slide of the single layer of the 1, 3, 5 - triamino - 2, 4, 6 - trinitrobenzene crystal: sliding potential and orientation [J]. The Journal of Physical Chemistry B, 2007, 111: 14295 - 14298.

[43] Xiao J J, Li S Y, Chen J, et al. Molecular dynamics study on the correlation between structure and

sensitivity for defective RDX crystals and their PBXs [J]. Journal of Molecular Modeling, 2013, 19: 803-809.

[44] Zhu W, Wang X J, Xiao J J, et al. Molecular dynamics simulations of AP/HMX composite with a modified force field [J]. Journal of Hazardous Materials, 2009, 167: 810-816.

[45] 朱伟，肖继军，郑剑，等. 高能混合物的感度理论判别—不同配比和不同温度 AP/HMX 的 MD 研究 [J]. 化学学报，2008，66 (23): 2592-2596.

[46] 朱伟，刘冬梅，肖继军，等. 多组分高能复合体系的感度判据、热膨胀和力学性能的 MD 研究 [J]. 含能材料，2014，22 (5): 582-587.

[47] 刘冬梅，赵丽，肖继军，等. 不同温度下 HMX 和 RDX 晶体的感度判别和力学性能预估—分子动力学比较研究 [J]. 高等学校化学学报，2013，34 (11): 2558-2565.

[48] 刘冬梅，肖继军，陈军，等. 不同模型下 HMX 晶体结构和性能的 MD 研究 [J]. 含能材料，2013，21 (6): 765-770.

[49] Xiao J J, Zhao L, Zhu W, et al. Molecular dynamics study on the relationships of modeling, structural and energy properties with sensitivity for RDX-based PBXs [J]. Science China Chemistry, 2012, 55 (12): 2587-2594.

[50] 赵丽，肖继军，陈军，等. RDX 基 PBX 的模型、结构、能量及其与感度关系的分子动力学研究 [J]. 中国科学：化学，2013，43 (5): 576-584.

[51] 刘强，肖继军，陈军，等. 不同温度下 ε-CL-20 晶体感度和力学性能的分子动力学模拟计算 [J]. 火炸药学报，2014，37 (2): 7-12.

[52] Sun T, Xiao J J, Liu Q, et al. Comparative study on structure, energetic and mechanical properties of a ε-CL-20/HMX cocrystal and its composite with molecular dynamics simulation [J]. Journal of Materials Chemistry A, 2014, 2: 13898-13904.

[53] 刘强，肖继军，张将，等. CL-20/TNT 共晶炸药的分子动力学研究 [J]. 高等学校化学学报，2016，37 (3): 559-566.

[54] Wu C J, Ree F H, Yoo C S. A molecular dynamics study of binary collisions of pentaerythritol tetranitrate (PETN): Its correlation to shock sensitivity [J]. Propellants, Explosive, Pyrotechnics, 2004, 29 (5): 296-303.

[55] Wu C J, Manaa M R, Fried L E. A molecular dynamics study of chemical reactions of solid pentaerythritol tetranitrate at extreme conditions [R]. Lawrence Livermore National Laboratory, Livermore, UCRL-TR-221762, 2006.

[56] Landerville A C, Oleynik I I, White C T. Reactive molecular dynamics of hypervelocity collisions of PETN molecules [J]. The Journal of Physical Chemistry A, 2009, 113 (44): 12094-12104.

[57] Kamlet M J, Jacobs S J. Chemistry of detonations Ⅰ. A simple method for calculating detonation properties of C-H-N-O explosives [J]. Journal of Chemical Physics, 1968, 48: 23-35.

[58] Wu X. Simple method for calculating detonation parameters of explosives [J]. Journal of Energetic Materials, 1985, 3: 263-277.

[59] Stine J R. On predicting properties of explosives - detonation velocity [J]. Journal of Energetic Materials, 1990, 8: 41-73.

[60] Muthurajan H, Sivabalan R, Talawar M B, et al. Computer simulation for prediction of performance and thermodynamic parameters of high energy materials [J]. Journal of Hazardous Materials, 2004, 112

(1): 17 – 33.

[61] Keshavarz M H, Motamedoshariati H, Moghayadnia R, et al. A new computer code to evaluate detonation performance of high explosives and their thermochemical properties, part Ⅰ [J]. Journal of Hazardous Materials, 2009, 172: 1218 – 1228.

[62] Wang Y, Zhang J C, Su H, et al. A simple method for the prediction of the detonation performances of metal – containing explosives [J]. The Journal of Physical Chemistry A, 2014, 118: 4575 – 4581.

[63] Keshavarz M H. Determining heats of detonation of non – aromatic energetic compounds without considering their heats of formation [J]. Journal of Hazardous Materials, 2007, 142: 54 – 57.

[64] Keshavarz M H, Zamani A. A simple and reliable method for predicting the detonation velocity of CHNOFCl and aluminized explosives [J]. Central European Journal of Energetic Materials, 2015, 12 (1): 13 – 33.

[65] Keshavarz M H. Prediction of detonation performance of CHNO and CHNOAl explosives through molecular structure [J]. Journal of Hazardous Materials, 2009, 166: 1296 – 1301.

[66] Keshavarz M H, Ghorbanifaraz M, Rahimi H, et al. Simple pathway to predict the power of high energy materials [J]. Propellants, Explosives, Pyrotechnics, 2011, 36: 424 – 429.

[67] 国迁贤，张厚生. 炸药爆轰性质计算的氮当量公式及修正氮当量公式：炸药爆速的计算 [J]. 爆炸与冲击，1983，3 (3)：56 – 66.

[68] 王玉玲，余文力. 炸药与火工品 [M]. 西安：西北工业大学出版社，2011.

[69] 欧育湘. 炸药学 [M]. 北京：北京理工大学出版社，2006.

[70] Pugh S F. Relations between the elastic moduli and the plastic properties of polycrystalline pure metals [J]. Philosophical Magazine, 1954, 45: 823 – 843.

[71] Pettifor D G. Theoretical predictions of structure and related properties of intermetallics [J]. Materials Science and Technology, 1992, 8: 345 – 349.

[72] 吴家龙. 弹性力学 [M]. 上海：同济大学出版社，1993.

[73] Weiner J H. Statistical mechanics of elasticity [M]. New York: John Wiley, 1983.

[74] Watt J P, Davies G F, O’ Connell R J. The elastic properties of composite materials [J]. Reviews of Geophysics and Space Physics, 1976, 14: 541 – 563.

[75] 徐容，李洪珍，康彬，等. HMX 晶体内部孔隙率、缺陷类型及颗粒度对冲击波感度的影响 [J]. 含能材料，2011，19 (6)：632 – 636.

[76] 王洪波，王旗华，卢永刚，等. PBX 炸药细观孔洞缺陷对其冲击点火特性的影响 [J]. 火炸药学报，2015，38 (5)：31 – 36.

[77] Xue X G, Wen Y S, Long X P, et al. Influence of dislocations on the shock sensitivity of RDX: molecular dynamics simulations by reactive force field [J]. The Journal of Physical Chemistry C, 2015, 119: 13735 – 13742.

[78] Wen Y S, Xue X G, Zhou X Q, et al. Twin induced sensitivity enhancement of HMX versus shock: a molecular reactive force field simulation [J]. The Journal of Physical Chemistry C, 2013, 117: 24368 – 24374.

[79] Xu X J, Xiao J J, Huang H, et al. Molecular dynamic simulations on the structures and properties of ε – CL – 20 (0 0 1) /$F_{2314}$ PBX [J]. Journal of Hazardous Materials, 2010, 175: 423 – 428.

[80] Chang S C, Henry P B. A study of the crystal structure of β – cyclotetramethylene tetranitramine by

neutron diffraction [J]. Acta Crystallographica B, 1970, 26: 1235 - 1240.

[81] Mullay J. Relationships between impact sensitivity and molecular electronic structure [J]. Propellants, Explosives, Pyrotechnics, 1987, 12 (4): 121 - 124.

[82] Brill B T, James J K. Kinetics and mechanisms of thermal decomposition of nitroaromatic explosives [J]. Chemical Reviews, 1993, 93: 2667 - 2692.

# 第4章　微观缺陷对混合炸药性能影响

## 4.1　引言

高聚物黏结炸药（PBX）是以爆炸威力大的单质高能炸药为主体，加入黏结剂、钝感剂和增塑剂制备而成。黏结剂一般采用高分子材料，如氟橡胶、聚酯、醇醛缩合物、有机硅高聚物、天然橡胶等；增塑剂一般采用低熔点芳香族硝基化合物、脂肪族硝基化合物、酯类、烃类、醇类等；钝感剂有蜡类、酯类、烃类、脂肪酸类及无机钝感剂等。PBX 既继承了高能炸药能量特性高的优点，又具有较低的机械感度以及良好的力学性能和安定性，并且易于加工成型[1]。

起初，人们选择塑料用作黏结剂和钝感剂，添加适量的增塑剂，通过压装的方式与高能炸药混合制备成塑料黏结炸药。1947 年，世界上首次研制成功的塑料黏结炸药 PBX－9205 是在美国的洛斯阿拉莫斯科学实验室实现的。后来，选作黏结剂的来源更加多元化，已经不是单一地选择塑料，因此 PBX 相应扩展为高聚物黏结炸药[2-3]。由于 PBX 的综合性能卓越，其被广泛应用于导弹和核武器等战略武器，受到各个国家的重视与竞争。我国研制发展 PBX 已有近 50 年的历史，积累了许多经验，能够生产多种性能优异，满足国防和经济建设需求的 PBX。PBX 各组分的选择是研制 PBX 的关键，这需要大量的人力、物力和较长的时间周期作支撑。含能材料作为亚稳态物质，在受到外界刺激时可能意外发生分解引发爆燃或爆炸，在进行配方实验的过程中具有一定的危险性。因此，计算机模拟方法已广泛用于分析 PBX 结构与性能之间的关系，为 PBX 的配方设计提供有益的帮助。南京理工大学的肖鹤鸣和肖继军团队在这方面做了大量的工作，对以 RDX[4]、HMX[5]、PETN[6]、TATB[7]、CL－20[8]等高能炸药为主体的 PBX 都进行过计算模拟，得出了许多有益结论，但其多是采用理想晶体模型进行计算模拟，对主体炸药在实际生产过程中产生的晶体缺陷考虑不多。因此，有必要深入探讨主体炸药内的晶体缺陷对 PBX 性能的影响。

B 炸药（Composition B）又名黑梯炸药，通过将 TNT 熔化后加入 RDX 熔混，将混合物注入弹体冷凝成药柱制备而成，是一种典型的熔铸类炸药。B 炸药兼顾了 RDX 和 TNT 两种单质猛炸药的特点，既保持了 RDX 威力大的优点，又具有 TNT 带来的良好的成型性，可铸装成多种形状以适应武器提出的要求。B 炸药具有良好的热安定性，适合长期储存，其机械感度也低于 RDX，是常规武器中最常用的主装药。虽然目前出现了许多比 B 炸药性能更好的新型炸药以及以二代炸药为主体的 PBX，但是其良好的性价比使其仍广泛地应用于国防武器之中。B 炸药也存在脆性大、易缩孔、易开裂、易渗油和产生不可逆膨胀等弊端。为此，国内外针对改进 B 炸药性能开展了大量的研究工作[9-15]。研究人员通过引入各类添加剂提高 B 炸药的力学性能，并且降低其感度实现对 B 炸药的改性，扩大其应用领域。但是，关于缺陷对 B 炸药性能的影响的报道比较少，目前尚未发现相关的 MD 研究文献的报道。

本章在 COMPASS 力场中，选择 NPT 系综对主体炸药 HMX、CL－20 中含有位错、空位、掺杂和孪晶缺陷以及不同浓度的空位和掺杂缺陷的 PBX 模型进行 MD 模拟，探究主体炸药中的晶体缺陷对 PBX 性能的影响。同时，在 COMPASS 力场下，选择了 NPT 系综对 B 炸药的掺杂缺陷模型和孔洞缺陷模型进行 MD 模拟，探究掺杂和孔洞两种缺陷对 B 炸药性能的影响。为改善 B 炸药的品质提升其综合性能提供理论依据。

## 4.2 微观缺陷对 HMX 基 PBX 性能影响

### 4.2.1 晶体缺陷对 HMX 基 PBX 性能影响

受合成环境和工艺的制约，合成理想的含能材料晶体的可能性微乎其微，晶体缺陷是不能避免的。在晶体生长过程中，受外界环境影响，如辐射、温度、撞击等，可能会给含能材料晶体引入位错、孪晶、掺杂和空位等缺陷。本节建立以 HMX 为主体，氟橡胶（$F_{2311}$）为黏结剂，TNT 为增塑剂，石蜡（$C_{22}H_{46}$）和石墨为钝感剂，硝化棉（nitrocellulose，NC）为增强剂的 PBX，探讨主体炸药 HMX 内的位错、孪晶、空位和掺杂等晶体缺陷对 PBX 性能的影响。

**1. 模型的搭建**

建立 PBX 模型的方法有 3 种，包括渗透添加法、切割分面法和吸附包覆法，本书采用切割分面法建立 PBX 的初始模型。切割分面法建立 PBX 模型的具体步骤：①建立主体炸药的超晶胞模型；②沿着某一晶面方向对主体炸药的超晶胞模型进行切割并设置一定高度的真空层；③将 PBX 中的其他组分添加至真空层。

1）PBX 各组分的分子模型的搭建

HMX 的分子式为 $C_4H_8N_8O_8$，其结构式如图 4－1（a）所示。利用 MS 软件中的 Visualizer 模块建立 HMX 分子模型，如图 4－1（b）所示。

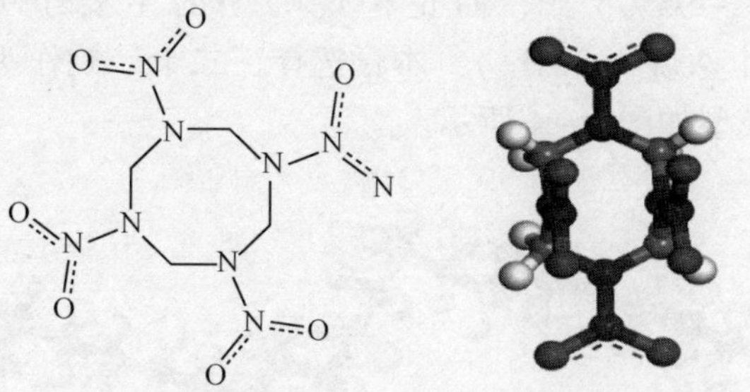

（a）HMX结构式　　（b）HMX分子模型

**图 4－1　β－HMX 的结构式和分子模型**

$F_{2311}$ 是由偏二氟乙烯和三氟氯乙烯按摩尔比 1∶1 组成的。利用 MS 软件中的 Visualizer 模块搭建聚合度为 5 的 $F_{2311}$ 分子链，端基用 H 饱和，分子式为 $C_{20}H_{12}F_{25}Cl_5$，其结构式和分子模型分别如图 4－2（a）和图 4－2（b）所示。

（a）$F_{2311}$结构式　　（b）$F_{2311}$分子模型

**图 4－2　$F_{2311}$ 的结构式和分子模型**

2,4,6－三硝基甲苯，俗称梯恩梯，其分子式为 $C_7H_5N_3O_6$，结构式如图 4－3（a）所示。TNT 在 PBX 中起增塑剂的作用，主要是通过降低分子间的作用力增加其塑性。TNT 的分子模型如图 4－3（b）所示。

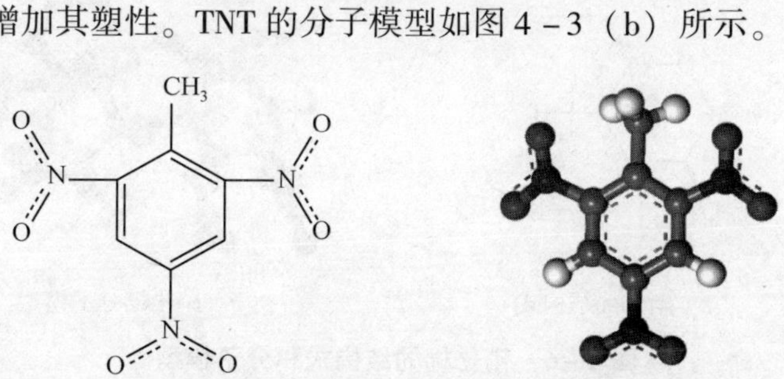

（a）TNT结构式　　（b）TNT分子模型

**图 4－3　TNT 的结构式和分子模型**

石蜡在 PBX 中主要作为钝感剂发挥作用。石蜡发挥钝感作用的主要机理是吸收炸药受到机械作用后产生的“热点”附近的能量，降低“热点”处的温度，阻止“热点”的形成和扩展。石蜡属于烃类混合物，其主要组分是正构烷烃（为 80% ~ 95%）[16]，而正构烷烃中的主要组分是正二十二烷（$C_{22}H_{46}$）和正二十八烷（$C_{28}H_{58}$）。本章选择正二十二烷作为石蜡添加剂加入 PBX 中，其分子模型如图 4 – 4 所示。

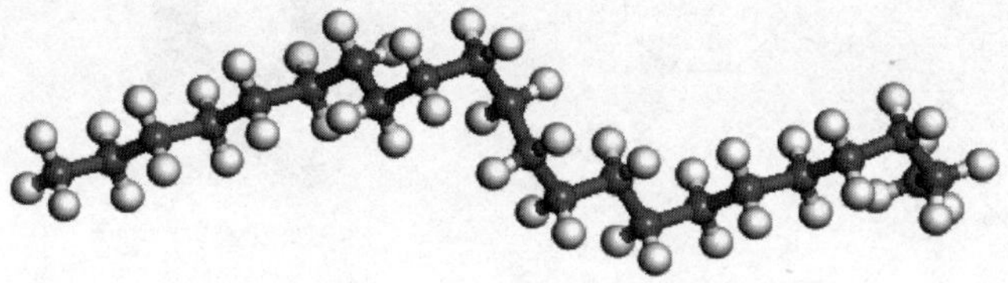

**图 4 – 4　石蜡分子模型**

石墨在 PBX 中也是发挥钝感剂的作用，其对降低 PBX 的撞击感度和摩擦感度非常有效。石墨发挥钝感作用的机理是通过润滑作用降低炸药晶粒之间的摩擦，防止因摩擦引起的应力集中产生“热点”的现象。本章采用的石墨模型来源于 MS 软件中的晶体结构库，石墨的晶体模型如图 4 – 5 所示。

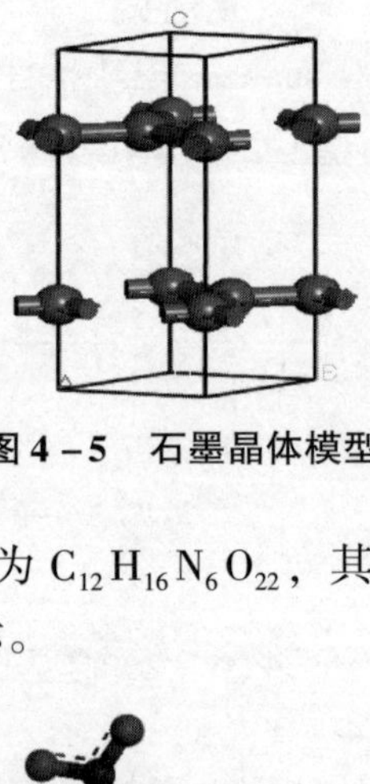

**图 4 – 5　石墨晶体模型**

硝化棉在 PBX 中的作用是增强剂，用于增强炸药的物理力学性能。利用 MS 软件中的 Visualizer 模块搭建聚合度为 2 的硝化棉聚合物，端基用 H 饱和，分子式为 $C_{12}H_{16}N_6O_{22}$，其结构式和分子模型分别如图 4 – 6（a）和图 4 – 6（b）所示。

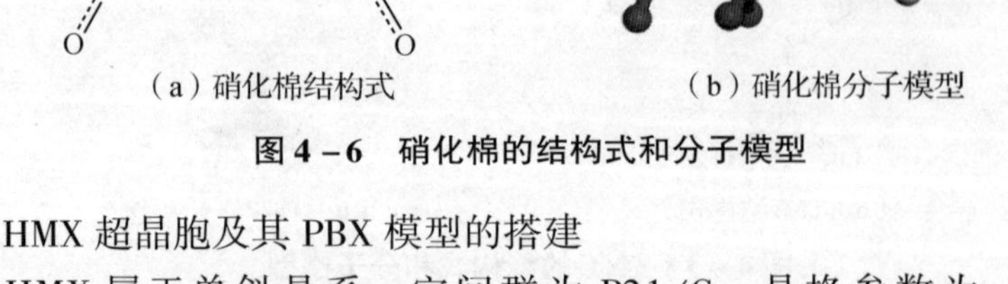

（a）硝化棉结构式　　（b）硝化棉分子模型

**图 4 – 6　硝化棉的结构式和分子模型**

2）HMX 超晶胞及其 PBX 模型的搭建

$\beta$ – HMX 属于单斜晶系，空间群为 P21/C，晶格参数为 $a = 6.54$ Å、

$b=11.05$Å、$c=8.70$Å、$\alpha=\gamma=90.00°$和$\beta=124.30°$，每个单晶胞中包含两个 HMX 分子[17]。根据$\beta$ – HMX 晶胞参数的信息，在 MS 软件的 Visualizer 模块中，利用 Build Crystal 命令搭建$\beta$ – HMX 的单晶胞模型，而后分别沿着 $X$、$Y$、$Z$ 这 3 个方向延伸 5、4、5 倍的晶格参数，建成了 HMX（5×4×5）超晶胞初始模型，周期箱中含有 200 个 HMX 分子，如图 4 – 7（a）所示。将 HMX 超晶胞模型分别沿着（0 0 1）和（1 0 1）晶面方向进行“切割”，“切割”厚度分别设置为 35.935Å 和 17.392Å，其上层真空层高度设置为 3Å。将经过能量最小化优化后的 $F_{2311}$、TNT、$C_{22}H_{46}$、石墨、NC 添加到真空层中建立 HMX 基（0 0 1）面 PBX 初始模型和（1 0 1）面 PBX 初始模型，分别如图 4 – 7（b）和图 4 – 7（c）所示，为便于同缺陷模型之间进行比较，此两种模型分别标记为模型 – 1 和模型 – 2。

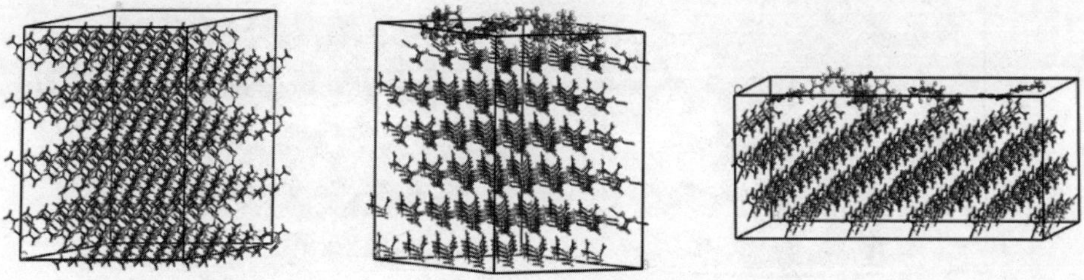

（a）HMX超晶胞模型　（b）（0 0 1）面PBX初始模型　（c）（1 0 1）面PBX初始模型

**图 4 – 7　HMX 超晶胞及其 PBX 初始模型**

3）含位错缺陷的 HMX 基 PBX 模型的搭建

$\beta$ – HMX 容易产生位错的晶面是（0 0 1），其位错滑移系为（0 0 1）[1 0 0]，其中，（0 0 1）表示其滑移面，[1 0 0] 表示其滑移的伯格斯矢量[18]。如图 4 – 8（a）所示，将（0 0 1）面 HMX 基 PBX 初始模型中标记为黄色的 HMX 分子剪切掉，而后将标记为绿色的分子沿着伯格斯矢量的正、负两个方向移动 3.27Å（伯格斯矢量方向两分子之间距离的一半）。HMX 基 PBX 的位错缺陷模型如图 4 – 8（b）所示，为了便于同（0 0 1）面 HMX 基 PBX 初始模型之间进行比较，该模型标记为模型 – 3。

4）含空位缺陷的 HMX 基 PBX 模型的搭建

在（0 0 1）面 HMX 基 PBX 初始模型的基础上，通过将图 4 – 9（a）中标记为黄色的 20 个 HMX 分子剪切移除，建立了含空位缺陷的 HMX 基 PBX 模型，如图 4 – 9（b）所示，为了便于同（0 0 1）面 HMX 基 PBX 初始模型之间进行比较，该模型标记为模型 – 4。

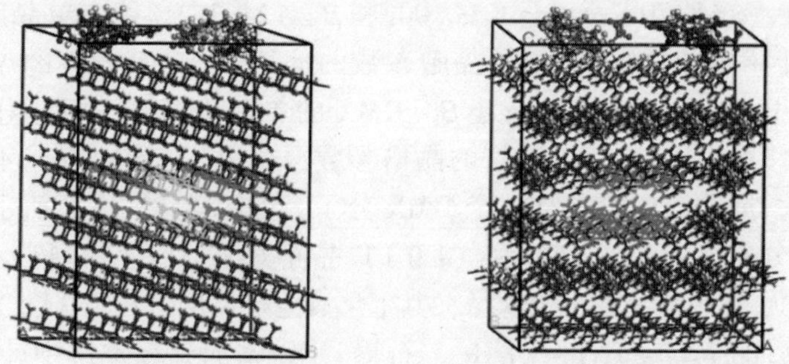

（a）PBX初始模型　　（b）PBX位错缺陷模型

**图4-8　PBX 位错缺陷模型（附彩图）**

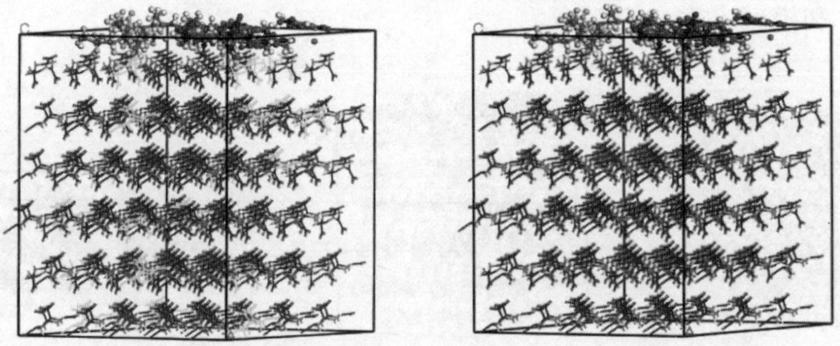

（a）（0 0 1）面PBX初始模型　　（b）PBX空位缺陷模型

**图4-9　PBX 空位缺陷模型（附彩图）**

5）含掺杂缺陷的 HMX 基 PBX 模型的搭建

在（0 0 1）面 HMX 基 PBX 初始模型的基础上，通过将图4-9（a）中标记为黄色的 20 个 HMX 分子替换成 RDX 分子，建立含掺杂缺陷的 HMX 基 PBX 模型，如图4-10所示，为了便于同（0 0 1）面 HMX 基 PBX 初始模型之间进行比较，该模型标记为模型-5。

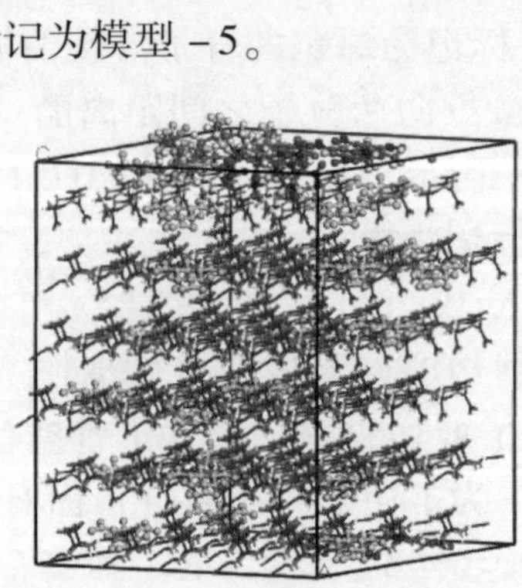

**图4-10　PBX 掺杂缺陷模型**

6）含孪晶缺陷的 HMX 基 PBX 模型的搭建

$\beta$ - HMX 晶胞容易发生孪晶的晶面是（1 0 1）[18]，为建立含有200个HMX 分子的 PBX 孪晶模型，在 $\beta$ - HMX 单晶胞的基础上，沿着 $X$、$Y$、$Z$ 这3个方向延伸5、2、5倍的晶格参数，建成了 HMX（5×2×5）超晶胞初始模型，周期箱中分别含有100个 HMX 分子，如图4-11（a）所示。将 HMX（5×2×5）超晶胞沿着（1 0 1）晶面方向进行“切割”，“切割”厚度设置为17.392Å。通过 Build Layer 命令将两个切割分面超晶胞模型拼接在一起建立 HMX 超晶胞的孪晶模型，如图4-11（b）所示，标记为绿色的面即为孪晶面。其上方的真空层的高度设置为3Å，将经过能量最小化优化后的 $F_{2311}$、TNT、$C_{22}H_{46}$、石墨、硝化棉添加到真空层中建立含孪晶缺陷的 PBX 模型，如图4-11（c）所示，将该模型标记为模型-6。

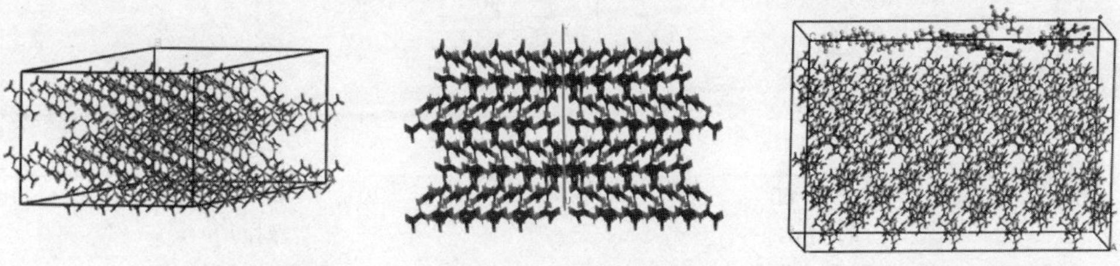

（a）（5×2×5）HMX超晶胞模型　（b）HMX超晶胞孪晶模型　（c）PBX孪晶模型

**图4-11　PBX 孪晶缺陷模型（附彩图）**

**2. 分子动力学模拟**

COMPASS 力场是采用量子力学计算得到多数力场参数的从头算力场，对凝聚相材料性能的仿真计算和预测具有较好的适用性与较高的准确性，尤其是其对 HMX 基 PBX 的各项性能参数进行过成功的计算[19-20]。因此，本节选择 COMPASS 力场进行 MD 模拟。在 PBX 模型进行 MD 模拟之前，采用 Smart 算法对初始模型进行结构优化，优化收敛精度设置为0.001kcal/(mol·Å)。当优化结果显示最大导数低于0.05时认为优化模型实现了能量极小化，内应力已被平衡。而后，对优化后的晶胞模型进行了模拟退火，并选择能量最小的退火模型进行 MD 模拟。对 PBX 模型的 MD 模拟选择在 NPT 系综下进行，模拟的温度设置为298K，压力设置为 $1.01\times10^{-4}$GPa，精度设置为“Fine”。模拟过程中分别采用 Andersen[21] 和 Parrinello[22] 方法对温度和压力进行控制，范德华力和静电力作用的加和方法分别采用基于原子[23] 和 Ewald[24]，截断半径取15.5Å，并对截断尾部进行矫正。原子运动的初始速度由 Maxwell - Boltzmann 分布确定，并采用 Verlet 方法求解牛顿运动方程的积分。对所建模型进行100ps 的 MD 模拟，前50ps 对模型体系进行平衡，后50ps 用于统计分析确定能量、力学参数和其他参数。每 0.1ps 取样一次，共获得 500 帧轨迹。

**3. 结果讨论**

1）平衡判别

在对模型体系内原子的运动轨迹进行统计分析之前，需要判断模型是否处于平衡状态。判断模型是否处于平衡状态的依据是：模型体系的能量和温度随时间变化的波动幅度在 5%～10% 范围内。本节以位错缺陷模型为例，图 4－12 展示其温度、能量随时间变化的曲线。

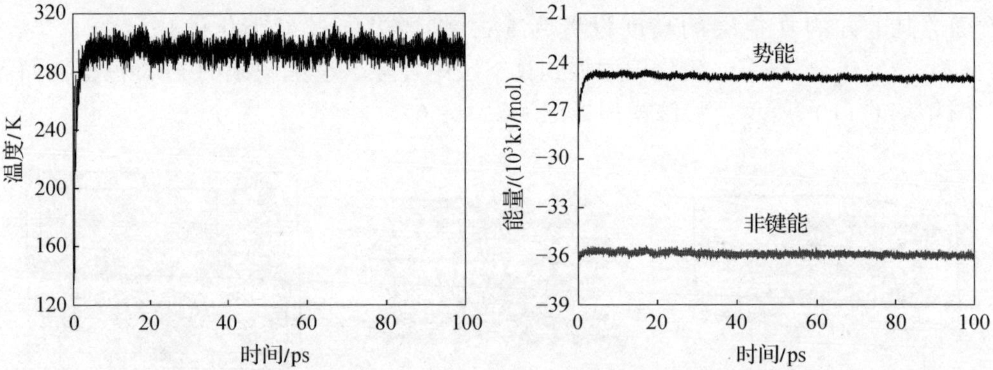


（a）温度变化曲线　　（b）能量变化曲线

**图 4－12　温度和能量随时间的变化曲线**

从图 4－12 中可以看出，位错缺陷模型的温度和能量随时间的推移逐渐趋于平缓，温度和能量波动幅度较小，表明位错缺陷模型已达到平衡状态。

2）感度

（1）引发键键连双原子作用能。

PBX 的所有组分中，主体炸药 HMX 和杂质 RDX 的感度最高。之前研究表明，HMX 和 RDX 的引发键是 N—$NO_2$基团中的 N—N 键[25-26]。其引发键键连双原子作用能（$E_{N—N}$）的定义为

$$E_{N—N} = \frac{E_1 - E_2}{n} \tag{4-1}$$

式中：$E_1$为平衡状态下硝胺类炸药模型的总能量（kJ/mol）；$E_2$为平衡状态下硝胺类炸药模型中全部引发键的 N 原子被固定后的总能量（kJ/mol）；$n$ 为硝胺类炸药模型中全部引发键的个数。

根据 MD 模拟得到的能量数据计算得到不同 PBX 模型的引发键键连双原子作用能，结果如图 4－13 所示。

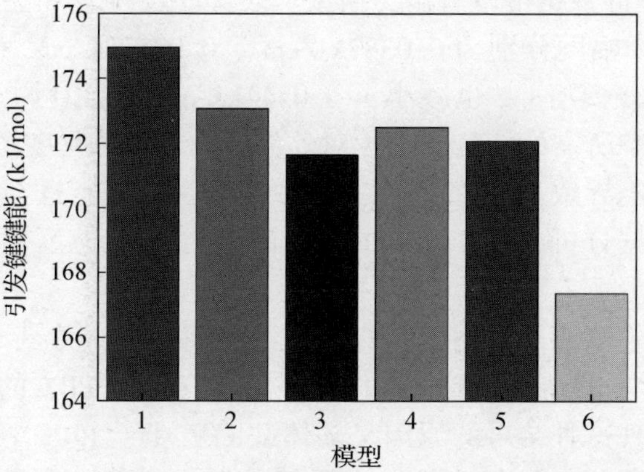


**图4-13 缺陷不同的PBX模型的引发键键连双原子作用能**

从图4-13中可以直观地看出，模型-3、模型-4和模型-5的引发键键连双原子作用能较模型-1减小，下降幅度分别为3.33kJ/mol、2.46kJ/mol和2.90kJ/mol；模型-4的引发键键连双原子作用能较模型-2也下降了5.72kJ/mol。引发键键连双原子作用能的减小意味着PBX中的引发键束缚N原子的能力减弱，在受到外界刺激时引发键更容易发生断裂诱发PBX分解甚至爆炸。这表明主体炸药内的位错、空位和掺杂晶体缺陷导致（0 0 1）面PBX模型的感度上升，安全性变差，孪晶缺陷导致（1 0 1）面PBX模型的感度上升，安全性变差。综合分析可以看出，主体炸药内的晶体缺陷会提升PBX的感度，降低其安全性。

（2）CED。

根据MD模拟的结果，计算得到了不同PBX模型的CED及其分量，具体数值如表4-1所列。

**表4-1 缺陷不同的PBX模型的CED及其分量**

| 模型 $n$ | CED/(kJ/cm³) | 范德华力/(kJ/cm³) | 静电力/(kJ/cm³) |
|---|---|---|---|
| 模型-1 | 0.6816 | 0.2666 | 0.4061 |
| 模型-2 | 0.7146 | 0.2894 | 0.4167 |
| 模型-3 | 0.6429 | 0.2444 | 0.3900 |
| 模型-4 | 0.6565 | 0.2448 | 0.4032 |
| 模型-5 | 0.6521 | 0.2568 | 0.3867 |
| 模型-6 | 0.6602 | 0.2688 | 0.3829 |

从表 4 – 1 中的数据可以看出，模型 – 3、模型 – 4 和模型 – 5 的 CED 较模型 – 1 减小，下降幅度分别为 0.0387kJ/cm³、0.0251kJ/cm³ 和 0.0295kJ/cm³；模型 – 6 的 CED 较模型 – 2 也减小了 0.0544kJ/cm³。CED 减小意味着 PBX 由凝聚态转化为气态所需的能量减小，对外界激励的敏感程度增加。这表明主体炸药内的晶体缺陷导致 PBX 的感度上升，安全性变差。这与以引发键键连双原子作用能为判据分析主体炸药内的晶体缺陷对 PBX 感度性能的影响获得的结论一致。

以引发键键连双原子作用能和 CED 为判据评估主体炸药 HMX 内的晶体缺陷对 PBX 性能影响的结果表明，晶体缺陷的存在导致 PBX 的感度上升，安全性变差。推断出现这种结果的原因是晶体缺陷破坏了 PBX 主体炸药的晶体结构，其晶格发生变形，晶胞中的分子重新排布，变得混乱无序，PBX 内分子间和分子内的相互作用减弱、势能减小。势能的净释放提高了 PBX 内分子的活化程度，在缺陷区域形成“热点”，导致 PBX 感度升高、安全性变差。

3）结合能

结合能是指含能材料体系中不同组分之间的相互作用能，主要用于评估 PBX 炸药的稳定性。结合能越大，表明含能材料体系越稳定。由于不同 PBX 和 B 炸药模型包含的分子数不同，需要选择初始模型作为基准对其他模型的结合能进行归一化，得到修正结合能。

对于 HMX 基 PBX，其修正结合能定义为

$$\begin{cases} E_b^* = \dfrac{E_b \cdot N_0}{N_i} \\ E_b = E_{total} - (mE_{HMX} + E_{additive}) \end{cases} \tag{4-2}$$

式中：$E_b^*$ 为修正结合能（kJ/mol）；$N_0$ 为基准模型中所有分子的个数；$N_i$ 为修正模型中所有分子的个数；$E_b$ 为结合能（kJ/mol）；$E_{total}$ 为平衡状态下 PBX 体系的总能量（kJ/mol）；$m$ 为 PBX 体系中主体炸药包含的 HMX 分子的个数；$E_{HMX}$ 为单个 HMX 分子在平衡状态下的能量（kJ/mol）；$E_{additive}$ 为平衡状态下 PBX 模型体系中添加成分的能量（kJ/mol）。

根据不同 PBX 模型经 MD 模拟得到的相关能量参数，计算得到了不同 PBX 模型的主体炸药与添加剂之间的结合能，具体数值列于图 4 – 14 中。

从图 4 – 14 中可以看出，模型 – 3、模型 – 4 和模型 – 5 的结合能较模型 – 1 减小，下降幅度分别为 1618.24kJ/mol、989.43kJ/mol 和 1358.01kJ/mol；模型 – 6 的结合能较模型 – 2 下降了 509.61kJ/mol。这表明缺陷模型中的主体炸药与添加剂之间相互吸引的作用力减弱，缺陷模型的稳定性变差。由此可知，主体炸药内的晶体缺陷会导致 PBX 的稳定性变差。

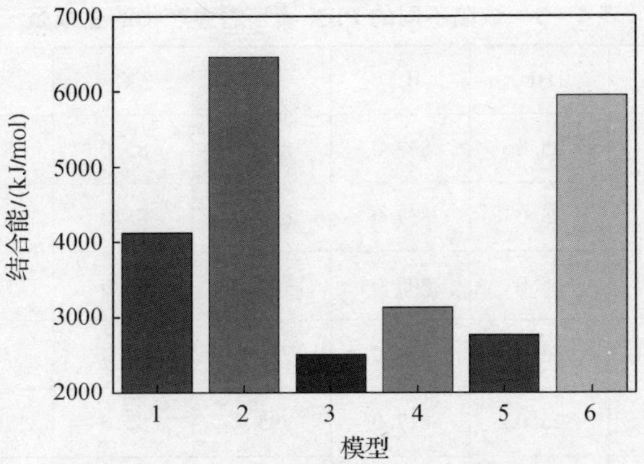


**图 4－14　缺陷不同的 PBX 模型的结合能**

4）爆轰性能

利用式（3－4）至式（3－6）计算 HMX 基 PBX 的 OB、$D$、$p$ 和 $Q$，需要模型的分子式、$\rho$ 值、各类爆轰产物的量和标准生成焓以及各组分的量和标准生成焓等信息。不同 PBX 模型的分子式以及其包含的各个组分的量在模型建立之后即可获得，如表 4－2 所列。$\rho$ 值是在各个模型经 MD 模拟达到平衡状态之后通过统计平均得到的。根据修正氮当量法的规定，对于分子组成为 $C_aH_bN_cO_dF_eCl_f$ 类炸药，各类爆轰产物的生成顺序如下：F 最先与 H 反应生成 HF；若 F 有剩余则继续与 C 反应生成 $CF_4$；若有多余的 H，则 H 与 O 反应生成 $H_2O$；若 O 有剩余，则 O 与 C 先生成 CO，继而生成 $CO_2$，若仍有多余的 O，则生成 $O_2$；若 F、O 不足以将 H 全部氧化，则有 $H_2$ 生成；若 F、O 不足以将 C 全部氧化，则有固态的碳生成；N 和 Cl 分别转化为 $N_2$ 和 $Cl_2$。根据上述原则，不同 PBX 模型的爆轰产物的量如表 4－3 所列。PBX 中各组分的标准生成焓及其爆轰产物的标准生成焓可通过查阅文献获得，分别如表 4－4 和表 4－5 所列。

**表 4－2　缺陷不同的 PBX 模型中各组分的量**

| 模型 $n$ | 分子式 | HMX | RDX | $F_{2311}$ | NC | $C_{22}H_{46}$ | TNT | C |
|---|---|---|---|---|---|---|---|---|
| 模型－1 | $C_{900}H_{1699}N_{1621}O_{1652}F_{25}Cl_5$ | 200 | 0 | 5 | 2 | 1 | 5 | 11 |
| 模型－2 | $C_{900}H_{1699}N_{1621}O_{1652}F_{25}Cl_5$ | 200 | 0 | 5 | 2 | 1 | 5 | 11 |
| 模型－3 | $C_{868}H_{1635}N_{1557}O_{1588}F_{25}Cl_5$ | 192 | 0 | 5 | 2 | 1 | 5 | 11 |
| 模型－4 | $C_{820}H_{1539}N_{1461}O_{1492}F_{25}Cl_5$ | 180 | 0 | 5 | 2 | 1 | 5 | 11 |
| 模型－5 | $C_{880}H_{1659}N_{1581}O_{1612}F_{25}Cl_5$ | 180 | 20 | 5 | 2 | 1 | 5 | 11 |
| 模型－6 | $C_{900}H_{1699}N_{1621}O_{1652}F_{25}Cl_5$ | 200 | 0 | 5 | 2 | 1 | 5 | 11 |

**表4-3　缺陷不同的PBX模型爆轰产物的生成量**

| 爆轰产物的量/mol | HF | $H_2O$ | CO | C | $N_2$ | $Cl_2$ |
|---|---|---|---|---|---|---|
| 模型-1 | 25.0 | 837.0 | 815.0 | 85.0 | 810.5 | 2.5 |
| 模型-2 | 25.0 | 837.0 | 815.0 | 85.0 | 810.5 | 2.5 |
| 模型-3 | 25.0 | 805.0 | 783.0 | 85.0 | 778.5 | 2.5 |
| 模型-4 | 25.0 | 757.0 | 735.0 | 85.0 | 730.5 | 2.5 |
| 模型-5 | 25.0 | 817.0 | 795.0 | 85.0 | 790.5 | 2.5 |
| 模型-6 | 25.0 | 837.0 | 815.0 | 85.0 | 810.5 | 2.5 |

**表4-4　缺陷不同的PBX模型中各组分的生成焓**

| 化合物 | HMX | RDX | $F_{2311}$ | NC | $C_{22}H_{46}$ | TNT | 石墨（C） |
|---|---|---|---|---|---|---|---|
| $\Delta H_{fi}^{\theta}$/(kJ/mol) | 75.02 | 61.50 | -673.62 | -836.80 | -663.90 | -50.21 | 0 |

**表4-5　缺陷不同的PBX模型爆轰产物的生成焓**

| 爆轰产物 | HF | $H_2O$ | CO | C | $N_2$ | $Cl_2$ |
|---|---|---|---|---|---|---|
| $\Delta H_{fi}^{\theta}$/(kJ/mol) | -299.78 | -285.85 | -110.60 | 0 | 0 | 0 |

虽然未在文献中直接找到固态正二十二烷的生成焓，但是获得了气态正二十二烷的生成焓及其汽化焓和熔化焓，其数值分别为-497.41kJ/mol[27]、111.90~115.60kJ/mol[27]和52.74kJ/mol[28]。根据盖斯定律，可以得到固态正二十二烷的生成焓，其计算公式为

$$\Delta H_{f_{solid}}^{\theta}=\Delta H_{f_{gas}}^{\theta}-\Delta H_{vap}^{\theta}-\Delta H_{fus}^{\theta} \tag{4-3}$$

式中：$\Delta H_{f_{solid}}^{\theta}$为固态正二十二烷的生成焓；$\Delta H_{f_{gas}}^{\theta}$为气态正二十二烷的生成焓；$\Delta H_{vap}^{\theta}$为正二十二烷的汽化焓；$\Delta H_{fus}^{\theta}$为正二十二烷的熔化焓。因此，固态正二十二烷的生成焓为-665.75~-662.05kJ/mol。为便于计算PBX的$Q$，取-663.90kJ/mol为固态正二十二烷的生成焓。

根据MD模拟计算的结果，计算获得了不同HMX基PBX模型的OB、$D$、$p$和$Q$，具体结果如表4-6所列。

**表 4-6　缺陷不同的 PBX 模型的爆轰参数**

| 模型 $n$ | OB/% | $\rho$/($g/cm^3$) | $D$/(m/s) | $p$/GPa | $Q$/(kJ/kg) |
|---|---|---|---|---|---|
| 模型-1 | -25.31 | 1.65 | 8160.13 | 28.73 | 5553.46 |
| 模型-2 | -25.31 | 1.63 | 8087.43 | 28.02 | 5553.46 |
| 模型-3 | -25.45 | 1.60 | 7974.44 | 26.94 | 5551.25 |
| 模型-4 | -25.69 | 1.62 | 8040.51 | 27.59 | 5547.57 |
| 模型-5 | -25.40 | 1.63 | 8084.97 | 28.00 | 5553.82 |
| 模型-6 | -25.31 | 1.62 | 8051.08 | 27.66 | 5553.46 |

由式（3-6）可以看出，$D$ 和 $p$ 受修正氮当量系数和 $\rho$ 两个因素制约。但是本节中探究的主体炸药 HMX 内的缺陷对 PBX 的修正氮当量系数的影响非常微小，几乎可以忽略不计。因此，晶体缺陷对 HMX 基 PBX 的密度（$\rho$）的影响更为关键。根据表 4-6 中的数据可以看出，位错、空位和掺杂缺陷导致（0 0 1）面 HMX 基 PBX 模型的 $\rho$ 下降了 0.05$g/cm^3$、0.03$g/cm^3$ 和 0.02$g/cm^3$，孪晶缺陷导致（1 0 1）面 HMX 基 PBX 模型的 $\rho$ 下降 0.01$g/cm^3$，位错、空位、掺杂和孪晶缺陷模型同各自初始模型相比，$D$ 分别下降 185.69m/s、119.62m/s、75.16m/s 和 36.35m/s，$p$ 分别下降 1.79GPa、1.14GPa、0.73GPa 和 0.36GPa。这表明，主体炸药内的晶体缺陷对 HMX 基 PBX 的 $D$ 和 $p$ 产生不利影响，炸药的爆轰性能减弱。由于孪晶缺陷模型的分子组成与（1 0 1）面 HMX 基 PBX 模型相比未发生改变，因此其 OB 和 $Q$ 并未发生变化。位错、空位和掺杂 3 种缺陷均导致（0 0 1）面 HMX 基 PBX 更趋于负氧平衡，$Q$ 下降，但是影响程度十分小，可忽略不计。由此看来，主体炸药内的晶体缺陷会导致 PBX 的爆轰性能减弱，在制备 PBX 时应选取晶体质量较好的主体炸药。

5）力学性能

表 4-7 与图 4-15 中列出了不同 PBX 模型经 MD 模拟达到平衡状态后计算得到的力学参数。

**表 4-7　缺陷不同的 PBX 模型的弹性系数及力学参数**

| 模型 $n$ | 模型-1 | 模型-2 | 模型-3 | 模型-4 | 模型-5 | 模型-6 |
|---|---|---|---|---|---|---|
| $C_{11}$/GPa | 12.11 | 11.65 | 9.63 | 11.15 | 10.94 | 10.94 |
| $C_{22}$/GPa | 12.10 | 11.32 | 4.94 | 10.93 | 10.81 | 11.39 |

续表

| 模型 $n$ | 模型-1 | 模型-2 | 模型-3 | 模型-4 | 模型-5 | 模型-6 |
|---|---|---|---|---|---|---|
| $C_{33}$/GPa | 11.88 | 10.71 | 5.89 | 11.24 | 11.03 | 11.80 |
| $C_{44}$/GPa | 2.57 | 3.10 | 2.37 | 2.35 | 2.22 | 2.39 |
| $C_{55}$/GPa | 2.77 | 3.07 | 2.38 | 2.90 | 2.65 | 2.94 |
| $C_{66}$/GPa | 2.67 | 2.59 | 2.39 | 2.40 | 2.41 | 2.86 |
| $C_{12}$/GPa | 5.96 | 5.62 | 4.94 | 5.27 | 5.72 | 5.63 |
| $C_{13}$/GPa | 6.48 | 6.11 | 5.89 | 5.94 | 5.86 | 5.76 |
| $C_{23}$/GPa | 5.41 | 5.82 | 5.78 | 5.44 | 5.39 | 5.72 |
| $C_{15}$/GPa | 0.15 | -0.63 | 0.35 | 0.06 | -0.04 | 0.07 |
| $C_{25}$/GPa | -0.29 | 0.23 | -0.03 | -0.12 | 0.17 | -0.20 |
| $C_{35}$/GPa | 0.08 | 0.59 | 0.84 | -0.29 | -0.04 | -0.21 |
| $C_{46}$/GPa | -0.35 | 0.24 | 0.09 | -0.11 | -0.08 | -0.06 |
| $E$/GPa | 7.49 | 7.43 | 5.72 | 6.89 | 6.54 | 7.38 |
| $\gamma$ | 0.34 | 0.34 | 0.36 | 0.35 | 0.35 | 0.34 |
| $K$/GPa | 7.97 | 7.63 | 6.78 | 7.70 | 7.41 | 7.59 |
| $G$/GPa | 2.79 | 2.78 | 2.10 | 2.55 | 2.42 | 2.76 |
| $(C_{12}-C_{44})$/GPa | 3.39 | 2.75 | 2.57 | 2.91 | 3.51 | 3.24 |

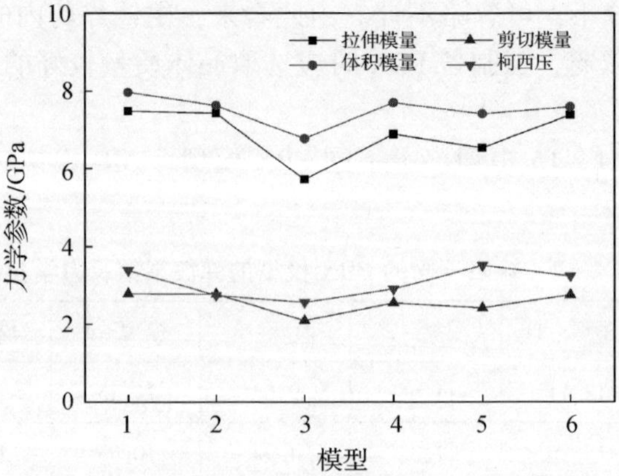


**图4-15 缺陷不同的PBX模型的力学参数曲线图**

从表 4－7 与图 4－15 中可以看出，缺陷模型的 $E$、$K$ 和 $G$ 下降，降低幅度分别为 0.05～1.77GPa、0.04～1.19GPa 和 0.02～0.69GPa，表明缺陷模型的刚度、断裂强度和硬度减弱，其抗变形能力下降。位错和空位缺陷模型的 $C_{12}-C_{44}$ 下降，降幅分别为 0.82GPa 和 0.48GPa。掺杂和孪晶缺陷模型的 $C_{12}-C_{44}$ 上升，增幅分别为 0.12GPa 和 0.49GPa。$C_{12}$ 和 $C_{44}$ 分别与正应力和切应力相关联，当 $C_{12}>C_{44}$ 时，更容易发生剪切形变产生切应力，产生粗糙的断裂面；反之，更容易发生正应变产生正应力，产生光滑的断裂面[29]。这表明位错和空位缺陷模型更显脆性，在发生断裂的情况下，其断裂面比较光滑，而掺杂和孪晶缺陷模型的断裂面较为粗糙。

### 4.2.2　空位缺陷浓度对 HMX 基 PBX 性能影响

4.2.1 节探究了空位缺陷对 HMX 基 PBX 感度、稳定性、爆轰性能和力学性能等的影响。结果表明，空位缺陷会对 PBX 的感度、稳定性、爆轰性能和力学性能产生不利影响。为进一步深入探究空位缺陷对 HMX 基 PBX 性能影响，本节在 HMX 基（0 0 1）面 PBX 初始模型的基础上，通过剪除不同数量的 HMX 分子建立主体炸药内空位缺陷浓度不同的 PBX 缺陷模型，探究主体炸药内的空位缺陷浓度对 PBX 性能影响的规律。

**1. 模型的搭建**

在 4.2.1 节中建立的 HMX 基（0 0 1）面 PBX 初始模型的基础上，通过分别剪除 10、20、30 和 40 个 HMX 分子建立空位缺陷浓度分别 5%、10%、15% 和 20% 的 PBX 空位缺陷模型，如图 4－16 所示，图中标黄的 HMX 分子即为剪切掉的分子。

**2. 结果讨论**

在 COMPASS 力场下，采用 Smart 算法对空位缺陷浓度不同的 HMX 基 PBX 模型的几何结构进行了优化。在优化的基础上又对 PBX 模型实施了模拟退火，选取其中能量最小的退火模型进行 MD 模拟。MD 模拟的环境、各项参数以及控制方法的设置同 4.2.1 节一致。对所建模型进行 100ps 的 MD 模拟，前 50ps 对模型体系进行平衡，后 50ps 用于统计分析确定能量、力学参数和其他参数。每 0.1ps 取样一次，共获得 500 帧轨迹。

1）平衡判别

对所研究模型的原子轨迹的统计分析必须要基于建立的模型是处于平衡状态。判断模型是否处于平衡状态的依据是：模型体系的能量和温度随时间变化的波动幅度在 5%～10% 范围内。本节以空位缺陷浓度为 20% 的缺陷模型为例，在图 4－17 中展示其温度和能量随时间变化的曲线。

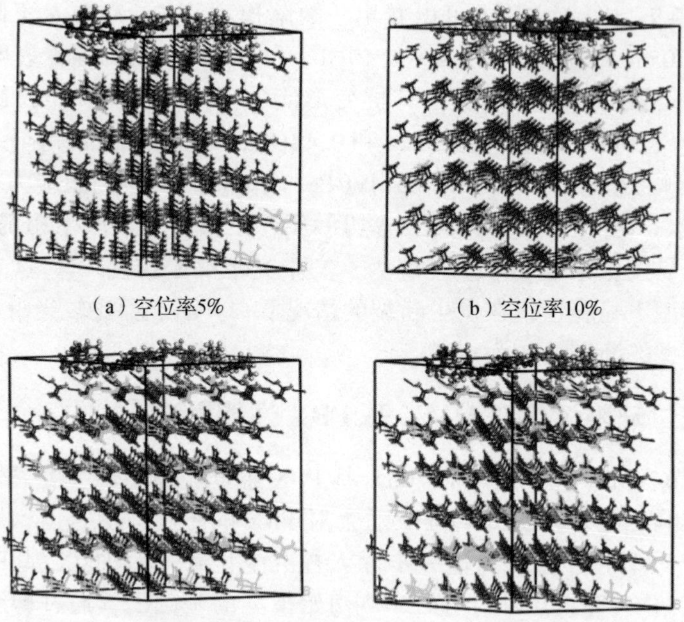

(a) 空位率5%　(b) 空位率10%

(c) 空位率15%　(d) 空位率20%

**图 4-16　HMX 基 PBX 空位缺陷模型**

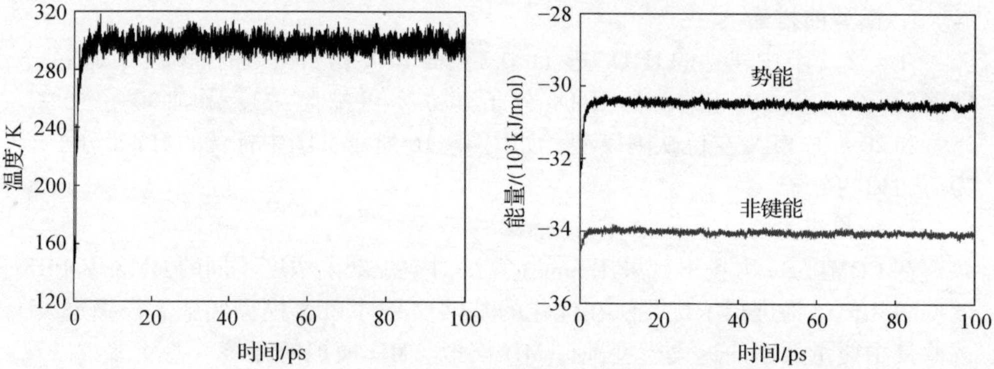


(a) 温度变化曲线　(b) 能量变化曲线

**图 4-17　温度和能量随时间的变化曲线**

从图 4-17 中可以看出，空位缺陷模型的温度和能量随时间的推移逐渐趋于平缓，温度和能量波动幅度较小，表明缺陷模型已达到平衡状态。

2）安全性能

(1) 引发键键连双原子作用能。

根据 MD 模拟得到的结果，计算得到主体炸药内空位缺陷浓度不同的 PBX 模型的引发键键连双原子作用能，如图 4-18 所示。

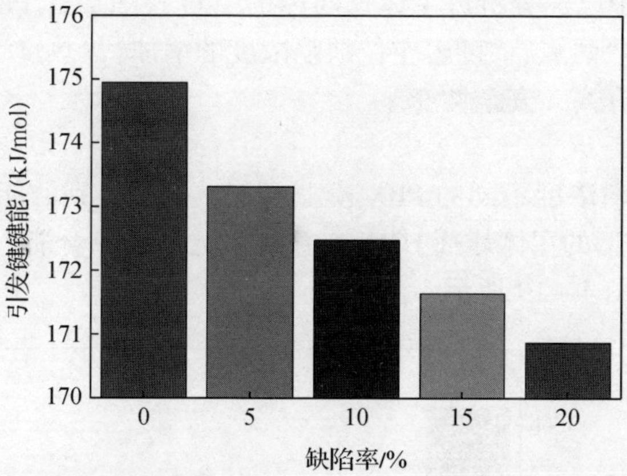


**图 4 – 18　空位缺陷浓度不同的 PBX 模型的引发键键连双原子作用能**

从图 4 – 18 中可以看出，随着主体炸药 HMX 晶体中空位缺陷浓度的增加，PBX 模型的引发键键连双原子作用能逐渐减小，下降幅度为 1.63 ~ 3.31kJ/mol。引发键键连双原子作用能减小意味着引发键束缚 N 原子的能力减弱，外界刺激提供较小的能量就可能使引发键发生断裂，从而诱发炸药分解、爆燃甚至爆轰。这表明空位缺陷的存在导致 PBX 的感度上升，安全性变差，并且空位缺陷浓度越高对其影响程度越大。

（2）CED。

通过 MD 模拟，计算得到了空位缺陷浓度不同的 PBX 模型的 CED 及其分量，具体数值如表 4 – 8 所列。

**表 4 – 8　空位缺陷浓度不同的 PBX 模型的 CED 及其分量**

| 参数 | 0 | 5 | 10 | 15 | 20 |
|---|---|---|---|---|---|
| CED/($kJ/cm^3$) | 0.6816 | 0.6683 | 0.6565 | 0.6457 | 0.6327 |
| 范德华力/($kJ/cm^3$) | 0.2666 | 0.2558 | 0.2448 | 0.2455 | 0.2381 |
| 静电力/($kJ/cm^3$) | 0.4061 | 0.4038 | 0.4032 | 0.3916 | 0.3859 |

从表 4 – 8 中的数据可以看出，随着 PBX 主体炸药中空位缺陷浓度的增加，PBX 缺陷模型的 CED 逐渐减小，下降幅度区间为 0.0133 ~ 0.0489$kJ/cm^3$。CED 减小意味着 PBX 由凝聚态转化为气态所需的能量减小，对外界刺激的敏感程度增加。这表明，空位缺陷的存在导致 PBX 的感度上升，安全性变差，并且影响程度随着空位缺陷浓度的增加而增大。这与以引发键键连双原子作用能为判据分析空位缺陷及其浓度对 PBX 感度性能的影响获得的结论一致。

在4.2.1节中已经分析过主体炸药内的空位缺陷提升PBX感度的原因是在缺陷区域形成“热点”。随着空位缺陷浓度的增加，“热点”的浓度也增加，PBX的感度逐渐升高，安全性变差。

3）稳定性

根据空位缺陷浓度不同的PBX模型经MD模拟得到的能量数据，计算得到了不同PBX模型的主体炸药HMX与添加剂之间的结合能，其随空位缺陷浓度增加的变化如图4-19所示。

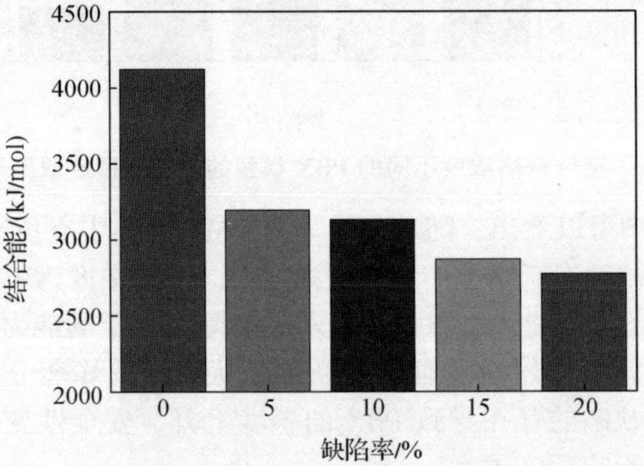


**图4-19　空位缺陷浓度不同的PBX模型的结合能**

从图4-19中可以看出，随着PBX的主体炸药中空位缺陷浓度的增加，PBX主体炸药和添加剂之间的结合能逐渐减小，降幅区间为927.73～1345.83kJ/mol。结合能减小表明PBX的稳定性变差，且随着空位缺陷浓度的增加恶化程度增加。

4）爆轰性能

计算HMX基PBX的OB、$D$、$p$和$Q$，需要模型的分子式、$\rho$、各类爆轰产物的量和标准生成焓以及各组分的量和标准生成焓等信息。空位缺陷浓度不同的PBX模型的分子式及各组分的量如表4-9所列，其爆轰产物的生成量如表4-10所列，其他信息可参考前面章节中的相关数据与参数。

**表4-9　空位缺陷浓度不同的PBX模型中各组分的量**

| 缺陷率/% | 分子式 | HMX | $F_{2311}$ | NC | $C_{22}H_{46}$ | TNT | C |
|---|---|---|---|---|---|---|---|
| 0 | $C_{900}H_{1699}N_{1621}O_{1652}F_{25}Cl_5$ | 200 | 5 | 2 | 1 | 5 | 11 |
| 5 | $C_{860}H_{1619}N_{1541}O_{1572}F_{25}Cl_5$ | 190 | 5 | 2 | 1 | 5 | 11 |
| 10 | $C_{820}H_{1539}N_{1461}O_{1492}F_{25}Cl_5$ | 180 | 5 | 2 | 1 | 5 | 11 |

续表

| 缺陷率/% | 分子式 | HMX | $F_{2311}$ | NC | $C_{22}H_{46}$ | TNT | C |
|---|---|---|---|---|---|---|---|
| 15 | $C_{780}H_{1459}N_{1381}O_{1412}F_{25}Cl_5$ | 170 | 5 | 2 | 1 | 5 | 11 |
| 20 | $C_{740}H_{1379}N_{1301}O_{1332}F_{25}Cl_5$ | 160 | 5 | 2 | 1 | 5 | 11 |

**表 4－10　空位缺陷浓度不同的 PBX 模型爆轰产物的生成量**

| 爆轰产物的量/mol | HF | $H_2O$ | CO | C | $N_2$ | $Cl_2$ |
|---|---|---|---|---|---|---|
| 0 | 25.0 | 837.0 | 815.0 | 85.0 | 810.5 | 2.5 |
| 5% | 25.0 | 797.0 | 775.0 | 85.0 | 770.5 | 2.5 |
| 10% | 25.0 | 757.0 | 735.0 | 85.0 | 730.5 | 2.5 |
| 15% | 25.0 | 717.0 | 695.0 | 85.0 | 690.5 | 2.5 |
| 20% | 25.0 | 677.0 | 655.0 | 85.0 | 650.5 | 2.5 |

根据 MD 模拟得到的空位缺陷浓度不同的 HMX 基 PBX 模型的 $\rho$ 以及式（3－4）至式（3－6），计算得到不同 PBX 模型的 OB、$D$、$p$ 和 $Q$，具体结果如表 4－11 所列。

**表 4－11　空位缺陷浓度不同的 PBX 模型的爆轰参数**

| 缺陷率/% | OB/% | $\rho$/(g/cm³) | $D$/(m/s) | $p$/GPa | $Q$/(kJ/mol) |
|---|---|---|---|---|---|
| 0 | −25.31 | 1.65 | 8160.13 | 28.73 | 5553.46 |
| 5 | −25.49 | 1.64 | 8118.72 | 28.34 | 5550.67 |
| 10 | −25.69 | 1.62 | 8040.51 | 27.59 | 5547.57 |
| 15 | −25.92 | 1.63 | 8070.63 | 27.90 | 5544.14 |
| 20 | −26.17 | 1.64 | 8099.96 | 28.20 | 5540.30 |

分析表 4－11 中的数据可以发现，空位缺陷的存在导致 PBX 更趋于负氧平衡，$Q$ 轻微下降，并且影响程度随着空位缺陷浓度的增加而加重。空位缺陷对 PBX 中 $\rho$ 的影响是非单调的，先减后增。在所研究的 5 种浓度中，当空位缺陷浓度为 10% 时，$\rho$ 值到达了极小值点。由于空位缺陷对 PBX 的修正氮当量系数的影响较为微小，所以空位缺陷对 PBX 中 $\rho$ 的影响决定了其对 PBX 中 $D$ 和 $p$ 的影响。因此，空位缺陷对 PBX 中 $D$ 和 $p$ 的影响趋势与 $\rho$ 受影响的趋

势一致，都是在10%的缺陷浓度处达到极小值点。并且总的来看，空位缺陷对PBX的爆轰性能造成了不利影响。

空位缺陷对$\rho$的影响有两个因素：一是相同体积的前提下，空位缺陷导致PBX晶胞模型内的分子数量减少，使$\rho$值降低；二是空位缺陷的凝聚坍塌导致PBX模型的晶胞体积收缩，使$\rho$值增加。当空位缺陷浓度较低时，分子数量的变化起主导作用，导致$\rho$降低；当空位浓度较高时，晶胞体积收缩起主导作用，导致$\rho$值增加。因此，会在某一缺陷浓度值处产生$\rho$的极小值。

5）力学性能

表4－12与图4－20中列出了经MD模拟后计算得到的空位缺陷浓度不同的PBX模型经MD模拟后计算得到的力学参数。

**表4－12　空位缺陷浓度不同的PBX模型的弹性系数及力学参数**

| 缺陷率/% | 0 | 5 | 10 | 15 | 20 |
|---|---|---|---|---|---|
| $C_{11}$/GPa | 12.11 | 11.07 | 11.15 | 11.78 | 11.34 |
| $C_{22}$/GPa | 12.01 | 11.94 | 10.93 | 11.73 | 11.83 |
| $C_{33}$/GPa | 11.88 | 11.56 | 11.24 | 11.93 | 11.55 |
| $C_{44}$/GPa | 2.57 | 2.71 | 2.35 | 2.58 | 2.52 |
| $C_{55}$/GPa | 2.77 | 2.72 | 2.90 | 2.68 | 2.77 |
| $C_{66}$/GPa | 2.67 | 2.83 | 2.40 | 2.17 | 2.49 |
| $C_{12}$/GPa | 5.96 | 5.76 | 5.27 | 5.67 | 5.68 |
| $C_{13}$/GPa | 6.48 | 5.95 | 5.94 | 5.77 | 6.23 |
| $C_{23}$/GPa | 5.41 | 5.51 | 5.44 | 5.86 | 5.80 |
| $C_{15}$/GPa | 0.15 | −0.05 | 0.06 | 0.12 | 0.12 |
| $C_{25}$/GPa | −0.29 | −0.18 | −0.12 | −0.08 | −0.09 |
| $C_{35}$/GPa | 0.08 | −0.08 | −0.29 | 0.11 | −0.38 |
| $C_{46}$/GPa | −0.35 | −0.12 | −0.11 | −0.01 | 0.11 |
| $E$/GPa | 7.49 | 7.39 | 6.89 | 7.17 | 7.24 |
| $\gamma$ | 0.34 | 0.34 | 0.35 | 0.35 | 0.35 |
| $K$/GPa | 7.97 | 7.86 | 7.70 | 7.78 | 7.79 |
| $G$/GPa | 2.79 | 2.75 | 2.55 | 2.66 | 2.69 |
| $(C_{12}-C_{44})$/GPa | 3.39 | 3.06 | 2.91 | 3.09 | 3.16 |

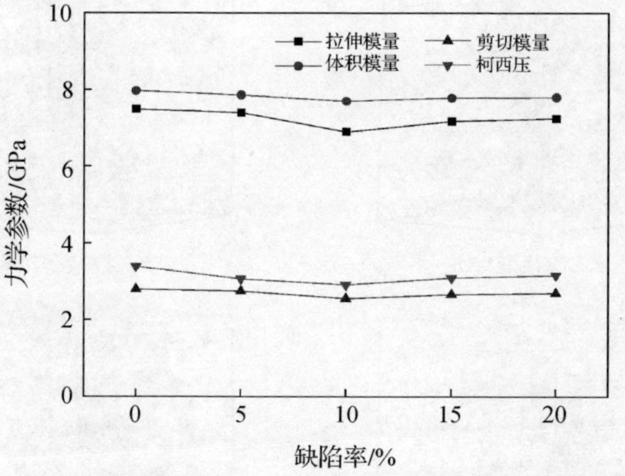


**图 4－20　空位缺陷浓度不同的 PBX 模型的力学参数曲线图**

根据表 4－12 与图 4－20 中的数据可以看出，HMX 基 PBX 缺陷模型的力学参数随空位缺陷浓度增加的变化是非单调的。随着空位缺陷浓度的增加，缺陷模型的 $E$、$K$、$G$ 和 $C_{12}-C_{44}$ 先减小后增加，出现极小值点的空位浓度为 10%，但其总体还是小于初始模型，其降低幅度分别为 0.10～0.60GPa、0.11～0.27GPa、0.04～0.24GPa 和 0.23～0.48GPa。这表明，缺陷模型的刚度、断裂强度和硬度减弱，抗变形能力变差，其在发生断裂的条件下，断裂面更加光滑，缺陷模型的柔韧性增加，发生塑性形变不产生裂缝的能力增强，但是缺陷模型的力学性能随空位缺陷浓度增加的变化是非单调的。

### 4.2.3　掺杂缺陷浓度对 HMX 基 PBX 性能影响

4.2.1 节中探究了掺杂缺陷对 HMX 基 PBX 感度、稳定性、爆轰性能和力学性能等性能的影响。结果表明掺杂缺陷会对 PBX 的感度、稳定性、爆轰性能和力学性能产生不利影响。为进一步深入探究掺杂缺陷对 HMX 基 PBX 性能影响，本节在 HMX 基（0 0 1）面 PBX 初始模型的基础上，通过在原位置上用 RDX 分子替换 HMX 分子建立掺杂缺陷浓度不同的 PBX 缺陷模型，探究掺杂缺陷浓度对 PBX 性能影响的规律。

**1. 模型的搭建**

在 4.2.1 节中建立的 HMX 基（0 0 1）面 PBX 初始模型的基础上，通过分别剪除 5、10、15 和 20 个 HMX 分子并在其原位置引入 RDX 分子，建立主体炸药内掺杂缺陷浓度分别为 2.5%、5.0%、7.5% 和 10.0% 的 PBX 缺陷模型，如图 4－21 所示。图中标黄的是杂质分子，即 RDX 分子。

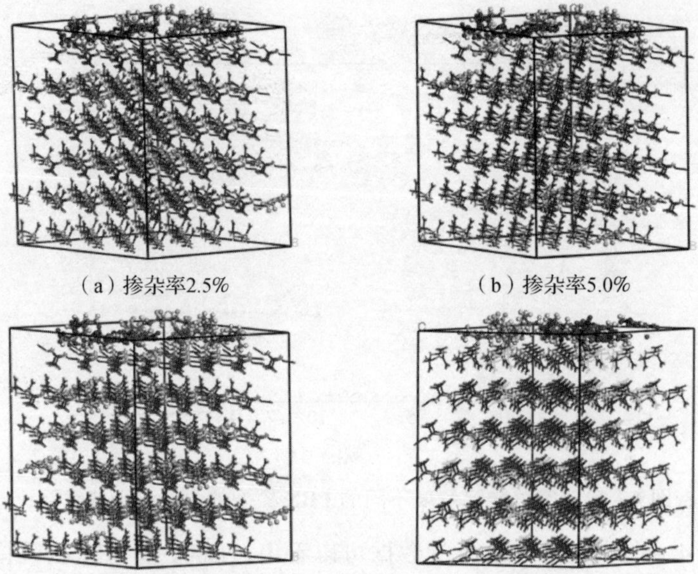

（a）掺杂率2.5%　（b）掺杂率5.0%

（c）掺杂率7.5%　（d）掺杂率10.0%

**图 4－21　HMX 基 PBX 掺杂缺陷模型**

**2. 结果讨论**

在 COMPASS 力场下，采用 Smart 算法对掺杂缺陷浓度不同的 HMX 基 PBX 模型的几何结构进行了优化。在优化的基础上又对超晶胞模型实施了模拟退火，选取其中能量最小的退火模型进行 MD 模拟。MD 模拟的环境、各项参数以及控制方法的设置同 4. 2. 1 节一致。对所建模型进行 100ps 的 MD 模拟，前 50ps 对模型体系进行平衡，后 50ps 用于统计分析确定能量、力学参数和其他参数。每 0. 1ps 取样一次，共获得 500 帧轨迹。

1）平衡判别

对模型的原子轨迹的统计分析必须要基于建立的模型处于平衡状态。判断模型是否处于平衡状态的依据是：模型体系的能量和温度随时间变化的波动幅度在 5%～10% 范围内。本节以掺杂缺陷浓度为 20% 的缺陷模型为例，在图 4－22 中展示其温度和能量随时间变化的曲线。

由图 4－22 可以看出，掺杂缺陷模型的温度和能量随时间的推移波动幅度逐渐趋于平缓，显示缺陷模型已达到平衡状态。

2）感度

（1）引发键键连双原子作用能。

根据 MD 模拟得到的能量数据，计算得到了掺杂缺陷浓度不同的 PBX 模型的引发键键连双原子作用能，如图 4－23 所示。

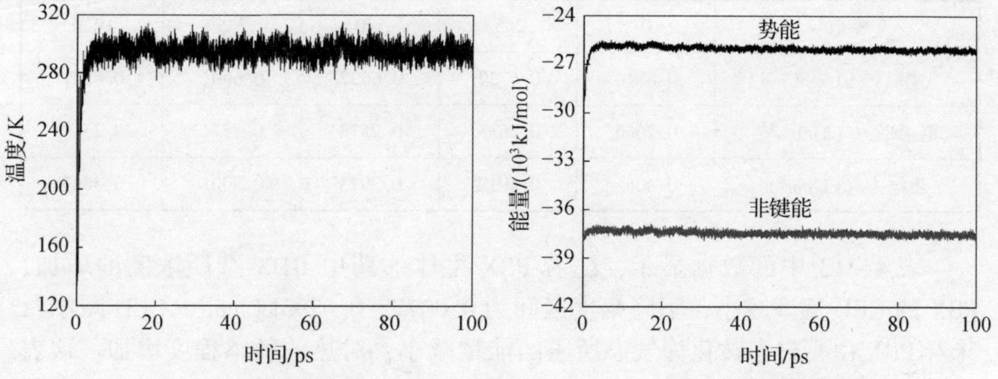


（a）温度变化曲线　　（b）能量变化曲线

**图 4－22　温度和能量随时间的变化曲线**

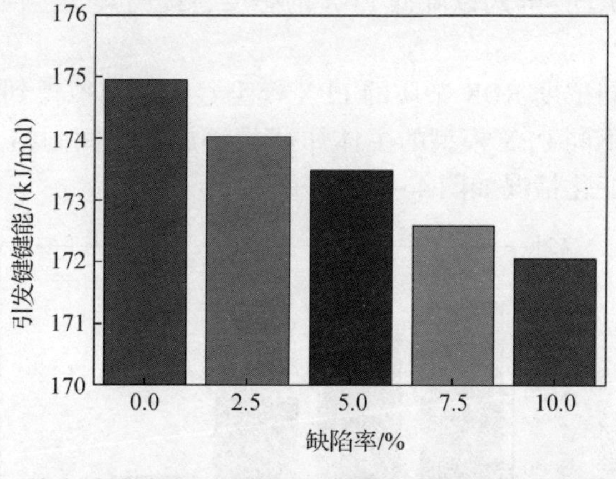


**图 4－23　掺杂缺陷浓度不同的 PBX 模型的引发键键连双原子作用能**

由图 4－23 中的数据可以看出，随着 PBX 的主体炸药 HMX 中 RDX 杂质浓度的增加，PBX 的引发键键连双原子作用能逐渐减小，降幅为 0.91～2.90kJ/mol。这表明 RDX 杂质使 PBX 的引发键发生断裂进而诱发 PBX 发生分解、爆燃甚至爆轰所需要的外界激励变弱，PBX 的感度上升，安全性变差，并且 RDX 杂质浓度越高对其影响程度越大。

（2）CED。

通过 MD 模拟计算，得到了掺杂缺陷浓度不同的 PBX 模型的 CED 及其分量，具体数值如表 4－13 所列。

**表 4－13 掺杂缺陷浓度不同的 PBX 模型的 CED 及其分量**

| 参数 | 0 | 2.5 | 5.0 | 7.5 | 10.0 |
|---|---|---|---|---|---|
| CED/(kJ/cm³) | 0.6816 | 0.6739 | 0.6637 | 0.6601 | 0.6521 |
| 范德华力/(kJ/cm³) | 0.2666 | 0.2635 | 0.2578 | 0.2571 | 0.2568 |
| 静电力/(kJ/cm³) | 0.4061 | 0.4017 | 0.3973 | 0.3901 | 0.3867 |

表 4－13 中的数据显示，随着 PBX 主体炸药中 RDX 杂质浓度的增加，PBX 的 CED 逐渐减小，下降幅度区间为 0.0077～0.0295kJ/cm³。CED 减小意味着 PBX 由凝聚态转化为气态所需的能量减小，对热的敏感程度增加。这表明 RDX 杂质的存在导致 PBX 的感度上升，安全性变差，并且影响程度随着其浓度的增加而增大。这与以 PBX 的引发键键连双原子作用能为判据分析掺杂缺陷及其浓度对 PBX 感度性能的影响获得的结论一致。因此，应该选择纯度较高的 HMX 作为主体炸药以降低 PBX 的感度，提高其安全性。

3）稳定性

根据掺杂不同浓度 RDX 杂质的 PBX 模型经 MD 模拟得到的能量数据和公式，计算得到了不同 PBX 模型的主体炸药与添加剂之间的结合能，其随 RDX 杂质浓度增加的变化情况如图 4－24 所示。

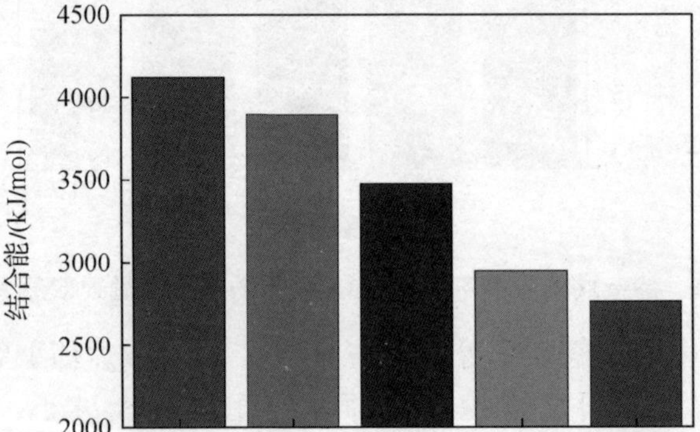


**图 4－24 掺杂缺陷浓度不同的 PBX 模型的结合能**

从图 4－24 中可以看出，随着 RDX 杂质浓度的增加，PBX 主体炸药与添加剂之间的结合能逐渐下降，降幅区间为 223.87～1358.01kJ/mol。结合能下降表明 PBX 模型中主体炸药与添加剂之间相互吸引的作用力减弱，PBX 的稳定性变差且恶化程度随着 RDX 杂质浓度的增加而加重。

4）爆轰性能

表 4－14 和表 4－15 分别展示了 RDX 杂质浓度不同的 PBX 模型的分子式及其爆轰产物的生成量。根据 MD 模拟得到的掺杂缺陷浓度不同的 PBX 模型的密度，结合爆轰参数计算公式，计算得到了不同 PBX 模型的 OB、$D$、$p$ 和 $Q$，结果如表 4－16 所列。

**表 4－14 掺杂缺陷浓度不同的 PBX 模型中各组分的量**

| 掺杂率/% | 各组分的量 | HMX | $F_{2311}$ | NC | $C_{22}H_{46}$ | TNT | C |
|---|---|---|---|---|---|---|---|
| 0 | $C_{900}H_{1699}N_{1621}O_{1652}F_{25}Cl_5$ | 200 | 5 | 2 | 1 | 5 | 11 |
| 2.5 | $C_{895}H_{1689}N_{1611}O_{1642}F_{25}Cl_5$ | 195 | 5 | 2 | 1 | 5 | 11 |
| 5.0 | $C_{890}H_{1679}N_{1601}O_{1632}F_{25}Cl_5$ | 190 | 5 | 2 | 1 | 5 | 11 |
| 7.5 | $C_{885}H_{1669}N_{1591}O_{1622}F_{25}Cl_5$ | 185 | 5 | 2 | 1 | 5 | 11 |
| 10.0 | $C_{880}H_{1659}N_{1581}O_{1612}F_{25}Cl_5$ | 180 | 5 | 2 | 1 | 5 | 11 |

**表 4－15 掺杂缺陷浓度不同的 PBX 模型爆轰产物的生成量**

| 爆轰产物的量/mol | HF | $H_2O$ | CO | C | $N_2$ | $Cl_2$ |
|---|---|---|---|---|---|---|
| 0 | 25.0 | 837.0 | 815.0 | 85.0 | 810.5 | 2.5 |
| 2.5% | 25.0 | 832.0 | 810.0 | 85.0 | 805.5 | 2.5 |
| 5.0% | 25.0 | 827.0 | 805.0 | 85.0 | 800.5 | 2.5 |
| 7.5% | 25.0 | 822.0 | 800.0 | 85.0 | 795.5 | 2.5 |
| 10.0% | 25.0 | 817.0 | 795.0 | 85.0 | 790.5 | 2.5 |

**表 4－16 掺杂缺陷浓度不同的 PBX 模型的爆轰参数**

| 掺杂率/% | OB/% | $\rho$/(g/cm³) | $D$/(m/s) | $p$/GPa | $Q$/(kJ/mol) |
|---|---|---|---|---|---|
| 0 | −25.31 | 1.65 | 8160.13 | 28.73 | 5553.46 |
| 2.5 | −25.33 | 1.64 | 8122.05 | 28.36 | 5548.58 |
| 5.0 | −25.35 | 1.63 | 8083.96 | 27.99 | 5543.65 |
| 7.5 | −25.37 | 1.63 | 8082.20 | 27.98 | 5538.65 |
| 10.0 | −25.40 | 1.63 | 8080.41 | 27.97 | 5533.59 |

分析表 4-16 中的数据可以发现，掺杂缺陷使 PBX 更趋于负氧平衡，但变化微弱；其 $\rho$、$D$、$p$ 和 $Q$ 均轻微下降。虽然掺杂浓度为 5.0%、7.5% 和 10.0% 的 3 种 PBX 的 $\rho$ 在同量级条件下没有发生变化，但受修正氮当量系数的影响，其爆轰性能随着掺杂浓度的增加而减弱。这表明掺杂缺陷会降低 PBX 的爆轰性能，且该影响程度随着 RDX 杂质浓度的增加而逐步加重，但是影响程度不是很大。

5）力学性能

根据掺杂缺陷浓度不同的 PBX 模型经 MD 模拟后计算得到的 $K$ 和 $G$ 的值以及相关公式，计算得到了掺杂缺陷浓度不同的 PBX 模型的力学性能参数，如表 4-17 所列与图 4-25 所示。

**表 4-17　掺杂浓度不同的 PBX 模型的弹性系数及力学参数**

| 掺杂率/% | 0 | 2.5 | 5.0 | 7.5 | 10.0 |
|---|---|---|---|---|---|
| $C_{11}$/GPa | 12.11 | 10.54 | 12.32 | 12.02 | 10.94 |
| $C_{22}$/GPa | 12.10 | 12.01 | 11.59 | 11.65 | 10.81 |
| $C_{33}$/GPa | 11.88 | 11.93 | 11.66 | 10.10 | 11.03 |
| $C_{44}$/GPa | 2.57 | 2.59 | 2.59 | 2.42 | 2.22 |
| $C_{55}$/GPa | 2.77 | 2.64 | 2.73 | 2.73 | 2.65 |
| $C_{66}$/GPa | 2.67 | 2.80 | 2.36 | 2.45 | 2.41 |
| $C_{12}$/GPa | 5.96 | 5.92 | 5.66 | 5.66 | 5.72 |
| $C_{13}$/GPa | 6.48 | 6.34 | 6.12 | 6.61 | 5.86 |
| $C_{23}$/GPa | 5.41 | 6.28 | 5.60 | 5.52 | 5.39 |
| $C_{15}$/GPa | 0.15 | -0.06 | 0.35 | -0.02 | -0.04 |
| $C_{25}$/GPa | -0.29 | -0.36 | -0.16 | -0.11 | 0.17 |
| $C_{35}$/GPa | 0.08 | -0.13 | -0.09 | -0.03 | -0.04 |
| $C_{46}$/GPa | -0.35 | -0.13 | -0.04 | -0.09 | -0.08 |
| $E$/GPa | 7.49 | 7.16 | 6.91 | 6.76 | 6.54 |
| $\gamma$ | 0.34 | 0.35 | 0.35 | 0.35 | 0.35 |
| $K$/GPa | 7.97 | 7.92 | 7.80 | 7.66 | 7.41 |
| $G$/GPa | 2.79 | 2.65 | 2.56 | 2.50 | 2.42 |
| $(C_{12}-C_{44})$/GPa | 3.39 | 3.34 | 3.07 | 3.25 | 3.51 |

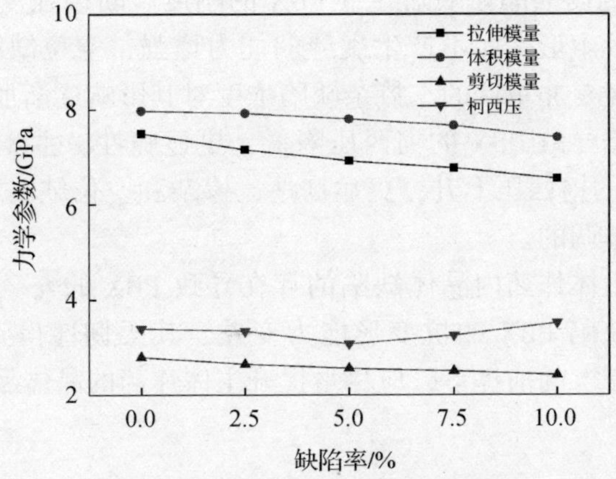


**图 4－25　掺杂浓度不同的 PBX 模型的力学参数曲线图**

从表 4－17 与图 4－25 中的数据可以看出，随着 RDX 杂质浓度的增加，HMX 基 PBX 的 $E$、$K$ 和 $G$ 逐步减小，降幅分别为 0.33～0.95GPa、0.05～0.56GPa 和 0.14～0.37GPa。这表明掺杂缺陷导致 PBX 的刚度、断裂强度和硬度变差，抗变形能力减弱，表明缺陷模型的柔韧性增强，发生塑性形变时不产生裂缝的能力增强。$C_{12}-C_{44}$ 的变化趋势是非单调的，先下降后上升，表明当 HMX 基 PBX 中 RDX 杂质的掺杂浓度较低时，其更显脆性，发生断裂时的断裂面更加光滑；掺杂缺陷浓度较高时，其更显韧性，发生断裂时的断裂面较粗糙。

## 4.2.4　本节小结

本节采用 MD 模拟的方法探究了主体炸药 HMX 中的晶体缺陷（位错、空位、掺杂和孪晶）对 PBX 性能的影响，并且分析了空位和掺杂缺陷浓度对其性能影响的规律。主要获得以下结论。

（1）主体炸药内的晶体缺陷使 PBX 中分子的活化程度增加，提升了 PBX 的感度，降低了其安全性，并且随着空位或掺杂缺陷浓度的增加，感度提升的幅度逐渐增加。

（2）主体炸药内的晶体缺陷使 PBX 的主体炸药与添加剂之间相互吸引的作用力减弱，缺陷模型的稳定性变差，并且空位或掺杂缺陷浓度与 PBX 受影响的程度是正相关的。

（3）主体炸药内的晶体缺陷使 PBX 的爆轰性能变差，空位缺陷浓度对 PBX 爆轰性能的影响程度是非单调的，先降后增，但整体来看爆轰性能是下降的；掺杂缺陷浓度对 PBX 爆轰性能的影响程度是单调的，逐渐加深。

（4）主体炸药内的晶体缺陷导致 PBX 的刚度、断裂强度和硬度减弱，抗变形能力下降，发生形变而不产生裂缝的能力增强，空位缺陷浓度对 PBX 力学性能的影响程度是非单调的，掺杂缺陷浓度对其影响逐渐加深。主体炸药内的位错和空位缺陷导致 PBX 的柯西压降低，更显脆性，主体炸药中含掺杂和孪晶缺陷的 PBX 的柯西压上升，更显韧性，掺杂和空位缺陷浓度对 PBX 的柯西压的影响是非单调的。

综上所述，主体炸药内晶体缺陷的存在导致 PBX 的安全性、稳定性和爆轰性能变差。含缺陷 PBX 的抗变形能力变差，其柔韧性得到了改善。因此，在力学性能满足需求的前提下，应尽量提升主体炸药的晶体品质，降低其内部的晶体缺陷。

## 4.3 微观缺陷对 CL－20 基 PBX 性能影响

### 4.3.1 晶体缺陷对 CL－20 基 PBX 性能影响

CL－20 是一种笼型结构的多硝基硝胺类高能量密度化合物，也是综合性能最好的高能单质炸药之一，具有广泛的应用价值。但 CL－20 的生产工艺复杂，成本较高，同时机械感度高，安全性能差，导致其发展应用受到限制。为了提高 CL－20 的安全性，使其在武器弹药中得到应用，可以向其中加入一定量的聚合物，制备得到高聚物黏结炸药（PBX）。CL－20 通常采用硝化四乙酰基二苄基六氮杂异伍兹烷（TADBIW）的方法进行制备，在此过程中，除了生成 CL－20 外，还会生产一定量的其他产物，其中最为典型的就是 4,6,8,10,12－五硝基－2－乙酰基－2,4,6,8,10,12－六氮杂异伍兹烷（PNMAIW）[30]。因此，最终的产物中既存在 CL－20，也存在一定比例的 PNMAIW。从晶体学角度来讲，CL－20 中存在掺杂缺陷。同时，炸药晶体在生长与结晶过程中，受外界温度、湿度、溶剂等因素的影响，在晶体中可能会出现缺陷，如空位、位错等。受此影响，PBX 中也会存在相应的晶体缺陷。晶体缺陷的存在，一方面会影响炸药的微观结构，改变晶体中炸药分子的排列方式；另一方面会影响炸药的性能，如稳定性、安全性、能量特性与力学性能等。本节以 CL－20 基 PBX 为研究对象，分别建立了“完美”型与含有掺杂、空位与位错缺陷的 PBX 模型。在 Materials Studio 7.0 软件中，采用分子动力学方法，预测各种模型的稳定性、感度、能量特性与力学性能，并将缺陷模型的性能与“完美”型模型进行比较，探讨晶体缺陷对 PBX 性能的影响。

### 4.3.2　计算模型与计算方法

**1. CL－20 基 PBX 初始模型的建立**

CL－20 有 4 种晶型，即 α－、β－、γ－、ε－，其中 ε－CL－20 最稳定，密度最大，能量特性最好[31－32]，因此本书中建立模型时 CL－20 的晶型选取为 ε－CL－20。ε－CL－20 属于单斜晶系，空间群为 P21/A，晶格参数为 $a=13.696$Å、$b=12.554$Å、$c=8.833$Å、$\alpha=90.00°$、$\beta=111.18°$、$\gamma=90.00°$，单个晶胞中包含 4 个 CL－20 分子[33]。ε－CL－20 的分子模型如图 4－26（a）所示。根据 CL－20 的晶格参数与空间群信息，建立其单个晶胞模型，如图 4－26（b）所示。在单个晶胞的基础上，将 CL－20 的单晶胞模型扩展为 18（3×3×2）的超晶胞模型，其中共包含 72 个 CL－20 分子，如图 4－26（c）所示。本研究中聚合物选择氟橡胶 $F_{2311}$，$F_{2311}$ 为偏二氟乙烯（PVDF）与三氟氯乙烯（PCTFE）的共聚物，组分比例为 1∶1。选取 8 个链节，搭建聚合物 $F_{2311}$ 模型，计算得到在 PBX 中 $F_{2311}$ 的质量分数为 4.49%。将 CL－20 的超晶胞模型沿（0 0 1）晶面进行切割，其中真空层的厚度设置为 5.0Å。将优化后的 $F_{2311}$ 模型添加到真空层中，得到 PBX 的初始模型，如图 4－26（d）所示。为了便于同含有晶体缺陷的 PBX 模型进行比较，将初始模型标记为模型－1。

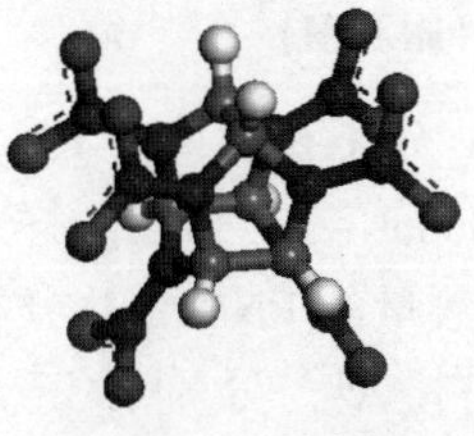

（a）ε-CL-20分子

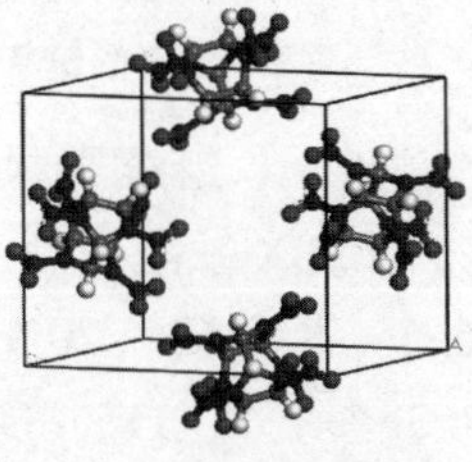

（b）ε-CL-20单个晶胞模型

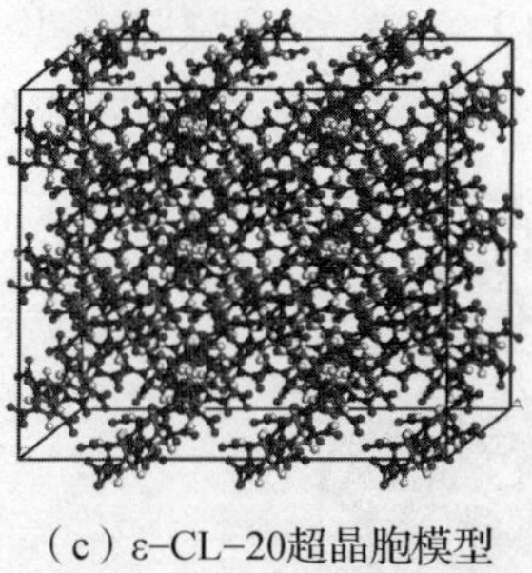

（c）ε-CL-20超晶胞模型

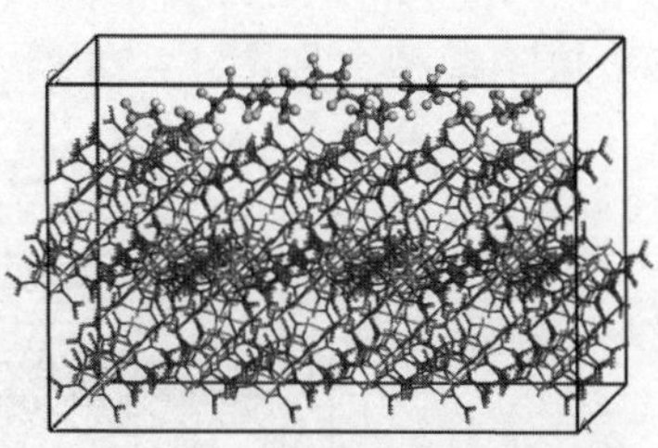

（d）CL-20基PBX初始模型

**图 4－26　ε－CL－20 分子、单晶胞、超晶胞模型与 PBX 初始模型**

**2. CL－20 基 PBX 缺陷模型的建立**

用两个 PNMAIW 分子（图 4－27（a））替换初始 PBX 模型中最上层的两个 CL－20 分子（图 4－27（b）中标记为黄色），得到掺杂率为 2.78% 的 PBX 缺陷模型，如图 4－27（c）所示，将此模型标记为模型－2。

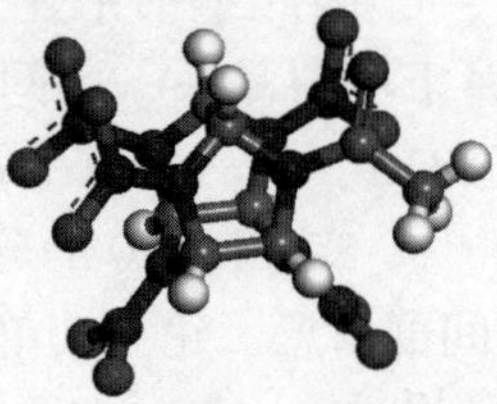

（a）PNMAIW分子

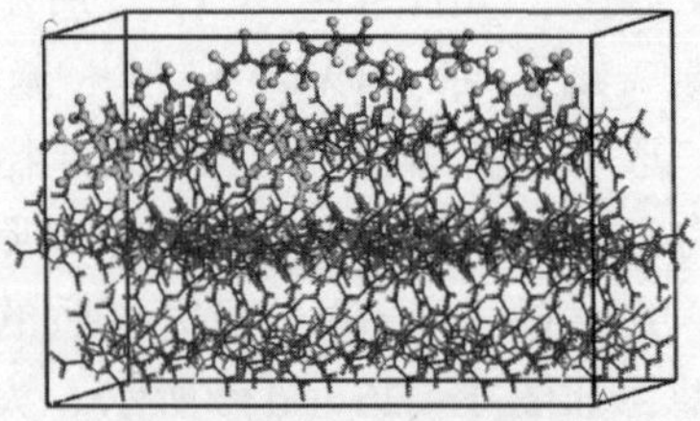

（b）初始PBX模型

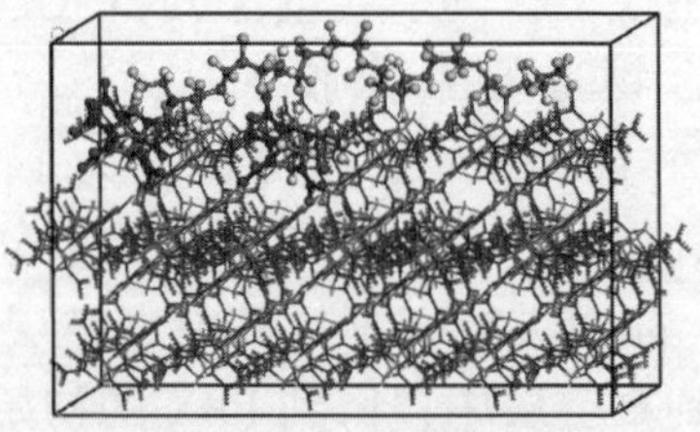

（c）掺杂率为2.78%的缺陷PBX模型

**图 4－27　PNMAIW 分子模型、初始 PBX 模型与掺杂率为 2.78% 的缺陷 PBX 模型（附彩图）**

在模型－2 的基础上，继续用两个 PNMAIW 分子替换两个 CL－20 分子，得到掺杂率为 5.56% 的 PBX 缺陷模型，标记为 Model－3。采用同样的方法，分别将初始模型中的 6 个、8 个 CL－20 分子用同等数量的 PNMAIW 分子替换，得到掺杂率分别为 8.33%、11.11% 的 PBX 缺陷模型，分别标记为 Model－4、Model－5。

将图 4－27（b）中标记为黄色的两个 CL－20 分子删除，得到空位率为 2.78% 的 PBX 缺陷模型，如图 4－28 所示，将此模型标记为 Model－6。

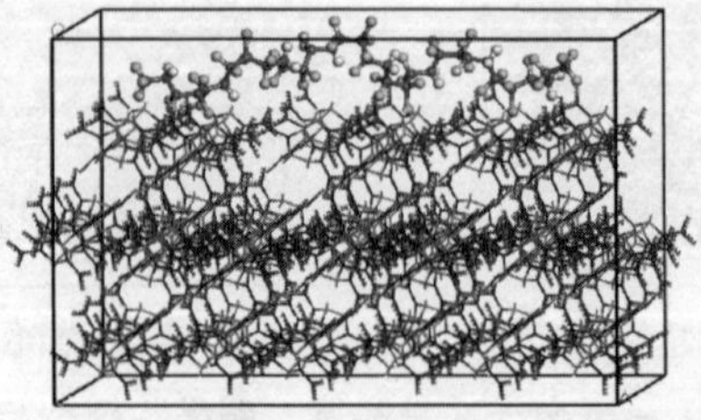

**图 4－28　空位率为 2.78% 的 PBX 缺陷模型**

在 Model－6 的基础上，继续删除两个 CL－20 分子，得到空位率为 5.56%的 PBX 缺陷模型，标记为 Model－7。采用相同的方法，分别删除初始模型中的 6 个、8 个 CL－20 分子，得到空位率为 8.33%、11.11%的缺陷模型，分别标记为 Model－8、Model－9。

将图 4－27（b）中标记为黄色的两个 CL－20 分子向上方移动 1Å 的距离，得到位错率为 2.78%的 PBX 缺陷模型，如图 4－29 所示，将此模型标记为 Model－10。

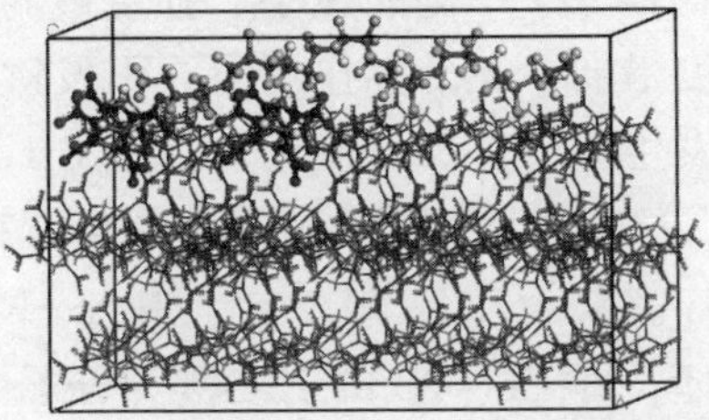

**图 4－29　位错率为 2.78%的 PBX 缺陷模型**

在 Model－10 的基础上，继续将最上层的两个 CL－20 分子向上方移动 1Å 的距离，得到位错率为 5.56%的 PBX 缺陷模型，标记为 Model－11。采用同样的方法，分别将初始模型中最上层的 6 个、8 个 CL－20 分子向上方移动 1Å 的距离，得到位错率为 8.33%、11.11%的 PBX 缺陷模型，分别标记为 Model－12、Model－13。

**3. 计算条件设置**

分别对初始 PBX 模型与含有缺陷的 PBX 模型进行能量最小化处理，优化模型结构，同时消除模型中分子间的内应力。能量最小化处理后，对各种模型进行分子动力学计算，其中温度设置为 295K，压力设置为 0.0001GPa，选择恒温恒压（NPT）系综与 COMPASS 力场[19－20]。之所以采用 COMPASS 力场，是因为该力场采用从头算法，适合用于硝胺类炸药的计算模拟。同时，之前的研究工作中[34－35]已经采用 COMPASS 力场成功预测了 CL－20 基 PBX 的性能。模型中分子的初始运动速度由 Maxwell－Boltzman 分布确定，牛顿运动方程的求解建立在周期性边界条件、时间平均等效于系综平均等基本假设之上，积分采用 Verlet 方法。采用 Andersen 控温方法[21]与 Parrinello 控压方法[22]，范德华力与静电力的计算分别采用基于原子方法[23]与 Ewald 方法[24]，截断半径取 9.5Å，并进行截断尾部校正。时间步长设置为 1fs，总模拟步数为 $2\times10^5$ 步（200ps），其中前 $10^5$ 步用于热力学平衡，后 $10^5$ 步用于统计分析。模拟过程中，每 $10^3$fs 保存一次轨迹，共得到 100 帧轨迹文件。

### 4.3.3 结果讨论

**1. 感度**

感度是含能材料安全性的反映，也是含能材料最为重要的性能之一。在前期研究工作[36-39]的基础上，本研究中引发键键连双原子作用能与 CED 作为判据来预测 PBX 的感度，从而评价其安全性。

1）引发键键连双原子作用能

引发键定义为含能材料分子中键能最小、强度最弱，最容易发生破坏的化学键。由于引发键的强度最弱，在外界作用下，引发键发生断裂破坏的概率最大，从而引起含能材料发生分解、燃烧或爆炸。在 CL-20 基 PBX“完美”型与缺陷模型中，CL-20 分子的活性最强、感度最高，在外界刺激下，CL-20 更容易发生分解或者爆炸。对于 CL-20，分子中 N—$NO_2$基团中的 N—N 键键能最小，最容易发生破坏，即 CL-20 的引发键为分子中的 N—N 键[40-42]。因此，选择 N—N 键作为引发键来预测 PBX 的感度。

引发键键连双原子作用能（$E_{\text{N—N}}$）的计算公式为

$$E_{\text{N—N}} = \frac{E_0 - E_1}{n} \tag{4-4}$$

式中：$E_0$为 PBX 模型达到热力学平衡状态时对应的总能量（kJ/mol）；$E_1$为固定 PBX 模型中 CL-20 分子中所有 N 原子后体系的总能量（kJ/mol）；$n$ 为 PBX 模型中 CL-20 分子中包含的 N—N 键的数量。

通过计算，得到不同模型中引发键键连双原子作用能，如图 4-30 所示。

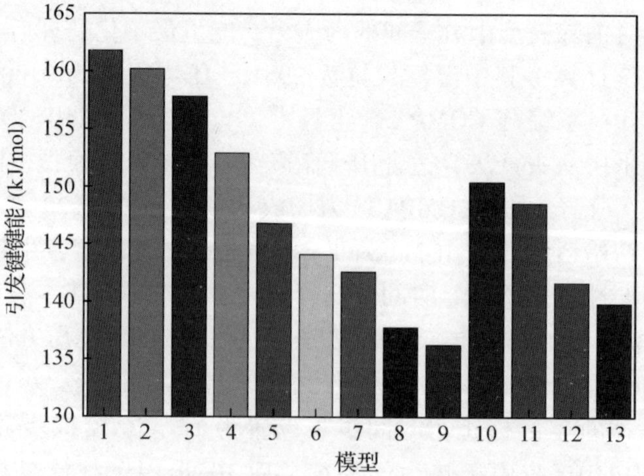


**图 4-30　不同 PBX 模型中引发键键连双原子作用能**

从图 4－30 可以看出，在不同的 PBX 模型中，“完美”型的模型（模型－1）键连双原子作用能最大，为 161.8kJ/mol，而缺陷模型的键连双原子作用能均有不同程度减小。在缺陷模型中，掺杂率为 2.78% 的模型（模型－2）键连双原子作用能最大，为 160.2kJ/mol；空位率为 11.11% 的模型（Model－9）键连双原子作用能最小，为 136.3kJ/mol。与初始模型相比，引发键键连双原子作用能减小 1.6～25.5kJ/mol。键连双原子作用能减小，表明引发键断裂时需要的能量减小，在外界刺激下，引发键更容易发生断裂或者破坏，预示含能材料的感度升高、安全性降低。因此，晶体缺陷使 PBX 的感度升高、安全性能下降。此外，从图 4－30 还可以看出，在缺陷模型中，对于同种类型的晶体缺陷，如掺杂缺陷（模型－2～模型－5），随着掺杂率的增加，键连双原子作用能逐渐减小，预示 PBX 的感度逐渐升高，空位缺陷模型与位错缺陷模型的变化趋势相同，说明缺陷率越大，炸药的感度越高，安全性越差。对于缺陷率相同的 PBX 模型，掺杂缺陷模型的键连双原子作用能最大，其次为位错缺陷模型，空位缺陷模型的键连双原子作用能最小，表明空位缺陷模型的感度最高，也说明空位缺陷对 PBX 感度的影响更为显著。空位缺陷模型感度最高的原因可能是由于删除了体系中一定数量的 CL－20 分子，使 PBX 模型中存在孔洞，在外界刺激下，孔洞处容易形成“热点”，使 PBX 中的 CL－20 分子有“活化”趋势，从而导致炸药的感度升高。

2）CED

CED 定义为单位体积内 1mol 物质由凝聚态变为气态时克服分子间作用力所做的功，属于非键力，在数值上等于范德华力与静电力之和。

CED 的计算公式为

$$\mathrm{CED}=\frac{H_{\mathrm{V}}-\mathrm{RT}}{V_{\mathrm{m}}} \tag{4-5}$$

式中：CED 为内聚能密度（$\mathrm{kJ/cm^3}$）；$H_{\mathrm{V}}$为摩尔蒸发热（kJ）；RT 为物质气化时所做的膨胀功（kJ）；$V_{\mathrm{m}}$为摩尔体积（$\mathrm{cm^3}$）。

根据计算结果，得到初始模型与含有缺陷的 PBX 模型的 CED、范德华力与静电力等相关的能量，结果如表 4－18 所列。

**表 4－18　不同 PBX 模型的 CED、范德华力与静电力**

| 模型 *n* | CED/($\mathrm{kJ/cm^3}$) | 范德华力/($\mathrm{kJ/cm^3}$) | 静电力/($\mathrm{kJ/cm^3}$) |
|---|---|---|---|
| Model－1 | 0.870 | 0.249 | 0.621 |
| Model－2 | 0.864 | 0.244 | 0.620 |
| Model－3 | 0.858 | 0.240 | 0.618 |

续表

| 模型 $n$ | CED/(kJ/cm³) | 范德华力/(kJ/cm³) | 静电力/(kJ/cm³) |
|---|---|---|---|
| Model - 4 | 0.851 | 0.238 | 0.613 |
| Model - 5 | 0.840 | 0.233 | 0.607 |
| Model - 6 | 0.811 | 0.225 | 0.586 |
| Model - 7 | 0.794 | 0.221 | 0.573 |
| Model - 8 | 0.772 | 0.213 | 0.559 |
| Model - 9 | 0.755 | 0.203 | 0.552 |
| Model - 10 | 0.832 | 0.231 | 0.601 |
| Model - 11 | 0.815 | 0.226 | 0.589 |
| Model - 12 | 0.802 | 0.223 | 0.579 |
| Model - 13 | 0.779 | 0.212 | 0.567 |

从表4-18可以看出，“完美”型模型（Model-1）对应的CED、范德华力和静电力最大，分别为0.870kJ/cm³、0.249kJ/cm³和0.621kJ/cm³，而缺陷模型对应的能量均有所减小。在缺陷模型中，CED的最大值为0.864kJ/cm³，最小值为0.755kJ/cm³，对应的模型编号分别为Model-2和Model-9。与“完美”型模型相比，CED减小幅度为0.006~0.115kJ/cm³。CED减小，表明体系由凝聚态变为气态时需要吸收的能量减小，预示体系越容易分解，感度越高。因此，缺陷模型的感度升高，安全性降低。对于不同的PBX缺陷模型，空位缺陷模型的CED最小，预示其感度最高，这与采用引发键键长与引发键键连双原子作用能作为判据得到的结果一致。此外，表4-18中CED的变化趋势还表明，对于同种类型的PBX缺陷模型，缺陷率越高，CED越小，表明炸药的感度越高、安全性越差。因此，晶体缺陷会使PBX的感度升高且随着缺陷率的增加，炸药的感度逐渐增大，安全性逐渐降低。

**2. 结合能**

结合能（$E_b$）可以反映不同组分间作用力的强度，预测体系的稳定性。结合能越大，说明组分间作用力越强，体系的稳定性越好。对于PBX，结合能主要是聚合物与炸药分子之间作用力。在数值上，结合能等于组分间相互作用力（$E_{inter}$）的负值。

对于CL-20基PBX模型，结合能的计算公式为

$$E_b = -E_{inter} = -[E_{total} - (E_{CL-20} + E_{F_{2311}})] \tag{4-6}$$

式中：$E_b$为结合能；$E_{inter}$为PBX中聚合物$F_{2311}$与炸药分子之间的相互作用力；

$E_{total}$为 PBX 模型达到平衡状态时体系的总能量；$E_{CL-20}$为去掉 PBX 模型中的聚合物 $F_{2311}$后，炸药分子对应的总能量，对于掺杂缺陷模型，$E_{CL-20}$定义为 CL-20 分子与杂质 PNMAIW 分子对应的总能量；$E_{F_{2311}}$为去掉 PBX 中的炸药分子后，聚合物 $F_{2311}$对应的能量，能量单位均为 kJ/mol。

通过计算得到不同 PBX 模型对应的结合能，结果如图 4-31 所示。

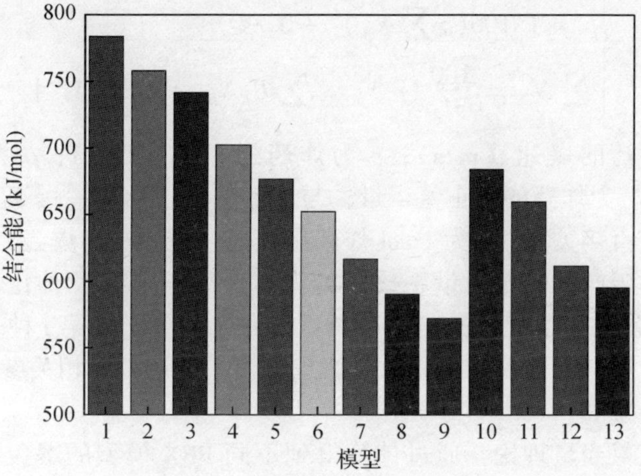


**图 4-31　不同 PBX 模型的结合能**

从图 4-31 可以看出，“完美”型 PBX 模型（Model-1）的结合能最大，为 783.5kJ/mol，表明在该种 PBX 模型中聚合物 $F_{2311}$与炸药分子之间的作用力最强，PBX 的稳定性最好，PBX 缺陷模型的结合能均有不同程度的减小。在缺陷模型中，掺杂缺陷模型 Model-2 的结合能最大，为 757.9kJ/mol，空位缺陷模型 Model-9 的结合能最小，为 572.4kJ/mol。与“完美”型模型相比，结合能减小幅度为 25.6~211.1kJ/mol。此外，从图 4-31 还可以看出，对于掺杂缺陷模型（Model-2~Model-5），随着掺杂率的增加，结合能逐渐减小，预示 PBX 中聚合物与炸药分子之间的作用力逐渐减弱，PBX 的稳定性逐渐降低。空位缺陷模型（Model-6~Model-9）与位错缺陷模型（Model-10~Model-13）结合能的变化趋势呈现出相同的规律，即随着缺陷率的增加，结合能逐渐减小，PBX 的稳定性逐渐降低。对于缺陷率相同的 PBX 模型，结合能的大小顺序为掺杂缺陷模型 > 位错缺陷模型 > 空位缺陷模型，表明含有空位缺陷的 PBX 模型结合能最小，稳定性最差，同时也进一步说明空位缺陷对 PBX 稳定性的影响程度最大。在缺陷晶体中，结合能减小的原因可能是由于晶体缺陷破坏了炸药的晶体结构，改变了晶体中炸药分子的排列方式，使分子排列的对称性与周期性发生变化，导致聚合物 $F_{2311}$与炸药分子之间的作用力减弱，结合能减小，炸药的稳定性变差。空位缺陷对炸药结构影响最大，因此结合能最小。

**3. 爆轰性能**

根据修正氮当量理论，爆速（$D$）与爆压（$p$）的计算公式为[43]

$$\begin{cases} D = (690 + 1160\rho)\sum N_{\mathrm{ch}} \\ p = 1.106(\rho\sum N_{\mathrm{ch}})^2 - 0.84 \\ \sum N_{\mathrm{ch}} = \dfrac{100}{M_r}\left(p_i N_{pi} + \sum B_K N_{BK} + \sum G_j N_{Gj}\right) \end{cases} \tag{4-7}$$

式中：$D$ 为炸药的爆速（m/s）；$p$ 为炸药的爆压（GPa）；$\rho$ 为炸药的密度（$g/cm^3$）；$\Sigma N_{\mathrm{ch}}$为炸药的修正氮当量，与炸药的分子结构、爆轰产物、化学键与化学基团有直接关系；$p_i$为 1mol 炸药爆炸时生成第 $i$ 种爆轰产物的摩尔数；$N_{pi}$为第 $i$ 种爆轰产物的氮当量系数；$B_K$为炸药分子中第 $K$ 种化学键出现的次数；$N_{BK}$为第 $K$ 种化学键的氮当量系数；$G_j$为炸药分子中第 $j$ 种基团出现的次数；$N_{Gj}$为第 $j$ 种基团的氮当量系数。修正氮当量理论以及相关参数可以通过查阅文献［44］获得。

根据修正氮当量理论，通过计算得到不同 PBX 模型的爆轰参数，结果如表 4-19 所列，其中炸药的密度可以根据分子动力学计算结果直接从平衡体系中提取得到。

**表 4-19　不同 PBX 模型的密度、爆速与爆压**

| 模型 $n$ | $\rho$/($g/cm^3$) | $D$/(m/s) | $p$/GPa |
|---|---|---|---|
| Model-1 | 1.872 | 9010 | 37.59 |
| Model-2 | 1.868 | 8983 | 37.32 |
| Model-3 | 1.862 | 8949 | 36.97 |
| Model-4 | 1.851 | 8897 | 36.42 |
| Model-5 | 1.839 | 8841 | 35.84 |
| Model-6 | 1.841 | 8891 | 36.27 |
| Model-7 | 1.804 | 8749 | 34.75 |
| Model-8 | 1.775 | 8637 | 32.79 |
| Model-9 | 1.731 | 8470 | 31.82 |
| Model-10 | 1.859 | 8963 | 37.06 |

续表

| 模型 $n$ | $\rho/(\mathrm{g/cm^3})$ | $D/(\mathrm{m/s})$ | $p$/GPa |
|---|---|---|---|
| Model – 11 | 1.843 | 8904 | 36.41 |
| Model – 12 | 1.822 | 8828 | 35.56 |
| Model – 13 | 1.788 | 8703 | 34.22 |

从表 4 – 19 可以看出，在不同的 PBX 模型中，“完美”型模型（Model – 1）的密度、爆速与爆压最大，分别为 1.872g/cm$^3$、9010m/s、37.59GPa，表明其威力最大，爆轰性能最好，能量密度最高，缺陷模型的密度、爆速与爆压均有所减小。在 PBXs 缺陷模型中，掺杂率为 2.78% 的模型（Model – 2）密度、爆速与爆压最大，分别为 1.868g/cm$^3$、8983m/s、37.32GPa；空位率为 11.11% 的模型（Model – 9）密度、爆速与爆压最小，分别为 1.731g/cm$^3$、8470m/s、31.82GPa。与初始模型相比，缺陷模型中炸药的密度减小 0.004 ~ 0.141g/cm$^3$，爆速减小 27 ~ 540m/s，爆压减小 0.27 ~ 5.77GPa。密度与爆轰参数减小，表明炸药的威力减小，能量密度降低，因此晶体缺陷使炸药的能量减小，即缺陷会对炸药的能量特性产生不利影响。

此外，表 4 – 19 中的数据还表明，对于同种类型的 PBX 缺陷模型，随着缺陷率的增加，炸药的密度、爆速与爆压逐渐减小，表明其爆轰性能逐渐减弱，能量密度逐渐降低。对于缺陷率相同的 PBX 模型，掺杂缺陷模型的密度、爆速与爆压最大，其次为位错缺陷模型，空位缺陷模型的密度、爆速与爆压最小，表明掺杂缺陷对 PBX 爆轰性能与能量密度的影响最小，空位缺陷对爆轰性能的影响最大。在 PBX 掺杂缺陷模型中，炸药能量密度降低，一方面是由于杂质成分 PNMAIW 的能量密度低于 CL – 20，使 PBXs 缺陷模型中炸药分子的能量低于初始模型中 CL – 20 分子的能量；另一方面是由于掺杂缺陷的影响，体系的结构遭到破坏，导致炸药的密度减小引起的。对于 PBXs 空位缺陷模型，一方面，删除体系中一定数量的 CL – 20 分子后，使模型中存在孔洞，导致炸药的密度减小；另一方面，删除 CL – 20 分子后，使 PBXs 中聚合物 $F_{2311}$ 的质量分数增大，CL – 20 的质量分数减小，且删除的 CL – 20 分子数越多，$F_{2311}$ 的质量分数越大，而聚合物 $F_{2311}$ 属于低能组分，其能量密度较低，导致 PBXs 中高能组分减少，能量密度降低，爆速与爆压减小。对于 PBXs 空位缺陷模型，体系中 CL – 20 与聚合物 $F_{2311}$ 的含量保持不变，但由于部分 CL – 20 分子的位置发生变化，体系中 CL – 20 分子排列的对称性与周期性遭到破坏，使 PBXs 的密度减小，导致炸药的爆速与爆压减小，能量密度降低。

### 4. 力学性能

当 CL－20 基 PBX 达到热力学平衡状态后，通过分子动力学计算，可以得到不同模型的力学性能参数，结果如表 4－20 所列与图 4－32 所示。

**表 4－20　不同 PBX 模型的弹性系数与力学参数**

| 参数 | $C_{11}$/GPa | $C_{22}$/GPa | $C_{33}$/GPa | $C_{44}$/GPa | $C_{55}$/GPa | $C_{66}$/GPa | $C_{12}$/GPa | $C_{13}$/GPa | $C_{23}$/GPa |
|---|---|---|---|---|---|---|---|---|---|
| Model－1 | 16.626 | 15.464 | 12.113 | 7.664 | 7.832 | 7.368 | 9.318 | 8.706 | 8.549 |
| Model－2 | 16.183 | 15.389 | 11.772 | 7.606 | 7.668 | 7.238 | 9.264 | 8.517 | 8.209 |
| Model－3 | 15.973 | 15.220 | 11.230 | 7.115 | 7.517 | 6.897 | 9.005 | 8.523 | 8.114 |
| Model－4 | 15.232 | 14.393 | 10.517 | 6.239 | 6.683 | 6.203 | 8.236 | 8.339 | 7.923 |
| Model－5 | 14.882 | 13.662 | 10.219 | 5.423 | 6.114 | 5.896 | 7.858 | 7.918 | 7.738 |
| Model－6 | 15.671 | 11.989 | 9.994 | 4.441 | 5.809 | 4.971 | 7.134 | 7.602 | 7.717 |
| Model－7 | 14.381 | 11.245 | 9.782 | 2.773 | 5.177 | 3.818 | 5.663 | 7.135 | 6.927 |
| Model－8 | 13.215 | 10.465 | 9.239 | 1.952 | 3.792 | 3.765 | 5.219 | 6.438 | 6.518 |
| Model－9 | 11.936 | 10.004 | 8.615 | 1.357 | 3.770 | 3.364 | 5.192 | 5.812 | 6.433 |
| Model－10 | 15.880 | 14.464 | 11.039 | 5.948 | 6.732 | 6.420 | 8.145 | 7.221 | 7.730 |
| Model－11 | 14.459 | 13.389 | 10.336 | 5.262 | 5.661 | 6.233 | 7.838 | 6.820 | 7.653 |
| Model－12 | 13.561 | 12.967 | 9.557 | 4.293 | 4.994 | 5.726 | 7.230 | 6.668 | 7.221 |
| Model－13 | 12.692 | 11.552 | 8.918 | 3.305 | 4.258 | 3.934 | 6.453 | 6.175 | 6.838 |
| 参数 | $C_{15}$/GPa | $C_{25}$/GPa | $C_{35}$/GPa | $C_{46}$/GPa | $E$/GPa | $\gamma$ | $K$/GPa | $G$/GPa | $(C_{12}-C_{44})$/GPa |
| Model－1 | 0.201 | 0.196 | 0.109 | －0.129 | 15.766 | 0.230 | 9.732 | 6.409 | 1.654 |
| Model－2 | －0.101 | －0.163 | －0.038 | 0.191 | 15.674 | 0.231 | 9.711 | 6.366 | 1.658 |
| Model－3 | 0.039 | －0.112 | 0.137 | 0.128 | 15.656 | 0.227 | 9.558 | 6.380 | 1.890 |
| Model－4 | －0.119 | 0.128 | －0.326 | 0.329 | 14.226 | 0.231 | 8.814 | 5.778 | 1.997 |
| Model－5 | 0.156 | －0.183 | －0.096 | 0.207 | 13.584 | 0.232 | 8.448 | 5.513 | 2.435 |
| Model－6 | －0.230 | －0.038 | 0.067 | 0.186 | 14.617 | 0.230 | 9.023 | 5.942 | 2.693 |
| Model－7 | －0.038 | 0.128 | 0.132 | －0.156 | 13.358 | 0.229 | 8.215 | 5.434 | 2.890 |
| Model－8 | 0.112 | －0.103 | 0.058 | 0.138 | 11.145 | 0.228 | 6.829 | 4.538 | 3.267 |

续表

| 参数 | $C_{15}$/GPa | $C_{25}$/GPa | $C_{35}$/GPa | $C_{46}$/GPa | $E$/GPa | $\gamma$ | $K$/GPa | $G$/GPa | $(C_{12}-C_{44})$/GPa |
|---|---|---|---|---|---|---|---|---|---|
| Model - 9 | 0.019 | -0.077 | 0.177 | 0.165 | 8.790 | 0.230 | 5.426 | 3.573 | 3.835 |
| Model - 10 | 0.087 | 0.018 | -0.218 | -0.165 | 14.886 | 0.231 | 9.223 | 6.046 | 2.197 |
| Model - 11 | -0.022 | 0.169 | 0.096 | 0.286 | 14.169 | 0.229 | 8.714 | 5.764 | 2.576 |
| Model - 12 | 0.116 | -0.211 | 0.234 | -0.090 | 12.718 | 0.232 | 7.909 | 5.161 | 2.937 |
| Model - 13 | 0.097 | 0.224 | -0.137 | 0.186 | 11.357 | 0.234 | 7.116 | 4.602 | 3.148 |

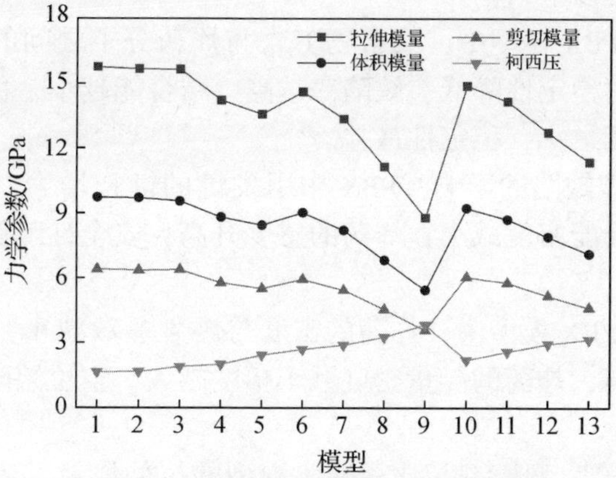


**图 4-32　不同 PBX 模型的力学参数**

从表 4-20 与图 4-32 可以看出，对于不同的 PBX 模型，“完美”型模型（Model-1）的拉伸模量、体积模量与剪切模量的值最大，分别为 15.766GPa、9.732GPa、6.409GPa，而柯西压最小（1.654GPa），表明其硬度、刚性与断裂强度较大，而延展性较弱。在缺陷模型中，拉伸模量、体积模量与剪切模量均有不同程度减小，而柯西压则有不同程度增大。总体来看，当缺陷率相同时，掺杂缺陷模型的拉伸模量、体积模量与剪切模量的值最大，柯西压最小，其次为位错缺陷模型，空位缺陷模型的拉伸模量、体积模量与剪切模量的值最小，柯西压最大，表明空位缺陷对 PBX 力学性能的影响更加显著，掺杂缺陷的影响效果最弱。与“完美”型模型相比，缺陷模型的拉伸模量、体积模量与剪切模量分别减小 0.092~6.976GPa、0.021~4.306GPa、0.029~2.836GPa，柯西压增大 0.004~2.181GPa。对于同种缺陷类型的 PBX 模型，随着缺陷率的增加，拉伸模量、体积模量与剪切模量逐渐减小，柯西压逐渐增大。模量减小，表明炸药的刚性与硬度减弱，断裂强度降低；柯西压增大，表明炸药的延展性增强。因此，缺陷模型的刚性、硬度与断裂强度减小，延展性增强。在外界作用下，缺陷模型中更容易产生形变，炸药的结构更容易遭到破坏。缺陷模型的拉伸模量、体积模量与剪切模量减小主要是由于缺陷使炸药分子的排列周期性发生变化，结构遭到破坏，炸药呈现出“软化”趋势，强度降低，抵抗外界载荷的能力下降。

### 4.3.4 本节小结

本节采用 MD 方法，探究了主体炸药 CL－20 中的晶体缺陷（掺杂、空位与位错）对 PBX 性能的影响，并且分析了空位和掺杂缺陷浓度对其性能影响的规律。主要获得以下结论。

（1）在缺陷 PBX 模型中，聚合物 $F_{2311}$ 与炸药分子之间的作用力减弱，结合能减小，炸药的稳定性降低，缺陷率越高，结合能越小，稳定性越差，空位缺陷模型的结合能最小，稳定性最差。

（2）由于晶体缺陷的影响，PBX 中引发键的键长增大，而引发键键连双原子作用能与内聚能密度减小，炸药的感度升高，安全性降低，且空位缺陷模型的感度更高。

（3）在缺陷 PBX 模型中，炸药的密度与爆轰参数减小，威力与能量密度降低，缺陷率越高，炸药的能量密度减小幅度越大，空位缺陷对炸药能量密度的影响效果越显著。

（4）与“完美”型模型相比，缺陷模型的拉伸模量、体积模量与剪切模量减小，柯西压增大，炸药的刚性、硬度与断裂强度减小，延展性增强，其中空位缺陷模型的强度最低，延展性最好。

综合来看，晶体缺陷使 PBX 的结合能减小，稳定性降低，感度升高，安全性减弱，密度与爆轰参数减小，威力与能量密度降低，因此晶体缺陷会对炸药的稳定性、感度与能量特性产生不利影响，且缺陷率越高，炸药的性能越差，空位缺陷对炸药性能的影响越显著。

## 4.4 微观缺陷对 B 炸药性能影响

### 4.4.1 掺杂缺陷对 B 炸药性能影响

B 炸药是由 RDX 和 TNT 熔铸而成的混合炸药。受合成环境和工艺的制约，合成纯度为 100% 的 RDX 和 TNT 的可能性微乎其微，掺杂缺陷是不能避免的。采用醋酸酐法合成 RDX 的过程中，其同系物 HMX 会作为杂质同时出现。采用硝化甲苯的方法制备 TNT 时，也会残留有中间产物二硝基甲苯等。本节分别选取 HMX 和 DNT 作为 RDX 和 TNT 的杂质，采用 MD 方法探究掺杂缺陷对 B 炸药感度、稳定性、爆轰性能和力学性能的影响。为提升 B 炸药中各组分的纯净度进而改善其综合性能提供理论依据。

**1. 模型的搭建**

B 炸药是熔铸炸药，属于非晶体结构，没有特定的晶格参数[45]。因此，利用 MS 软件中的 Visualizer 模块，采用无定形晶胞建模方法建立 RDX 和 TNT 质量分数比为 65 : 35 的 B 炸药理想模型和 4 种含 HMX 和 DNT 杂质的 B 炸药缺陷模型。首先根据 RDX、TNT、HMX 和 DNT 的化学结构式建立 RDX、TNT、HMX 和 DNT 分子模型，如图 4 – 33（a）~（h）所示。不同 B 炸药模型中的 RDX、HMX、TNT 和 DNT 的分子数如表 4 – 21 所列。根据表 4 – 21 中各组分的数量，采用无定形晶胞建模方法建立 B 炸药的理想模型和缺陷模型，分别如图 4 – 34 和图 4 – 35 所示。

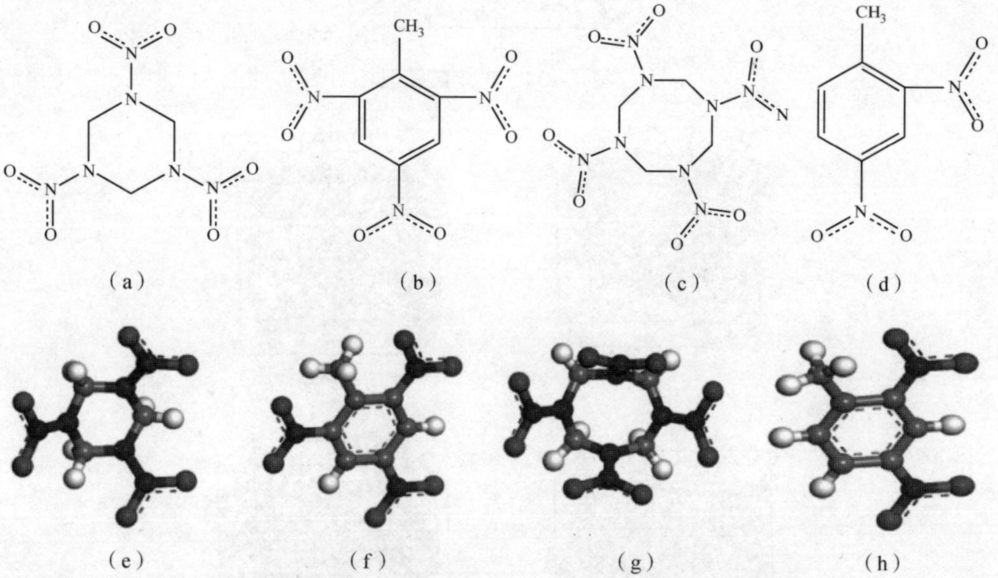


**图 4 – 33　B 炸药掺杂缺陷模型中各组分结构式及分子模型**

表 4-21　B 炸药不同掺杂缺陷模型的分子组成

| 模型 *n* | 分子式 | RDX | HMX | TNT | DNT |
|---|---|---|---|---|---|
| Model-1 | $C_{368}H_{475}N_{417}O_{504}$ | 55 | 0 | 29 | 0 |
| Model-2 | $C_{368}H_{483}N_{409}O_{488}$ | 55 | 0 | 21 | 8 |
| Model-3 | $C_{373}H_{488}N_{424}O_{508}$ | 50 | 5 | 26 | 3 |
| Model-4 | $C_{371}H_{486}N_{418}O_{500}$ | 52 | 3 | 24 | 5 |
| Model-5 | $C_{376}H_{491}N_{433}O_{520}$ | 47 | 8 | 29 | 0 |

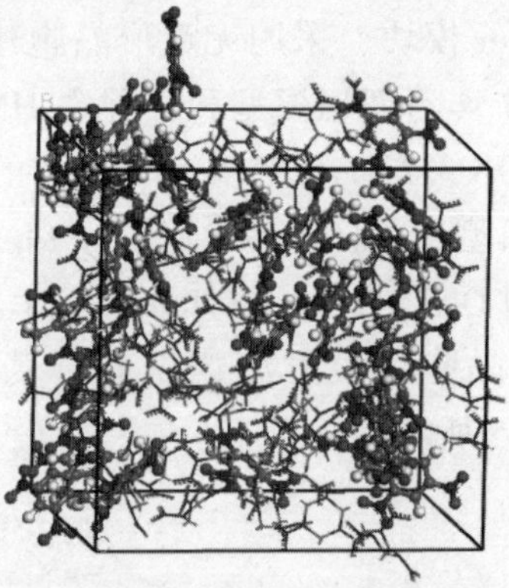

图 4-34　B 炸药模型

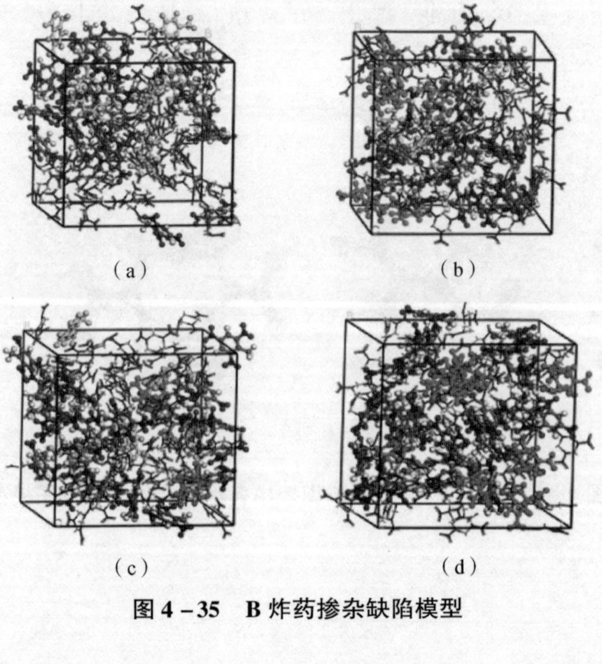


图 4-35　B 炸药掺杂缺陷模型

模型建立之后，采用 Smart 算法对初始模型进行能量最小化，优化收敛精度设置为 0.001kcal/（mol·Å）。而后，对优化后的晶胞模型进行模拟退火，退火精度设置为“Fine”。退火后，B 炸药晶胞模型的晶格参数如表 4－22 所列。

**表 4－22　不同 B 炸药掺杂缺陷模型的晶格参数**

| 晶格参数 | $a$/Å | $b$/Å | $c$/Å | $\alpha$/(°) | $\beta$/(°) | $\gamma$/(°) |
|---|---|---|---|---|---|---|
| Model－1 | 27.8 | 24.9 | 25.9 | 92.1 | 90.4 | 91.3 |
| Model－2 | 25.8 | 25.9 | 26.4 | 90.0 | 91.1 | 89.1 |
| Model－3 | 26.4 | 26.2 | 26.1 | 89.1 | 91.6 | 90.5 |
| Model－4 | 26.8 | 26.4 | 25.4 | 92.7 | 90.9 | 91.7 |
| Model－5 | 26.8 | 27.0 | 25.5 | 91.8 | 91.3 | 87.0 |

**2. 分子动力学模拟**

COMPASS 力场对凝聚相材料性能的仿真计算具有出色表现，作者前期[46－47]运用 COMPASS 力场对 B 炸药进行 MD 模拟得到的结果与事实相符。因此，本节中全部的 B 炸药模型均是在 COMPASS 力场中进行 MD 模拟。

MD 模拟选择在 NPT 系综下进行，模拟的温度设置为 298K，压力设置为 $1.01\times10^{-4}$ GPa，精度设置为“Fine”。模拟过程中分别采用 Andersen[21] 和 Parrinello[22] 方法对温度和压力进行控制，范德华力和静电力作用的加和方法分别采用基于原子[23] 和 Ewald[24]，截断半径取 15.5Å，并对截断尾部进行矫正。原子运动的初始速度由 Maxwell－Boltzmann 分布确定，并采用 Verlet 方法求解 Newton 运动方程的积分。对所建模型进行 100ps 的 MD 模拟，前 50ps 对模型体系进行平衡，后 50ps 用于统计分析确定能量、力学参数和其他参数。每 0.1ps 取样一次，共获得 500 帧轨迹。

**3. 结果讨论**

1）平衡判别

对原子运动轨迹的统计分析必须基于模拟体系达到平衡才有意义。MD 模拟使体系达到平衡的标志是温度和能量随时间变化波动的幅度为 5%～10%。以 B 炸药理想模型为例，图 4－36 展示了 B 炸药理想模型在 MD 模拟期间的温度和能量随时间变化的曲线。

由图 4－36 可以看出，B 炸药理想模型的温度和能量随时间的推移逐渐趋于平缓，温度和能量波动幅度较小，表明 B 炸药理想模型已达到平衡状态。

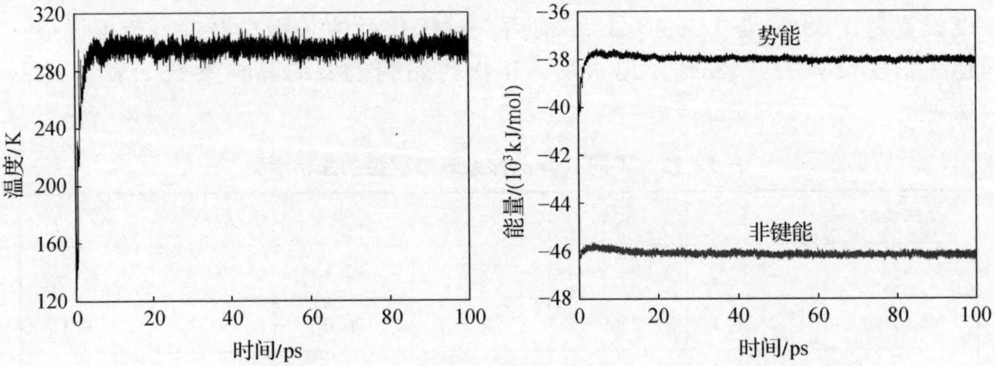


(a) 温度变化曲线　　(b) 能量变化曲线

**图 4-36　温度和能量随时间的变化曲线**

2) 感度

(1) 引发键键连双原子作用能。

早期研究中，综合考虑 3 类主要的单质炸药，即硝酸酯类、硝胺类和芳香族硝基化合物的键能及键电荷分布两种因素得出其感度大小排序为：硝酸酯 > 硝胺 > 芳香族硝基化合物[48]。B 炸药的各组分中，RDX 和 HMX 属于硝胺类炸药；TNT 和 DNT 属于芳香族硝基化合物类炸药。因此，B 炸药中感度较高的物质是 RDX 和 HMX。研究表明，RDX 和 HMX 的引发键为 N—$NO_2$ 基团中的 N—N 键[25-26]。因此，选择 N—N 键作为 B 炸药及其掺杂缺陷模型的引发键。根据 MD 模拟得到的能量数据，计算得到不同 B 炸药模型的引发键键连双原子作用能，如图 4-37 所示。

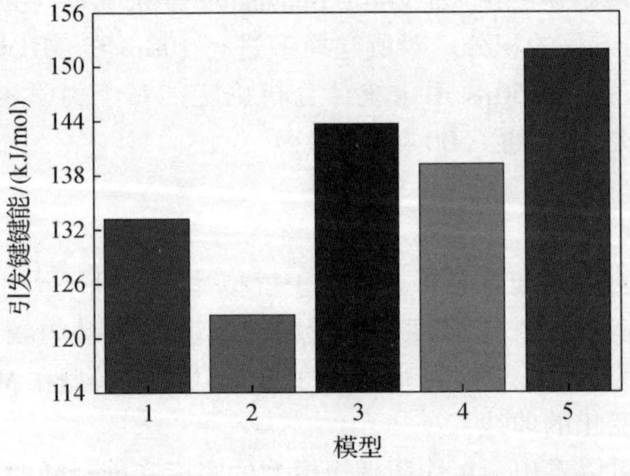


**图 4-37　不同 B 炸药掺杂缺陷模型的引发键键连双原子作用能**

从图 4－37 中可以看出，缺陷模型中只有 Model－2 的引发键键连双原子作用能较理想模型减小，其余缺陷模型的引发键键连双原子作用能均增大，其中最大的是 Model－5，该模型也是 HMX 掺杂分子数量最多的。通过分析图 4－37 中的数据可以发现，TNT 中含有的 DNT 杂质会导致 B 炸药的引发键键连双原子作用能下降，感度升高；RDX 中含有的 HMX 杂质导致 B 炸药的引发键键连双原子作用能增加，感度下降。并且通过对比分析 Model－2、Model－4 和 Model－5 的键连双原子作用能的值，可以得出 HMX 杂质对 B 炸药引发键键连双原子作用能的影响程度要大于 DNT 杂质。从 B 炸药使用安全性的角度考虑，应该提升 B 炸药中 TNT 组分的纯度。

（2）CED。

通过 MD 模拟，计算得到了不同 B 炸药模型的 CED 及其分量，具体数值如表 4－23 所列。

**表 4－23　不同 B 炸药掺杂缺陷模型的 CED 及其分量**

| 参数 | Model－1 | Model－2 | Model－3 | Model－4 | Model－5 |
|---|---|---|---|---|---|
| CED/($kJ/cm^3$) | 0.7136 | 0.6855 | 0.6981 | 0.6947 | 0.7159 |
| 范德华力/($kJ/cm^3$) | 0.3232 | 0.3227 | 0.3184 | 0.3213 | 0.3214 |
| 静电力/($kJ/cm^3$) | 0.3817 | 0.3542 | 0.3711 | 0.3648 | 0.3858 |

从表 4－23 中的数据可以看出，CED 变化比较微小。缺陷模型中，只有 Model－5 的 CED 是增加的，其余缺陷模型的 CED 均减小，其中最小的是 Model－2，该模型也是 DNT 掺杂分子数量最多的。分析表中的数据可以发现，TNT 中含有的 DNT 杂质会导致 B 炸药的 CED 下降，感度升高；RDX 中含有的 HMX 杂质导致 B 炸药的 CED 增加，感度下降，并且通过对比分析 Model－2、Model－3 和 Model－5 的 CED 值可以得出 DNT 杂质对 B 炸药 CED 的影响程度要大于 HMX 杂质。从 B 炸药使用安全性的角度考虑，应该提升 B 炸药中 TNT 组分的纯度。

以引发键键连双原子作用能和 CED 为判据分析不同杂质对 B 炸药感度的影响得到的结论是一致的。产生这种结果的原因推测是 HMX 杂质导致 B 炸药内分子间和分子内的相互作用增强，分子活化程度下降，感度降低；DNT 杂质导致 B 炸药内分子间和分子内的相互作用减弱，势能的净释放导致 B 炸药内分子的活化程度增加、感度升高。

3）稳定性

根据对不同 B 炸药模型 MD 模拟的结果，计算得到不同 B 炸药模型 RDX 及其杂质 HMX 和 TNT 及其杂质 DNT 之间的结合能，具体数值列于图 4－38 中。

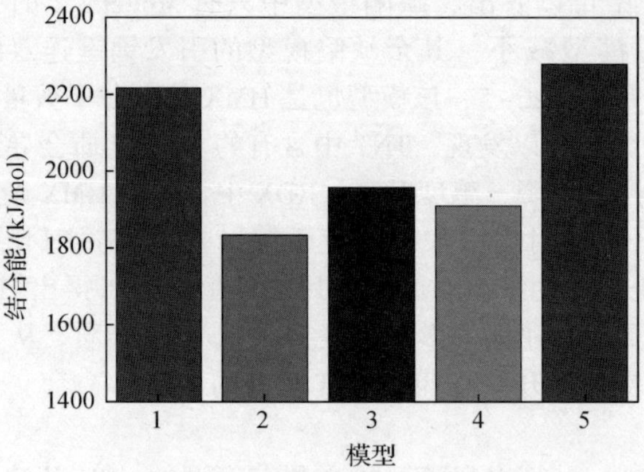


**图 4-38 不同 B 炸药掺杂缺陷模型的结合能**

从图 4-38 可以看出，只有 Model-5 的结合能是增加的，增加了 62.17kJ/mol；其余缺陷模型的结合能均减小，其中最小的是 Model-2，较理想模型下降了 383.81kJ/mol，该模型也是 DNT 掺杂分子数量最多的。分析图 4-38 中的数据可以发现，TNT 中的 DNT 杂质导致 B 炸药的结合能下降，RDX 中的 HMX 杂质导致 B 炸药的结合能上升。并且通过对比分析 Model-2、Model-3 和 Model-5 的结合能值可以得出 DNT 杂质对 B 炸药结合能的影响程度要大于 HMX 杂质，因此通过提升 B 炸药中 TNT 组分的纯净度可以有效改善 B 炸药的稳定性。

4）爆轰性能

利用式（3-4）、式（3-5）和式（3-6）计算 B 炸药的 OB、$D$、$p$ 和 $Q$，需要模型的分子式、$\rho$、各类爆轰产物的量和标准生成焓以及 RDX 与 TNT 的含量和标准生成焓等信息。不同 B 炸药模型的分子式以及 RDX 和 TNT 的含量已列于表 4-21 中。$\rho$ 值是在各个模型经 MD 模拟达到平衡状态之后通过统计平均得到的。根据修正氮当量法规定的关于 $C_aH_bN_cO_d$ 类炸药的各类爆轰产物生成顺序的原则，不同 B 炸药模型的爆轰产物的量如表 4-24 所列。B 炸药中各组分的标准生成焓及其爆轰产物的标准生成焓可通过查阅文献获得[48-49]，如表 4-25 和表 4-26 所列。

**表 4-24 不同 B 炸药掺杂缺陷模型爆轰产物的生成量**

| 爆轰产物的量/mol | $H_2O$ | CO | C | $N_2$ |
|---|---|---|---|---|
| Model-1 | 237.5 | 266.5 | 101.5 | 208.5 |
| Model-2 | 241.5 | 246.5 | 121.5 | 204.5 |

续表

| 爆轰产物的量/mol | $H_2O$ | CO | C | $N_2$ |
|---|---|---|---|---|
| Model - 3 | 244. 0 | 264. 0 | 109. 0 | 212. 0 |
| Model - 4 | 243. 0 | 257. 0 | 114. 0 | 209. 0 |
| Model - 5 | 245. 5 | 274. 5 | 101. 5 | 216. 5 |

**表 4 - 25　B 炸药掺杂缺陷模型中各组分的生成焓**

| 化合物 | RDX | TNT | HMX | DNT |
|---|---|---|---|---|
| $\Delta H_{fi}^{\theta}$/kJ · mol$^{-1}$ | 61. 50 | - 50. 21 | 75. 02 | - 71. 50 |

**表 4 - 26　B 炸药掺杂缺陷模型的爆轰产物的生成焓**

| 爆轰产物 | $H_2O$ | CO | C | $N_2$ |
|---|---|---|---|---|
| $\Delta H_{fi}^{\theta}$/kJ · mol$^{-1}$ | - 285. 85 | - 110. 60 | 0 | 0 |

根据不同 B 炸药模型 MD 模拟计算得到的 $\rho$ 值，计算得到不同 B 炸药模型的 OB、$D$、$p$ 和 $Q$ 等爆轰参数，如表 4 - 27 所列。

**表 4 - 27　不同 B 炸药掺杂缺陷模型的爆轰参数**

| 模型 $n$ | OB/% | $\rho$/(g/cm$^3$) | $D$/(m/s) | $p$/GPa | $Q$/(kJ/kg) |
|---|---|---|---|---|---|
| Model - 1 | - 39. 97 | 1. 62 | 7744. 09 | 25. 55 | 5281. 97 |
| Model - 2 | - 42. 49 | 1. 59 | 7602. 15 | 24. 32 | 5318. 02 |
| Model - 3 | - 40. 53 | 1. 60 | 7674. 77 | 24. 91 | 5300. 06 |
| Model - 4 | - 41. 30 | 1. 58 | 7583. 70 | 24. 11 | 5307. 11 |
| Model - 5 | - 39. 41 | 1. 60 | 7679. 78 | 24. 92 | 5289. 81 |

从表 4 - 27 的数据可以看出，掺杂缺陷模型的 $\rho$、$D$ 和 $p$ 均减小。其中 Model - 4 降幅最大，分别为 0. 04g/cm$^3$、160. 39m/s 和 1. 44GPa。不同 B 炸药模型的 OB 和 $Q$ 变化比较复杂。分析数据可以得出，B 炸药中掺杂的 DNT 和 HMX 杂质会使炸药的 $Q$ 略微增加，其中 DNT 导致 B 炸药向负氧平衡方向移动，而 HMX 使 B 炸药向正氧平衡的方向移动。对比分析 Model - 1、Model - 2 和 Model - 5 的 OB 和 $Q$ 数据可以发现，DNT 杂质对 B 炸药 OB 和 $Q$ 的影响

程度要大于 HMX 杂质。

5）力学性能

根据 MD 模拟的计算结果，计算得到不同 B 炸药模型的力学性能参数列于表 4 – 28 中。图 4 – 39 展示了不同 B 炸药模型的 $E$、$K$、$G$ 和 $C_{12}-C_{44}$ 的变化情况。从表 4 – 28 和图 4 – 39 可以看出，较 B 炸药理想模型，缺陷模型的 $E$、$K$ 和 $G$ 均下降，降幅分别为 0. 63GPa、0. 24GPa、0. 41GPa 和 1. 06GPa；0. 28GPa、0. 24GPa、0. 26GPa 和 0. 46GPa；0. 25GPa、0. 09GPa、0. 16GPa 和 0. 42GPa。这表明掺杂缺陷模型的刚度、断裂强度和硬度减弱，抗变形能力下降。$C_{12}-C_{44}$ 均增加，增幅分别为 0. 27GPa、0. 20GPa、0. 47GPa 以及 0. 66GPa。这表明掺杂缺陷模型的柔韧性和延展性增强，发生变形而不产生裂缝的能力增强。其中，Model – 3 模型的变化程度最小，Model – 5 的变化程度最大。

**表 4 – 28　不同 B 炸药掺杂缺陷模型的弹性系数及力学参数**

| 模型 $n$ | Model – 1 | Model – 2 | Model – 3 | Model – 4 | Model – 5 |
|---|---|---|---|---|---|
| $C_{11}$/GPa | 11. 06 | 9. 56 | 10. 89 | 10. 33 | 10. 70 |
| $C_{22}$/GPa | 11. 24 | 10. 05 | 10. 37 | 10. 46 | 9. 58 |
| $C_{33}$/GPa | 11. 33 | 11. 88 | 10. 79 | 11. 41 | 9. 87 |
| $C_{44}$/GPa | 2. 58 | 2. 58 | 2. 90 | 2. 16 | 2. 62 |
| $C_{55}$/GPa | 2. 29 | 2. 67 | 2. 68 | 2. 52 | 1. 90 |
| $C_{66}$/GPa | 2. 85 | 2. 20 | 2. 31 | 2. 57 | 2. 55 |
| $C_{12}$/GPa | 5. 52 | 5. 78 | 6. 03 | 5. 57 | 6. 22 |
| $C_{13}$/GPa | 5. 57 | 6. 02 | 6. 08 | 5. 98 | 5. 90 |
| $C_{23}$/GPa | 5. 83 | 6. 45 | 5. 81 | 5. 83 | 6. 00 |
| $C_{15}$/GPa | −0. 28 | −0. 18 | −0. 03 | 0. 13 | 0. 37 |
| $C_{25}$/GPa | −0. 15 | 0. 02 | −0. 26 | 0. 18 | 0. 12 |
| $C_{35}$/GPa | 0. 06 | 0. 28 | −0. 11 | −0. 08 | 0. 72 |
| $C_{46}$/GPa | −0. 09 | 0. 18 | −0. 23 | −0. 03 | 0. 07 |
| $E$/GPa | 6. 96 | 6. 33 | 6. 72 | 6. 55 | 5. 89 |
| $\gamma$ | 0. 35 | 0. 36 | 0. 35 | 0. 35 | 0. 37 |
| $K$/GPa | 7. 77 | 7. 49 | 7. 53 | 7. 51 | 7. 31 |
| $G$/GPa | 2. 58 | 2. 33 | 2. 49 | 2. 42 | 2. 16 |
| $(C_{12}-C_{44})$/GPa | 2. 94 | 3. 21 | 3. 14 | 3. 41 | 3. 60 |

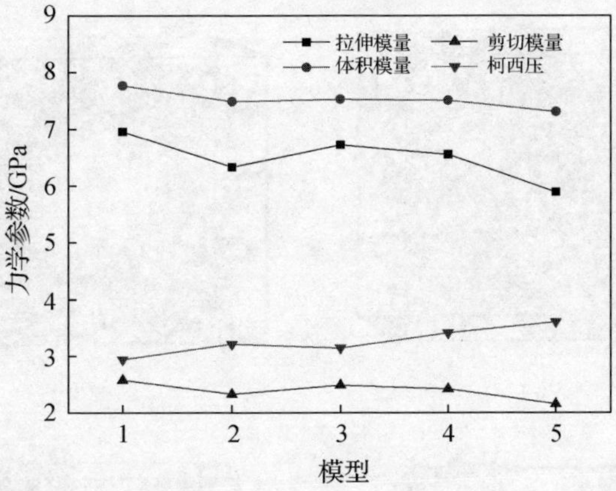


**图 4-39　不同 B 炸药掺杂缺陷模型的力学参数**

## 4.4.2　孔洞缺陷对 B 炸药性能影响

B 炸药在熔铸成型过程中，可能会因气泡的存在导致 B 炸药内产生孔洞，并且 B 炸药具有易裂孔的缺点，长期储存也可能会在其内部产生孔洞。因此，有必要探究孔洞缺陷对 B 炸药性能的影响。本节建立孔洞缺陷浓度为 15%，但孔洞尺寸不同的 3 种 B 炸药缺陷模型，采用 MD 方法探究孔洞缺陷及其尺寸对 B 炸药感度、稳定性、爆轰性能和力学性能的影响。为通过降低 B 炸药中孔洞存在的概率提升其综合性能提供理论依据。

**1. 模型的搭建**

4.4.1 节已经介绍过 B 炸药的建模方法是采用无定形晶胞建模。本节为探究孔洞缺陷及其尺寸对 B 炸药性能的影响，建立 RDX 和 TNT 分子数分别为 114 和 60 的初始 B 炸药模型，标记为 Model-1。在初始 B 炸药模型的基础上，通过剪切掉 17 个 RDX 分子和 9 个 TNT 分子建立 B 炸药第一种孔洞缺陷模型，标记为 Model-2；通过分别剪切掉 10 个 RDX 分子和 5 个 TNT 分子以及 7 个 RDX 分子和 4 个 TNT 分子建立含两个孔洞的第二种 B 炸药缺陷模型，标记为 Model-3；通过分别剪切掉 14 个 RDX 分子和 7 个 TNT 分子以及 3 个 RDX 分子和 2 个 TNT 分子建立含两个孔洞的第三种 B 炸药缺陷模型，标记为 Model-4。B 炸药初始模型和缺陷模型如图 4-40 所示。

模型建立之后，采用 Smart 算法对 B 炸药初始模型和缺陷模型进行能量最小化的优化，优化收敛精度设置为 0.001kcal/(mol·Å)。而后，对优化后的 B 炸药模型进行模拟退火，退火精度设置为“Fine”。退火后，不同 B 炸药模型的晶格参数如表 4-29 所列。

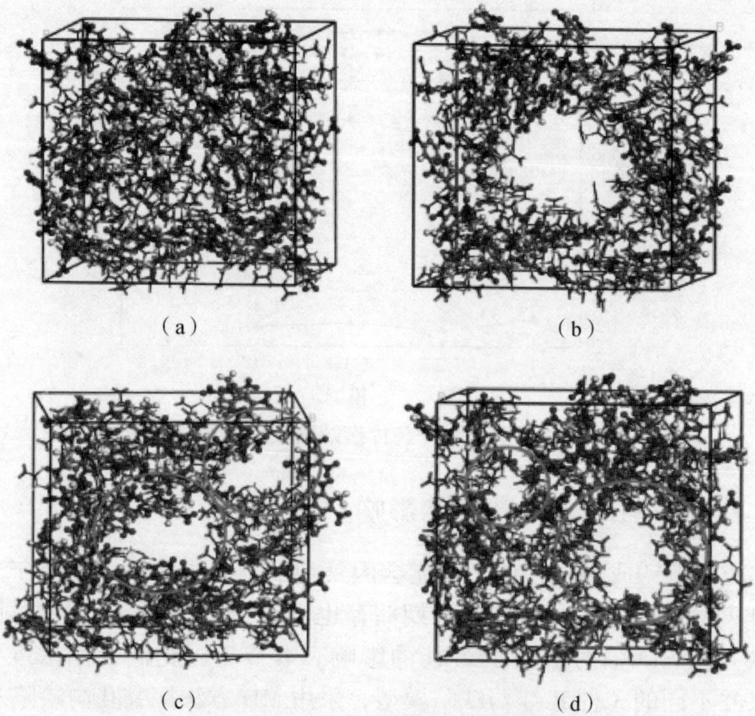

图 4-40 B 炸药及其孔洞缺陷模型

表 4-29 不同 B 炸药孔洞缺陷模型的晶格参数

| 晶格参数 | $a$/Å | $b$/Å | $c$/Å | $\alpha$/(°) | $\beta$/(°) | $\gamma$/(°) |
|---|---|---|---|---|---|---|
| Model-1 | 33.6 | 33.4 | 33.8 | 89.3 | 90.4 | 90.0 |
| Model-2 | 33.5 | 32.9 | 33.1 | 89.7 | 92.0 | 88.7 |
| Model-3 | 31.7 | 33.6 | 32.3 | 84.7 | 88.3 | 91.1 |
| Model-4 | 33.0 | 32.9 | 32.9 | 90.1 | 89.6 | 89.7 |

## 2. 结果讨论

在 COMPASS 力场下，首先采用 Smart 算法对全部 B 炸药模型进行能量最小化的优化。然后对所有 B 炸药模型实施了模拟退火，选取其中能量最小的退火模型进行 MD 模拟。MD 模拟的环境、各项参数以及控制方法的设置同 4.4.1 节一致。对所建模型进行 100ps 的 MD 模拟，前 50ps 对模型体系进行平衡，后 50ps 用于统计分析确定能量、力学参数和其他参数。每 0.1ps 取样一次，共获得 500 帧轨迹。

1）平衡判别

只有统计平衡状态下的模型体系的原子轨迹，计算得到的仿真结果才有意义。判断模型体系平衡的依据是温度和能量随时间变化波动的幅度在 5%~10% 范围内。以 B 炸药初始模型为例，图 4－41 展示了 B 炸药初始模型在 MD 模拟期间的温度和能量随时间变化的曲线。

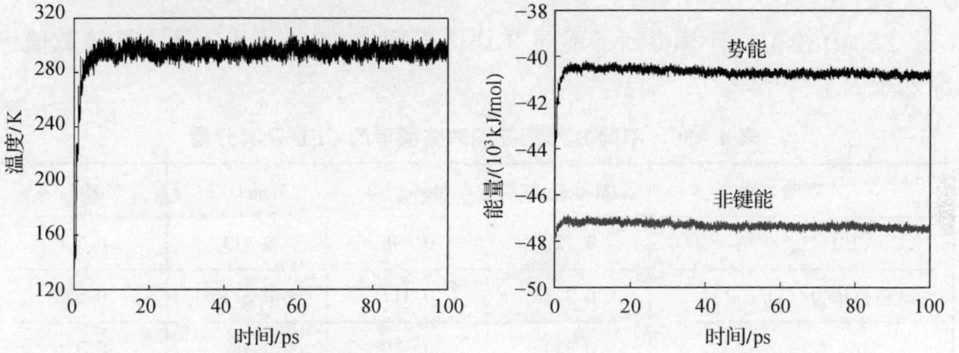


（a）温度变化曲线　　（b）能量变化曲线

**图 4－41　温度和能量随时间的变化曲线**

由图 4－41 可以看出，B 炸药初始模型的温度和能量随时间的推移逐渐趋于平缓，温度和能量波动幅度较小，表明 B 炸药初始模型已达到平衡状态。

2）感度

（1）引发键键连双原子作用能。

4.4.1 节中已经介绍了 B 炸药模型的引发键是 N—N 键，根据 MD 模拟计算得到的能量数据，计算得到不同 B 炸药模型的引发键键连双原子作用能，如图 4－42 所示。

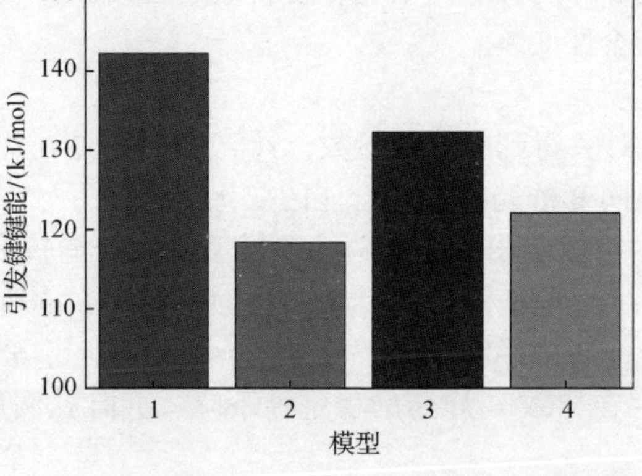


**图 4－42　不同 B 炸药孔洞缺陷模型的引发键键连双原子作用能**

从图 4－42 中可以看出，B 炸药孔洞缺陷模型的引发键键连双原子作用能较 B 炸药初始模型减小。其中，Model－2 下降得最大，Model－4 次之，Model－3 下降得最小，显示孔洞缺陷会导致 B 炸药的引发键键连双原子作用能下降，并且孔洞越大，下降程度越大。引发键键连双原子作用能下降导致引发键对 N 原子的束缚能力下降，炸药的感度上升，安全性变差。

（2）CED。

经 MD 模拟，计算得到了不同 B 炸药模型的 CED 及其分量。具体数值已经列于表 4－30 中。

**表 4－30　不同 B 炸药孔洞缺陷模型的 CED 及其分量**

| 参数 | Model－1 | Model－2 | Model－3 | Model－4 |
|---|---|---|---|---|
| CED/($kJ/cm^3$) | 0.721 | 0.696 | 0.713 | 0.706 |
| 范德华力/($kJ/cm^3$) | 0.328 | 0.317 | 0.323 | 0.322 |
| 静电力/($kJ/cm^3$) | 0.384 | 0.370 | 0.382 | 0.376 |

分析表 4－30 中的数据可以看出，孔洞缺陷的存在导致 B 炸药的 CED 下降。其中，Model－2 下降最大，Model－4 次之，Model－3 下降最小，这表明孔洞缺陷的尺寸越大，B 炸药 CED 的下降程度越大。CED 下降意味着 B 炸药发生相变所需能量下降，对外界激励的敏感程度增加，感度上升，安全性变差。

利用引发键键连双原子作用能和 CED 为判据评估孔洞缺陷及其尺寸对 B 炸药感度性能的影响获得的结论一致。推测孔洞缺陷导致感度升高的原因是含缺陷的 B 炸药的自由体积增加，分子间和分子内的相互作用减弱，势能减小。势能的净释放提高了炸药分子的活化程度，缺陷区域形成“热点”，导致 B 炸药的感度增加，安全性变差。

3）稳定性

根据 MD 模拟计算得到的能量参数，计算得到不同 B 炸药模型的结合能。图 4－43 展示了不同 B 炸药模型结合能的变化情况。

从图 4－43 中可以看出，B 炸药缺陷模型的结合能较 B 炸药初始模型减小。其中，Model－2 下降得最大，减小了 179.80kJ/mol；Model－4 次之，减小了 109.80kJ/mol；Model－3 下降得最小，减小了 68.97kJ/mol。这表明，孔洞缺陷的存在导致 B 炸药的稳定性下降，并且孔洞尺寸越大，下降程度越大。

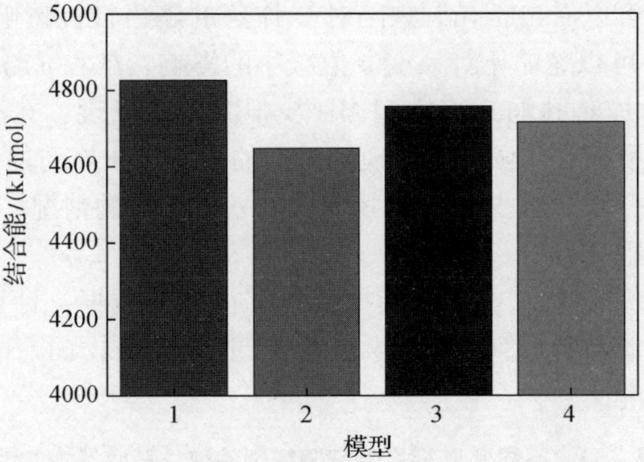


**图 4-43　不同 B 炸药孔洞缺陷模型的结合能**

4）爆轰性能

根据不同 B 炸药模型的分子式，计算得到其各自的 OB。基于 MD 模拟得到的不同 B 炸药模型的 $\rho$ 值，计算得到其各自的 $D$ 和 $p$。根据修正氮当量法针对分子组成为 $C_aH_bN_cO_d$ 类炸药规定的各类爆轰产物生成顺序的原则，获得了不同 B 炸药模型的各类爆轰产物的量，如表 4-31 所列。

**表 4-31　不同 B 炸药孔洞缺陷模型的爆轰产物**

| 爆轰产物的量/mol | $H_2O$ | CO | C | $N_2$ |
|---|---|---|---|---|
| Model-1 | 492.0 | 552.0 | 210.0 | 432.0 |
| Model-2 | 418.5 | 469.5 | 178.5 | 367.5 |
| Model-3 | 418.5 | 469.5 | 178.5 | 367.5 |
| Model-4 | 418.5 | 469.5 | 178.5 | 367.5 |

根据表 4-25 和表 4-26 中列出的 B 炸药中各组分的生成焓和爆轰产物的生成焓，可计算得到不同 B 炸药模型的 $Q$。不同 B 炸药孔洞缺陷模型的爆轰性能参数列于表 4-32 中。

**表 4-32　不同 B 炸药孔洞缺陷模型的爆轰参数**

| 模型 $n$ | OB/% | $\rho$/(g/cm$^3$) | $D$/(m/s) | $p$/GPa | $Q$/(kJ/kg) |
|---|---|---|---|---|---|
| Model-1 | -40.0 | 1.609 | 7676.48 | 24.98 | 5331.69 |
| Model-2 | -39.9 | 1.605 | 7661.78 | 24.84 | 5331.89 |
| Model-3 | -39.9 | 1.600 | 7642.63 | 24.66 | 5331.89 |
| Model-4 | -39.9 | 1.600 | 7642.63 | 24.66 | 5331.89 |

从表4－32可以看出，孔洞缺陷对B炸药的爆轰性能影响较小，其中OB和$Q$的变化几乎可以忽略不计。受$\rho$值减小的影响，$D$和$p$略微减小，爆轰性能下降。分析B炸药孔洞缺陷模型MD模拟的轨迹发现，孔洞缺陷对B炸药的$\rho$影响微弱的原因在于随着MD模拟时间的推移，B炸药的孔洞会逐渐塌陷收缩，改善了因分子量减少而导致B炸药的$\rho$值下降的情况。

5）力学性能

根据不同B炸药模型经MD模拟后计算得到的数据，计算得到不同B炸药模型的力学性能参数，列于表4－33中，图4－44展示了不同B炸药模型力学性能的变化情况。

**表4－33　不同B炸药孔洞缺陷模型的弹性系数及力学参数**

| 模型 $n$ | Model－1 | Model－2 | Model－3 | Model－4 |
|---|---|---|---|---|
| $C_{11}$/GPa | 10.10 | 10.40 | 11.12 | 11.12 |
| $C_{22}$/GPa | 11.08 | 8.94 | 10.10 | 9.48 |
| $C_{33}$/GPa | 10.74 | 8.70 | 10.76 | 11.06 |
| $C_{44}$/GPa | 2.68 | 2.58 | 2.57 | 2.33 |
| $C_{55}$/GPa | 2.58 | 2.49 | 2.25 | 2.25 |
| $C_{66}$/GPa | 2.93 | 2.30 | 2.56 | 2.55 |
| $C_{12}$/GPa | 5.96 | 5.42 | 5.76 | 5.51 |
| $C_{13}$/GPa | 6.33 | 6.03 | 5.92 | 5.84 |
| $C_{23}$/GPa | 6.27 | 4.25 | 5.80 | 6.12 |
| $C_{15}$/GPa | −0.02 | −0.06 | −0.18 | −0.15 |
| $C_{25}$/GPa | −0.10 | −0.08 | 0.10 | −0.01 |
| $C_{35}$/GPa | −0.09 | −0.06 | −0.06 | 0.06 |
| $C_{46}$/GPa | 0.01 | 0.24 | 0.03 | −0.03 |
| $E$/GPa | 6.94 | 5.70 | 6.73 | 6.44 |
| $\gamma$ | 0.35 | 0.35 | 0.35 | 0.35 |
| $K$/GPa | 7.77 | 6.31 | 7.54 | 7.37 |
| $G$/GPa | 2.57 | 2.11 | 2.49 | 2.38 |
| $(C_{12}-C_{44})$/GPa | 3.28 | 2.84 | 3.19 | 3.17 |

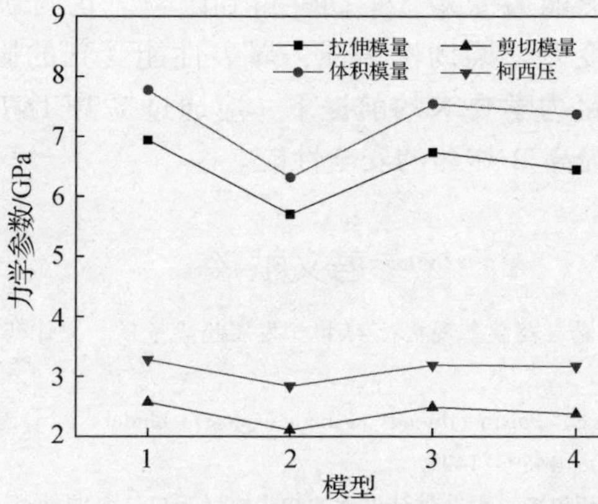


**图 4-44　不同 B 炸药孔洞缺陷模型的力学参数**

从表 4-33 和图 4-44 中可以看出，孔洞缺陷导致 B 炸药的 $E$、$K$、$G$ 和 $C_{12}-C_{44}$ 降低，下降幅度分别为 1.24GPa、0.21GPa 和 0.50GPa，1.46GPa、0.23GPa 和 0.40GPa，0.46GPa、0.08GPa 和 0.19GPa 以及 0.44GPa、0.09GPa 和 0.10GPa。其中，Model-2 下降得最大，Model-4 次之，Model-3 下降得最小。这表明，孔洞缺陷导致 B 炸药的刚性、断裂强度、硬度变差，抗变形能力减弱；B 炸药缺陷模型更显脆性，发生断裂时的断裂截面更加光滑。分析结果发现，孔洞缺陷越大，B 炸药的力学性能恶化得越严重。

### 4.4.3　本节小结

本节通过对 B 炸药的理想模型、掺杂缺陷模型和孔洞缺陷模型进行 MD 模拟，探究了掺杂缺陷和孔洞缺陷对 B 炸药性能的影响，得到以下几点主要结论。

（1）DNT 杂质导致 B 炸药的感度增加，稳定性和爆轰性能下降，安全性变差；HMX 杂质使 B 炸药更加钝感，稳定性增强，爆轰性能下降，安全性有所改善，其中 DNT 的影响程度要强于 HMX。掺杂缺陷导致 B 炸药抵抗变形的能力下降，柔韧性和延展性得到改善。

（2）孔洞缺陷导致 B 炸药的感度增加，稳定性下降，抗变形能力变差，柔韧性和延展性获得改善；但其对 B 炸药爆轰性能的影响比较微弱，几乎可忽略不计。孔洞缺陷的尺寸对 B 炸药的感度、稳定性和力学性能均具有影响，并且孔洞尺寸越大影响程度越大。

综上所述，不同杂质对 B 炸药安全性能的影响不同，DNT 使 B 炸药的安全性变差，HMX 则使 B 炸药的安全性得到改善。但两种杂质均导致 B 炸药的爆轰性能下降，抗变形能力变差，柔韧性得到改善。孔洞缺陷导致 B 炸药的安全性和抗变形能力变差，柔韧性增强，爆轰性能受到的影响较为微弱。因此，在保证 B 炸药满足力学要求的前提下，应通过提升 TNT 的纯净度和降低孔洞缺陷存在的概率提高 B 炸药的安全性能。

## ◇ 参考文献 ◇

[1] 孙业斌，许桂珍. 从炸药装药装备现状看 21 世纪发展趋势 [J]. 火炸药学报，2001，24 (1)：69 – 72.

[2] Hoffman D M，Caley L E. Polymer blends as high explosive binders [J]. Polymer Engineering and Science，1986，26 (21)：1489 – 1499.

[3] 徐庆兰. 高聚物黏结炸药包覆过程及黏结机理的初步探讨 [J]. 含能材料，1993，1 (2)：1 – 5.

[4] 李松远. RDX 及其缺陷晶体和它们为基础的 PBX 的 MD 模拟 [D]. 南京：南京理工大学，2012.

[5] 肖继军，方国勇，姬广富，等. HMX 基高聚黏结炸药 (PBX) 结合能和力学性能的模拟研究 [J]. 科学通报，2004，49 (24)：2520 – 2524.

[6] 刘冬梅. HMX 和 PETN 及其复合材料结构与性能的 MD 模拟研究 [D]. 南京：南京理工大学，2014.

[7] 黄玉成，胡应杰，肖继军，等. TATB 基 PBX 结合能的分子动力学模拟 [J]. 物理化学学报，2005，21 (4)：425 – 429.

[8] 许晓娟，肖继军，黄辉，等. ε – CL – 20 基 PBX 结构和性能的分子动力学模拟——HEDM 理论配方设计初探 [J]. 中国科学 B 辑：化学，2007，37 (6)：556 – 563.

[9] 任晓宁，常海，邵颖慧，等. 改性 B 炸药装药的老化行为 [J]. 火炸药学报，2013，36 (4)：37 – 41.

[10] 贺传兰，温茂萍，王平胜，等. 不同聚合物添加剂对梯黑熔铸炸药力学性能的影响 [J]. 四川兵工学报，2013，34 (1)：129 – 131.

[11] 高大元，蓝林钢，温茂萍，等. 改性 B 炸药的力学性能 [J]. 含能材料，2014，22 (3)：359 – 364.

[12] 聂少云，高大元，文雯，等. 添加剂对 B 炸药安全和爆轰性能的影响 [J]. 火炸药学报，2014，37 (3)：20 – 25.

[13] 肖良成，刘清杰，卢校军，等. 改性 B 炸药的做功能力研究 [J]. 四川兵工学报，2014，35 (10)：128 – 132.

[14] 温晓燕，苏鹏飞，潘清，等. 改性 B 炸药主要组分的近红外光谱检测方法 [J]. 含能材料，2019，27 (2)：162 – 166.

[15] 罗一鸣，沈飞，王辉，等. 不同点火条件下 DNTF 与 B 炸药的燃烧转爆轰实验研究 [J]. 火炸药学报，2022，45 (3)：332 – 338.

[16] 李得伦. 石蜡相变材料的传热与控温性能研究 [D]. 广州：华南理工大学，2012.

[17] Choi C S，Boutin H P. A study of crystal structure of β – cyclotetramethylene tetranitramine by neutron diffraction [J]. Acta Crystallographica，1970，26 (9)：1235 – 1240.

[18] Gallagher H G，Sherwood J N，Vrcelj R M. Growth and dislocation studies of β – HMX [J]. Chemistry Central Journal，2014，8 (1)：1 – 11.

[19] Sun H. Compass: an ab initio force - field optimized for condense - phase applications - overview with details on alkanes and benzene compounds [J]. The Journal of Physical Chemistry B, 1998, 102: 7338 - 7364.

[20] Sun H, Ren P, Fried J R. The COMPASS force field: parameterization and validation for phosphazenes [J]. Computational and Theoretical Polymer Science, 1998, 8: 229 - 246.

[21] Andersen H C. Molecular dynamics simulations at constant pressure and/or temperature [J]. Journal of Chemical Physics, 1980, 72 (4): 2384 - 2393.

[22] Parrinello M, Rahman A. Polymorphic transitions in single crystals: a new molecular dynamics method [J]. Journal of Applied Physics, 1981, 52 (12): 7182 - 7190.

[23] Allen M P, Tildesley D J. Computer Simulation of Liquids [M]. Oxford: Oxford University Press, 1987.

[24] Ewald P P. Evaluation of optical and electrostatic lattice potentials [J]. Annals of Physics, 1921, 64: 253 - 287.

[25] Mullay J. Relationships between impact sensitivity and molecular electronic structure [J]. Propellants, Explosives, Pyrotechnics, 1987, 12 (4): 121 - 124.

[26] Zhou T T, Huang F L. Effect of defects on thermal decomposition of HMX via ReaxFF molecular dynamics simulations [J]. The Journal of Physical Chemistry B, 2011, 115 (2): 278 - 287.

[27] http://en. wikipedia. org/wiki/Joback_method.

[28] http://webbook. nist. gov/cgi/inchi/InChI = 1S/C22H46/c1 - 3 - 5 - 7 - 9 - 11 - 13 - 15 - 17 - 19 - 21 - 22 - 20 - 18 - 16 - 14 - 12 - 10 - 8 - 6 - 4 - 2/h3 - 22H2,1 - 2H3.

[29] Xiao J J, Wang W R, Chen J, et al. Study on structure, sensitivity and mechanical properties of HMX and HMX - based PBXs with molecular dynamics simulation [J]. Computational and Theoretical Chemistry, 2012, 999 (11): 21 - 27.

[30] 欧育湘，刘进全. 高能量密度化合物 [M]. 北京：国防工业出版社，2005.

[31] Foltz M F, Coon C L, Garcia F, et al. The thermal stability of the polymorphs of hexanitrohexaazaisowurtzitane, part I [J]. Propellants, Explosives, Pyrotechnics, 1994, 19 (1): 19 - 25.

[32] Agrawal J P. Some new high energy materials and their formulations for specialized applications [J]. Propellants, Explosives, Pyrotechnics, 2005, 30: 316 - 328.

[33] 赵信歧，施倪承. ε - 六硝基六氮杂异伍兹烷的晶体结构 [J]. 科学通报，1995，40 (23): 2158 - 2160.

[34] Xu X J, Xiao J J, Huang H, et al. Molecular dynamic simulations on the structures and properties of ε - CL - 20 (0 0 1) / $F_{2314}$ PBX [J]. Journal of Hazardous Materials, 2010, 175: 423 - 428.

[35] Xu X J, Xiao H M, Xiao J J, et al. Molecular dynamics simulations for pure ε - CL - 20 and ε - CL - 20 - based PBXs [J]. The Journal of Physical Chemistry B, 2006, 110 (14): 7203 - 7207.

[36] 刘强，肖继军，陈军，等. 不同温度下 ε - CL - 20 晶体感度和力学性能的分子动力学模拟计算 [J]. 火炸药学报，2014，37 (2): 7 - 12.

[37] Sun T, Xiao J J, Liu Q, et al. Comparative study on structure, energetic and mechanical properties of a ε - CL - 20/HMX cocrystal and its composite with molecular dynamics simulation [J]. Journal of Materials Chemistry A, 2014, 2: 13898 - 13904.

[38] 刘冬梅，赵丽，肖继军，等. 不同温度下 HMX 和 RDX 晶体的感度判别和力学性能预估—分子动力学比较研究［J］. 高等学校化学学报，2013，34（11）：2558－2565.

[39] Xiao J J，Li S Y，Chen J，et al. Molecular dynamics study on the correlation between structure and sensitivity for defective RDX crystals and their PBXs［J］. Journal of Molecular Modeling，2013，19：803－809.

[40] Geetha M，Nair U R，Sarwade D B，et al. Studies on CL－20：the most powerful high energy material［J］. Journal of Thermal Analysis and Calorimetry，2003，73：913－922.

[41] 许晓娟，肖鹤鸣，居学海，等. ε－六硝基六氮杂异伍兹烷（CL－20）热解机理的理论研究［J］. 有机化学，2005，25（5）：536－539.

[42] Xu X J，Zhu W H，Xiao H M. DFT studies on the four polymorphs of crystalline CL－20 and the influences of hydrostatic pressure on ε－CL－20 crystal［J］. The Journal of Physical Chemistry B，2007，111（8）：2090－2097.

[43] 国迁贤，张厚生. 炸药爆轰性质计算的氮当量公式及修正氮当量公式：炸药爆速的计算［J］. 爆炸与冲击，1983，3（3）：56－66.

[44] 王玉玲，余文力. 炸药与火工品［M］. 西安：西北工业大学出版社，2011.

[45] 李永庆. B 炸药的发展与应用［J］. 火炸药学报，1986，（4）：12－16.

[46] 杭贵云，余文力，王涛，等. 黑梯炸药力学性能与感度的分子动力学研究［J］. 火炸药学报，2016，39（6）：32－37.

[47] 杭贵云，余文力，王涛，等. 温度对 B 炸药力学性能与感度的影响［J］. 火工品，2016，（4）：44－48.

[48] Wu C J，Ree F H，Yoo C S. A molecular dynamics study of binary collisions of pentaerythritol tetranitrate（PETN）：Its correlation to shock sensitivity［J］. Propellants，Explosive，Pyrotechnics，2004，29（5）：296－303.

[49] 黄玉成，胡应杰，肖继军，等. TATB 基 PBX 结合能的分子动力学模拟［J］. 物理化学学报，2005，21（4）：425－429.

# 第 5 章 微观缺陷对 CL-20 共晶炸药性能影响

## 5.1 引言

在含能材料领域，能量密度与安全性之间存在着相互矛盾，即能量密度越高，含能材料的感度越高，安全性越差。例如，CL-20 是一种典型的高能量密度含能材料，也是目前综合性能最好的单质炸药之一，存在着广泛的应用价值。但 CL-20 的机械感度很高，安全性能差，不能满足钝感炸药的要求，从而限制了 CL-20 在相关领域的应用。在改善含能材料性能与降低感度方面，共晶[1-4]显示出明显的优势，引起了国内外同行的关注并得到了相应的发展与应用。通常认为，共晶是指两种或两种以上的中性组分在分子间非共价键（如氢键、范德华力、π-π 键、卤键等）作用下形成的具有固定比例与特定结构的晶体，属于超分子领域范畴[2]。与组成共晶的单组分相比，共晶有两个显著的特点：一是共晶中分子间的作用力类型较多，各种力的作用共同决定或影响共晶的晶体结构与性能；二是共晶的结构、性能与单组分的结构与性能存在一定的差异，有时甚至是明显的差异。正因为如此，国内外在共晶炸药领域开展了广泛深入的研究，先后合成并报道了一系列的共晶炸药[6-24]。

共晶炸药通常由两种或两种以上的成分构成，受制备工艺的影响，原料中可能会存在一定量的杂质成分，导致共晶炸药中存在掺杂缺陷。另外，在共晶炸药晶体生长与结晶过程中，受外界条件的影响，晶体内部也会出现位错、孔洞等微观缺陷。缺陷的存在会改变炸药的结构，也会影响炸药的物理和化学性能。因此，本章以 CL-20 共晶炸药为研究对象，开展微观缺陷对其性能影响评估。

## 5.2 微观缺陷对 CL-20/DNB 共晶炸药性能影响

2013 年，王玉平等[25-26]以 CL-20 与 DNB 为原料，制备了摩尔比为 1∶1 的 CL-20/DNB 共晶炸药，并研究了共晶炸药的性能。结果表明，CL-20/DNB

共晶炸药的熔点比 DNB 高 44.7℃，感度比 CL－20 低很多，因此 CL－20/DNB 共晶炸药有望成为一种新型的高能钝感炸药。在共晶炸药制备过程中，原料中可能会混入其他成分的杂质，从而使制备的炸药样品中含有杂质。此外，在晶体生长过程中，由于外界因素的干扰，晶体的生长可能会受到影响，从而使晶体中存在缺陷。晶体缺陷的存在可能会影响炸药的性能，如力学性能、稳定性、感度与爆轰性能等，从而进一步影响武器弹药的安全性与使用性能。因此，研究晶体缺陷对 CL－20/DNB 炸药性能产生的影响，具有十分重要的理论与现实意义。

鉴于此，本节以 CL－20 共晶炸药为研究对象，分别建立了“完美”型与含有晶体缺陷（掺杂、空位与位错）的 CL－20/DNB 共晶炸药模型，采用分子动力学方法，预测了各种模型的力学性能、结合能、感度与爆轰性能并进行了比较。此外，针对晶体缺陷对炸药性能的影响情况进行了分析与评估。

## 5.2.1 计算模型与计算方法

**1. 单个分子的建立**

CL－20/DNB 共晶炸药由 CL－20 与 DNB 组成，在 MS 软件中，分别建立 CL－20 与 DNB 的单个分子模型，如图 5－1 所示。

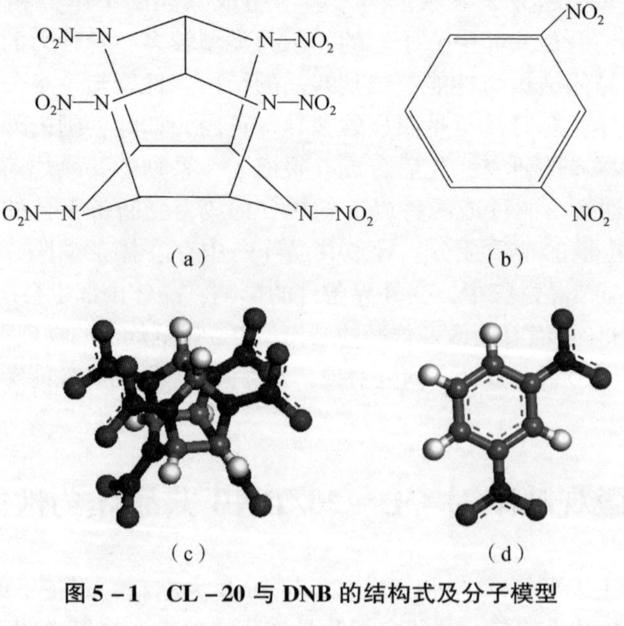


**图 5－1 CL－20 与 DNB 的结构式及分子模型**

**2. CL－20/DNB 共晶炸药原始模型的建立**

CL－20/DNB 共晶炸药属于正交晶系，空间群为 *Pbca*，晶格参数为 $a=9.4703Å$、$b=13.4589Å$、$c=33.6202Å$、$\alpha=90.00°$、$\beta=90.00°$和 $\gamma=90.00°$，单个晶胞中包含 8 个 CL－20 与 8 个 DNB 分子[25]。CL－20/DNB 共晶炸药的单个晶胞模型如图 5－2（a）所示。在 CL－20/DNB 共晶炸药单个晶胞模型的基础上，将其扩展为 6（3×2×1）的超晶胞模型，其中包含 48 个 CL－20 与 48 个 DNB 分子，共 96 个分子，如图 5－2（b）所示。为了便于与含有晶体缺陷的模型进行比较，将“完美”型晶体的模型标记为 Model－1。

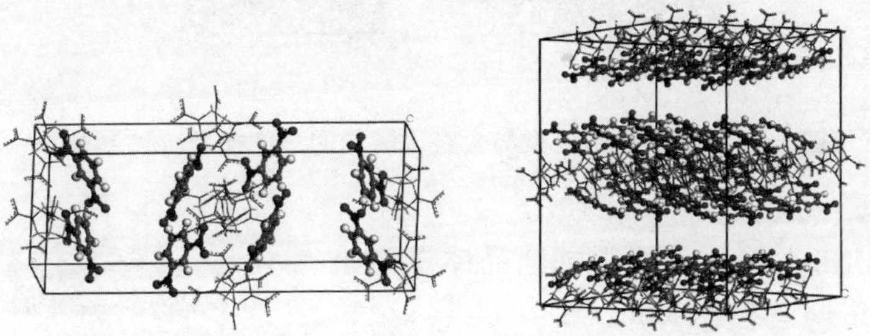
（a）　　（b）

**图 5－2　CL－20/DNB 共晶炸药的单个晶胞与超晶胞模型**

**3. CL－20/DNB 共晶炸药缺陷模型的建立**

本节研究的微观缺陷共有 3 种类型，分别为掺杂、空位与位错。

用 4 个 2,4－二硝基甲苯（DNT）分子替换超晶胞模型中的 4 个 DNB 分子（图 5－3（a）中标记为黄色），得到含 4.17% 掺杂类型的缺陷晶体模型，如图 5－3（b）所示，将缺陷晶体模型标记为 Model－2。

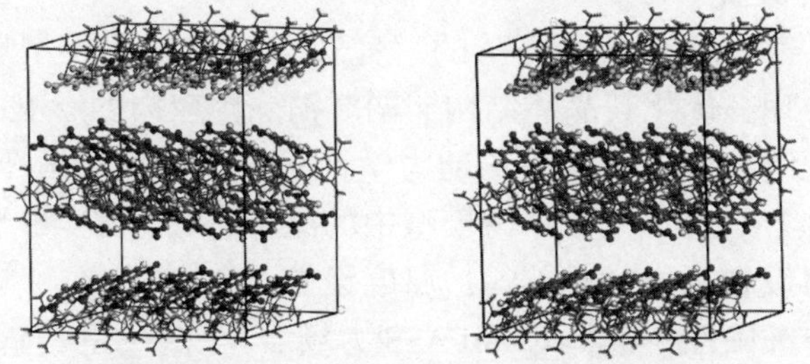
（a）　　（b）

**图 5－3　初始模型与含有掺杂缺陷的晶胞模型**

类似地，分别用 4 个 TNB、4 个 TNT、4 个 HNB 分子替换图 5－3（a）中的 4 个 DNB 分子，得到缺陷晶体模型，分别标记为 Model－3、Model－4 与 Model－5。

删除超晶胞模型中最上层的4个CL-20分子（图5-4（a）中标记为黄色），得到含空位为4.17%的缺陷晶体模型，如图5-4（b）所示，将缺陷模型标记为Model-6。

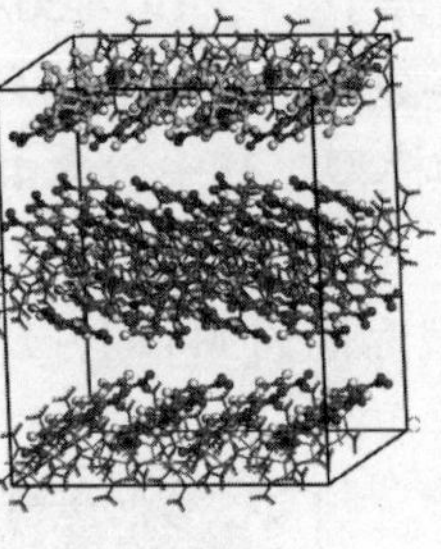

（a）

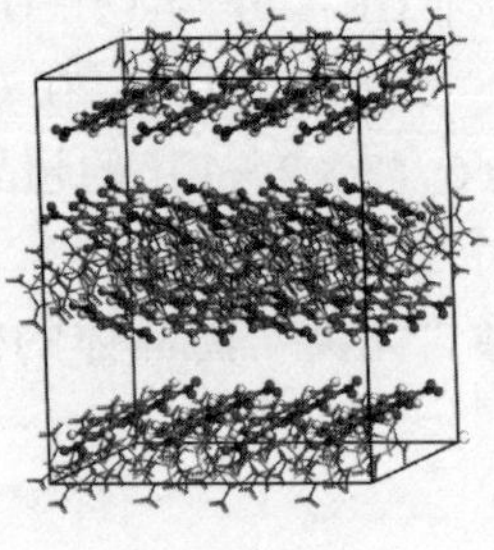

（b）

**图5-4　初始晶胞模型与含空位缺陷的晶胞模型（附彩图）**

类似地，分别删除4个DNB、2个CL-20与2个DNB分子，将所得缺陷晶体模型分别标记为Model-7与Model-8。

将“完美”型晶体模型中最上层的CL-20分子向上方移动2Å的距离，得到位错缺陷的晶体模型，如图5-5所示，将缺陷晶体模型标记为Model-9。

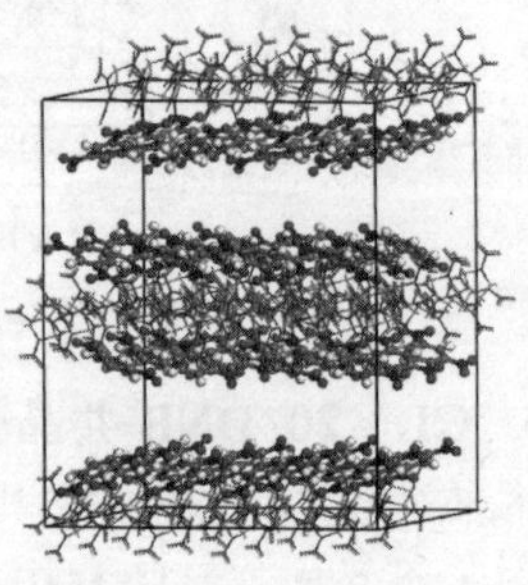

**图5-5　含位错缺陷的晶胞模型**

类似地，将“完美”型晶体模型中最上层的CL-20分子向下方移动2Å的距离，得到缺陷晶体模型，标记为Model-10。

**4. 计算条件设置**

在建立CL-20/DNB共晶炸药的“完美”型与缺陷模型后，分别对其进行能量最小化处理，优化其晶体结构，同时消除内应力的影响，从而提高计算精度。优化过程结束后，进行分子动力学计算，选择恒温恒压（NPT）系综，即体系的温度（$T$）、压力（$P$）与模型中的原子总数（$N$）在整个过程中始终保持恒定，压力设置为0.0001GPa，温度设置为295K。在计算时，为保证计算结果的精度与准确性，选择COMPASS力场[27-28]，一是COMPASS力场采用从头算法，其中的参数已经进行了修正，能够保证计算精度，准确预测物质的性能；二是该力场的适用范围较广，适用于对凝聚态物质进行计算。在进行MD计算时，模型中分子的初始速度由Maxwell-Boltzman分布确定，采用周期性边界条件。为了使温度与压力保持在一定的范围内，采用Andersen[29]控温方法，压力采用Parrinello[30]方法进行控制。此外，采用基于原子方法[31]来计算范德华力的作用，而静电力的计算则采用 Ewald 方法[32]。在计算中，时间步长设置为 1fs，总模拟计算时间设置为 200ps（$2\times10^5$fs）。其中前 100ps 主要用来对体系进行平衡计算，优化其结构，使其达到平衡状态；后 100ps 主要用来对平衡体系进行计算，从而计算分析得到体系的能量、体系中分子的各种化学键的键长、力学参数等相关信息。在整个模拟过程中，每隔 1ps 输出一步结果文件，共得到 100 帧轨迹文件。

## 5.2.2　结果分析

### 1. 平衡判别与平衡体系

在提取数值模拟计算结果时，需要让混合体系达到热力学平衡状态，此时必须同时满足温度平衡和能量平衡。通常认为当温度与能量波动范围为 ±5%～10% 时，体系已经达到平衡状态。以 Model-3 为例，混合体系的温度和能量变化曲线如图 5-6 所示。

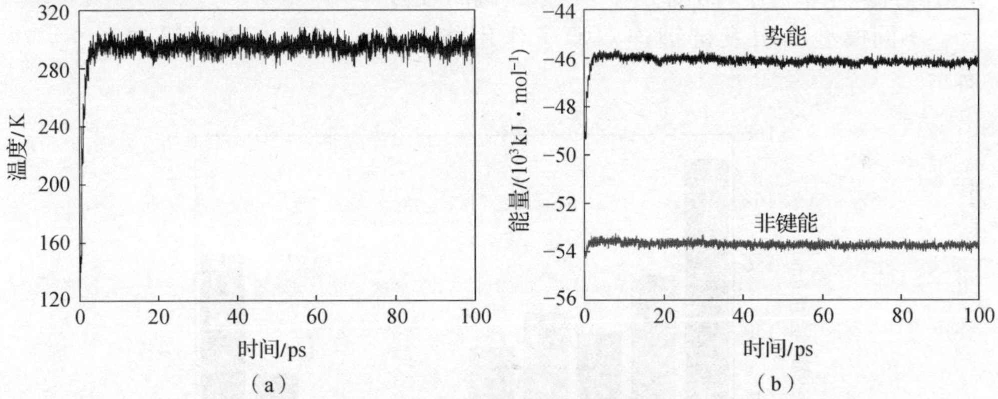


**图 5-6　温度和能量随时间的变化曲线**

从图 5-6 可以看出，模拟初期，温度与能量均有所上升，并且波动幅度较大。随着时间的推移，温度与能量的波动幅度逐渐减小，最终温度上下波动幅度为 ±15K，能量波动幅度也逐渐减小，最终波动幅度在 ±5% 内，偏差相对较小，表明混合体系已达到热力学平衡状态。对于其他类型的晶体模型，分子动力学计算时，均以温度平衡和能量平衡来判别混合体系是否达到平衡状态。

### 2. 感度

感度是指含能材料在外界刺激下发生分解或者爆炸的难易程度，是含能材料安全性的重要指标。依据“热点”（hot spot）理论[33]与“引发键”（trigger bond）思想[34]，选用引发键键连双原子作用能和 CED[35-42] 作为判据，来预测炸药的感度大小。

1）引发键键连双原子作用能

通常认为引发键是物质中能量最弱的化学键，当受到外界刺激时，引发键最容易发生断裂，从而使炸药发生分解或者爆炸。在 CL-20/DNB 共晶炸药及其缺陷晶体中，CL-20 的感度最高，对外界的刺激最敏感，最容易发生化学反应，而 CL-20 的引发键为分子中 N—$NO_2$ 基团上的 N—N 键[43-44]，因此选择 N—$NO_2$ 键作为“完美”型晶体与缺陷晶体的引发键来预测体系的感度。

引发键键连双原子作用能（$E_{N—N}$）的计算公式为

$$E_{N—N} = \frac{E_1 - E_2}{n} \tag{5-1}$$

式中：$E_1$ 为混合体系达到热力学平衡状态时系统的总能量（kJ/mol）；$E_2$ 为固定 CL-20 中的所有 N 原子后，混合体系达到平衡状态时的总能量（kJ/mol）；$n$ 为混合体系中 CL-20 分子中 N—$NO_2$ 键的数目。

不同模型中引发键键连双原子作用能（$E_{N—N}$）的变化曲线如图 5-7 所示。

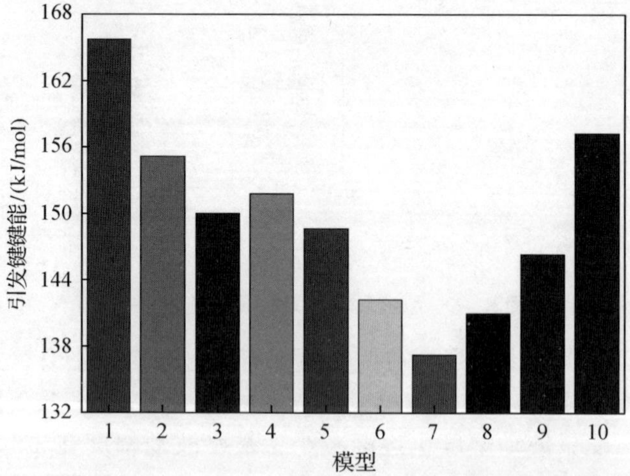


**图 5-7　不同类型的 CL-20/DNB 模型中的引发键键连双原子作用能**

从图 5-7 可以看出，引发键键连双原子作用能的大小顺序为 Model-1 > Model-10 > Model-2 > Model-4 > Model-3 > Model-5 > Model-9 > Model-6 > Model-8 > Model-7，即“完美”型模型的键连双原子作用能最大，为 165.74kJ/mol，其次为位错缺陷模型 Model-10（157.28kJ/mol），空位缺陷模型 Model-7 对应的键连双原子作用能最小，为 137.23kJ/mol。与“完美”型

晶体相比，缺陷晶体模型的键连双原子作用能减小幅度为 5.10%～17.20%。键连双原子作用能减小，说明引发键的强度减弱，在外界刺激下，引发键更容易发生断裂或者破坏，从而使炸药发生分解或者爆炸。因此，“完美”型晶体的感度最低，安全性最好，而缺陷模型的感度升高，安全性变差。

2）CED

CED 等于范德华力与静电力之和，即分子的非键力。通过分子动力学模拟，得到不同模型的 CED 与相关能量，结果如表 5－1 所列。

**表 5－1　CL－20/DNB 共晶模型的 CED 与相关能量**

| 模型 $n$ | CED/(kJ/cm³) | 范德华力/(kJ/cm³) | 静电力/(kJ/cm³) |
|---|---|---|---|
| Model－1 | 0.897 | 0.257 | 0.640 |
| Model－2 | 0.832 | 0.231 | 0.601 |
| Model－3 | 0.819 | 0.223 | 0.596 |
| Model－4 | 0.860 | 0.245 | 0.615 |
| Model－5 | 0.801 | 0.210 | 0.591 |
| Model－6 | 0.795 | 0.208 | 0.587 |
| Model－7 | 0.785 | 0.204 | 0.581 |
| Model－8 | 0.774 | 0.201 | 0.573 |
| Model－9 | 0.789 | 0.205 | 0.584 |
| Model－10 | 0.875 | 0.249 | 0.626 |

从表 5－1 可以看出，“完美”型模型的 CED、范德华力与静电力的值最大，分别为 $0.897kJ/cm^3$、$0.257kJ/cm^3$ 和 $0.640kJ/cm^3$，而缺陷模型的 CED、范德华力与静电力均小于“完美”型模型对应的能量值。在缺陷模型中，CED 的最大值与最小值分别为 $0.875kJ/cm^3$ 和 $0.774kJ/cm^3$。与“完美”型晶体相比，CED 减小的幅度为 2.45%～13.71%。CED 减小，说明炸药的感度增大，安全性变差，因此晶体缺陷使炸药的感度增大，其中位错缺陷模型对应的 CED 值最小，表明其感度最高。

**3. 稳定性**

稳定性主要通过结合能（$E_b$）来体现。结合能越大，说明炸药中分子之间的相互作用力越强，炸药的稳定性越好。同时，结合能越大，也说明各组分之间的相容性越好。

结合能的计算公式为

$$E_{b} = -E_{inter} = -[E_{total} - (E_{CL-20} + E_{other})] \qquad (5-2)$$

式中：$E_b$为结合能（kJ/mol）；$E_{inter}$为分子之间的相互作用能（kJ/mol）；$E_{total}$为混合体系达到平衡状态时体系的总能量（kJ/mol）；$E_{CL-20}$为去掉体系中的其他组分后，CL-20分子对应的总能量（kJ/mol）；$E_{other}$为去掉CL-20分子后，体系中的DNB与其他组分的总能量（kJ/mol）。

通过计算，得到不同模型对应的结合能如图5-8所示。

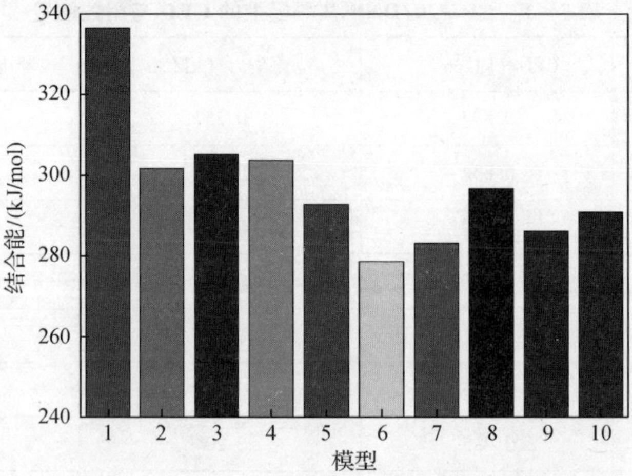


**图5-8 不同CL-20/DNB模型的结合能变化曲线**

从图5-8可以看出，在所有模型中，“完美”型模型对应的结合能最大，为336.5kJ/mol，表明CL-20与DNB分子之间的相互作用力最强，炸药的稳定性最好。与“完美”型晶体相比，缺陷模型的结合能减小，表明分子之间的作用力减弱，炸药的稳定性变差。在缺陷模型中，空位缺陷的模型（Model-6、Model-7）对应的结合能最小，分别为278.6kJ/mol和283.1kJ/mol，结合能减小的幅度分别为17.21%和15.87%。此外，还可以看出，掺杂类型的缺陷晶体（Model-3）对应的结合能的值最大，为305.2kJ/mol，减小幅度为9.30%。在缺陷模型中，结合能减小的原因可能是共晶炸药的晶体结构遭到破坏，导致炸药分子的排列方式发生变化，分子之间的相互作用强度减弱，从而导致结合能减小，炸药的稳定性减弱。

**4. 爆轰性能**

根据前面章节中提到的修正氮当量理论[45]，通过计算得到不同模型的爆轰参数，结果如表5-2所列，其中炸药的密度可以直接从分子动力学结果中提取得到。

**表 5－2　不同 CL－20/DNB 共晶模型的爆轰参数**

| 模型 $n$ | OB/% | $\rho$/(g/cm$^3$) | $D$/(m/s) | $p$/GPa |
|---|---|---|---|---|
| Model－1 | －34.32 | 1.879 | 8728.2 | 35.28 |
| Model－2 | －34.92 | 1.852 | 8625.6 | 34.19 |
| Model－3 | －33.57 | 1.867 | 8696.1 | 34.91 |
| Model－4 | －34.16 | 1.834 | 8572.3 | 33.60 |
| Model－5 | －31.35 | 1.868 | 8725.4 | 35.16 |
| Model－6 | －35.82 | 1.761 | 8279.1 | 30.64 |
| Model－7 | －32.88 | 1.787 | 8435.4 | 32.08 |
| Model－8 | －34.32 | 1.793 | 8424.7 | 32.05 |
| Model－9 | －34.32 | 1.801 | 8452.9 | 32.35 |
| Model－10 | －34.32 | 1.855 | 8643.5 | 34.37 |

从表 5－2 可以看出，“完美”型模型（Model－1）的密度与爆轰参数最大，分别为 1.879g/cm$^3$、8728.2m/s、35.28GPa，而缺陷晶体的密度与爆轰参数均有所减小。在缺陷模型中，掺杂缺陷模型 Model－5 对应的密度与爆轰参数最大，分别为 1.868g/cm$^3$、8725.4m/s、35.16GPa，而空位缺陷模型 Model－6 对应的密度与爆轰参数值最小，分别为 1.761g/cm$^3$、8279.1m/s、30.64GPa。与“完美”型模型相比，缺陷模型 Model－6 的密度与爆轰参数减小幅度分别为 6.28%、5.15%、13.15%。密度与爆轰参数减小，说明炸药的能量密度减弱，威力减小。因此，可以看出晶体缺陷使炸药的能量密度降低，其中空位缺陷的模型能量密度最低，即空位缺陷对炸药能量密度的影响最大。

**5. 力学性能**

当 CL－20/DNB 混合体系达到热力学平衡状态后，通过分子动力学计算，可以得到不同模型的力学性能参数，结果如表 5－3 所列与图 5－9 所示。

**表 5－3　CL－20/DNB 共晶的初始模型与缺陷模型的力学性能**

| 参数 | Model－1 | Model－2 | Model－3 | Model－4 | Model－5 |
|---|---|---|---|---|---|
| $C_{11}$/GPa | 17.517 | 17.211 | 18.215 | 15.793 | 16.626 |
| $C_{22}$/GPa | 16.713 | 15.550 | 15.114 | 13.576 | 13.496 |
| $C_{33}$/GPa | 14.832 | 13.369 | 13.883 | 10.909 | 10.435 |

续表

| 参数 | Model－1 | Model－2 | Model－3 | Model－4 | Model－5 |
|---|---|---|---|---|---|
| $C_{44}$/GPa | 7.122 | 6.436 | 6.917 | 5.620 | 5.293 |
| $C_{55}$/GPa | 6.931 | 6.674 | 6.712 | 5.382 | 5.339 |
| $C_{66}$/GPa | 4.883 | 5.019 | 5.227 | 4.916 | 5.513 |
| $C_{12}$/GPa | 7.164 | 6.838 | 7.211 | 6.519 | 6.172 |
| $C_{13}$/GPa | 6.119 | 6.234 | 6.210 | 4.757 | 5.385 |
| $C_{23}$/GPa | 6.817 | 6.973 | 7.058 | 6.003 | 6.474 |
| $C_{15}$/GPa | 0.116 | 0.217 | －0.103 | 0.159 | 0.202 |
| $C_{25}$/GPa | －0.141 | 0.048 | 0.114 | 0.112 | －0.114 |
| $C_{35}$/GPa | 0.037 | －0.096 | －0.065 | 0.050 | 0.236 |
| $C_{46}$/GPa | 0.102 | 0.041 | －0.101 | －0.018 | 0.109 |
| $E$/GPa | 14.522 | 13.586 | 13.923 | 13.024 | 14.312 |
| $\gamma$ | 0.225 | 0.227 | 0.228 | 0.226 | 0.226 |
| $K$/GPa | 8.811 | 8.308 | 8.537 | 7.921 | 8.704 |
| $G$/GPa | 5.926 | 5.534 | 5.668 | 5.312 | 5.837 |
| $(C_{12}—C_{44})$/GPa | 0.042 | 0.402 | 0.294 | 0.899 | 0.879 |
| 参数 | Model－6 | Model－7 | Model－8 | Model－9 | Model－10 |
| $C_{11}$/GPa | 16.018 | 16.417 | 15.517 | 15.037 | 15.975 |
| $C_{22}$/GPa | 13.505 | 13.225 | 12.994 | 12.183 | 14.106 |
| $C_{33}$/GPa | 11.364 | 10.218 | 9.881 | 9.336 | 11.782 |
| $C_{44}$/GPa | 5.132 | 4.396 | 4.074 | 4.393 | 4.965 |
| $C_{55}$/GPa | 5.015 | 4.511 | 3.903 | 4.404 | 5.832 |
| $C_{66}$/GPa | 4.639 | 4.104 | 3.871 | 3.767 | 4.535 |
| $C_{12}$/GPa | 6.425 | 5.648 | 5.177 | 5.216 | 5.372 |
| $C_{13}$/GPa | 5.002 | 4.545 | 4.507 | 4.717 | 5.236 |
| $C_{23}$/GPa | 6.427 | 5.583 | 5.603 | 5.219 | 6.311 |
| $C_{15}$/GPa | 0.191 | －0.011 | 0.101 | －0.124 | 0.123 |

续表

| 参数 | Model－6 | Model－7 | Model－8 | Model－9 | Model－10 |
|---|---|---|---|---|---|
| $C_{25}$/GPa | 0.104 | 0.114 | －0.097 | 0.262 | －0.134 |
| $C_{35}$/GPa | 0.027 | 0.108 | 0.018 | －0.098 | 0.087 |
| $C_{46}$/GPa | －0.204 | 0.210 | －0.121 | 0.017 | 0.115 |
| $E$/GPa | 11.638 | 11.224 | 11.570 | 10.080 | 12.392 |
| $\gamma$ | 0.233 | 0.226 | 0.230 | 0.229 | 0.228 |
| $K$/GPa | 7.266 | 6.837 | 7.138 | 6.199 | 7.583 |
| $G$/GPa | 4.719 | 4.576 | 4.704 | 4.101 | 5.047 |
| ($C_{12}$—$C_{44}$)/GPa | 1.293 | 1.252 | 1.103 | 0.823 | 0.407 |

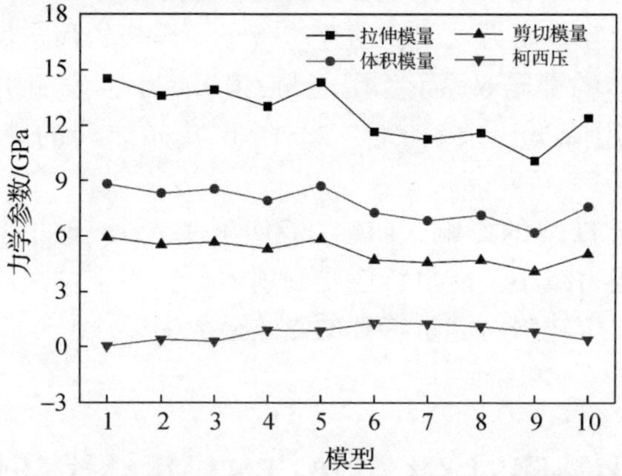


**图 5－9 不同 CL－20/DNB 模型的力学参数**

从表 5－3 与图 5－9 可以看出，“完美”型模型（Model－1）的拉伸模量、体积模量与剪切模量的值最大，分别为 14.522GPa、8.811GPa 和 5.926GPa，而柯西压的值最小（0.042GPa），表明炸药的刚性最强，而延展性较差。由于晶体缺陷的影响，炸药的晶体结构遭到破坏，因此缺陷晶体的拉伸模量、体积模量与剪切模量的值减小，而柯西压增大，表明炸药的刚性减弱，在外界作用下，炸药更容易发生形变，而柯西压增大则表明炸药的塑性与延展性增强。此外，还可以看出，在缺陷模型中，掺杂缺陷模型 Model－5 对应的拉伸模量、体积模量与剪切模量的值最大，表明力学性能变化最小，而位错缺陷模型 Model－9 与空位缺陷模型 Model－7 对应的拉伸模量、体积模量与剪切模量减小的幅度最大，即刚性减小的幅度最为明显。因此，位错缺陷与空位缺陷对炸药力学性能的影响更为显著，而掺杂缺陷对力学性能的影响相对较小一些。

### 5.2.3 本节小结

本节分别建立了“完美”型与含有掺杂、空位与位错缺陷的 CL－20/DNB 共晶炸药模型，采用分子动力学方法优化了模型结构，预测了“完美”型模型与缺陷模型的性能，包括感度、稳定性、爆轰性能与力学性能，评估了晶体缺陷对 CL－20/DNB 共晶炸药性能的影响，得到的主要结论如下。

（1）与“完美”型晶体相比，缺陷晶体模型的拉伸模量、体积模量与剪切模量的值减小，而柯西压增大，表明由于晶体缺陷的影响，炸药的刚性减弱，延展性增强，其中空位缺陷与位错缺陷对力学性能的影响更为显著，而掺杂缺陷的影响相对较小一些。

（2）由于晶体缺陷的影响，炸药的晶体结构与分子排列方式发生变化，导致分子之间的相互作用力减弱，结合能减小，炸药的稳定性减弱。

（3）缺陷晶体的键连双原子作用能与 CED 减小，表明引发键的强度与分子间的非键力作用降低，预示 CL－20/DNB 共晶炸药的感度增大，安全性减弱。

（4）由于晶体缺陷的影响，CL－20/DNB 共晶炸药的密度与爆轰参数减小，表明炸药的威力减小，能量特性受到削弱，其中空位缺陷的晶体密度与爆轰参数最小，即空位缺陷对能量特性的影响最大。

## 5.3 微观缺陷对 CL－20/TNT 共晶炸药性能影响

CL－20 是一种具有笼型结构的新型多环硝胺类高能量密度化合物（HEDC），它具有 4 种晶型（α、β、γ 和 ε），其中 ε－CL－20 密度最大，能量最高，也最具有研究价值，但 CL－20 的感度较高，安全性能低，从而限制了 CL－20 在高效毁伤武器弹药中的广泛应用。2,4,6－三硝基甲苯（TNT）是一种常见的芳香族炸药，能量密度较低，但安全性较好，常作为熔铸类炸药的载体在相关领域得到广泛应用。

2011 年，Bolton 等[46]制备了 CL－20/TNT 共晶炸药，测试了共晶的结构、热性能、撞击感度，并与原料的性能进行了比较。结果表明，形成共晶后，炸药的分子结构发生了改变，TNT 与 CL－20 分子间存在氢键的作用，共晶炸药的熔点为136℃，比TNT（熔点为81℃）高55℃左右。撞击感度实验表明，共晶炸药的感度大幅度降低。因此，当把TNT加入到CL-20中形成共晶后，炸药的撞击感度降低，安全性能得到明显提升。2012年杨宗伟等[47-49]制备了组分比例为1∶1的CL-20/TNT共晶炸药，并研究了共晶的结构与性能。结果表明，CL-20/TNT共晶的感度介于CL-20与TNT之间，与CL-20相比，共晶的感度降低了87%，安全性得到有效改善与提高，熔点为133.8℃，较TNT提高52.9℃，晶体密度达1.908g/cm³，爆速和爆压预测值分别比TNT高24.6%和66.7%。因此，CL-20/TNT共晶炸药具有较高的能量密度与较低的机械感度，实现了对CL-20性能的有效改进与提升。

CL-20/TNT共晶炸药由CL-20与TNT组成，其中TNT通常采用硝化甲苯的方法进行生产制备，在此过程中也会形成其他的产物，如DNT、TNB等，导致最终产物TNT中存在杂质成分，进一步引起CL-20/TNT共晶炸药中存在杂质成分，即晶体中存在掺杂缺陷。此外，在晶体生长与结晶的过程中，由于外界因素的干扰，晶体中也有可能会出现其他种类的缺陷，如空穴、位错等。晶体缺陷的存在可能会影响炸药的性能，如力学性能、结合能、感度与爆轰性能，从而影响武器装备的作战效能与使用性能。鉴于此，本节以CL-20/TNT共晶炸药为研究对象，分别构建了“完美”共晶与含有缺陷的共晶模型，在Materials Studio（MS）软件中，采用MD方法，通过仿真计算得到不同种类的共晶模型的力学性能、结合能、感度与爆轰性能参数，探讨晶体缺陷对其性能的影响。

### 5.3.1 计算模型与计算方法

**1. 单个分子的建立**

CL-20/TNT共晶炸药由CL-20与TNT组成，分子式分别为$C_6H_6O_{12}N_{12}$和$C_7H_5O_6N_3$，相对分子质量分别为438和227。在MS软件中，分别建立CL-20与TNT的单个分子模型，如图5-10所示。

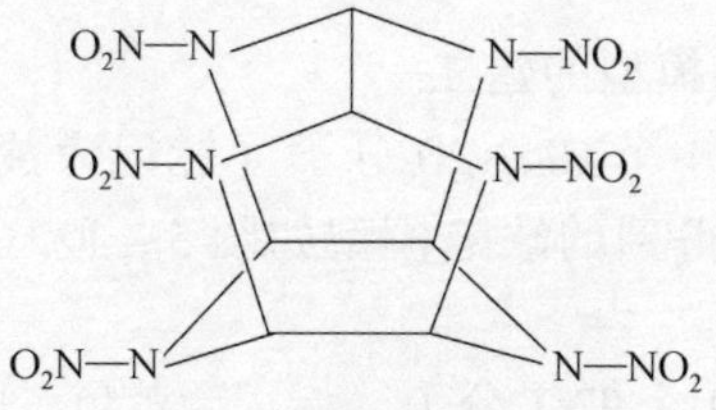


（a）

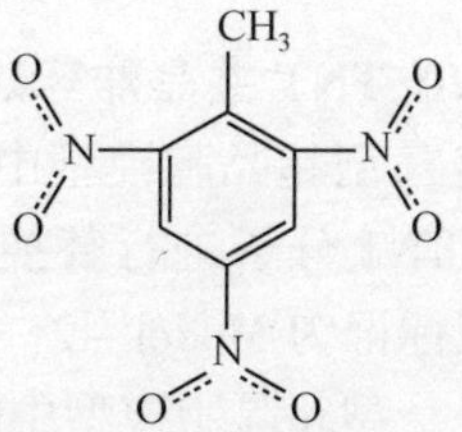


（b）

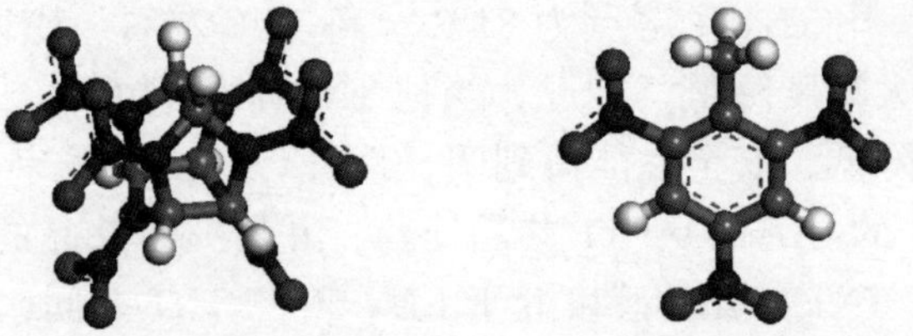

（c）　　　　　　　　　　（d）

图 5-10　CL-20 与 TNT 的结构式及分子模型

## 2. CL-20/TNT 共晶炸药初始模型的建立

Yang 等[47-49]对 CL-20/TNT 共晶炸药样品进行了单晶 X-射线衍射实验，结果表明 CL-20/TNT 共晶炸药属于正交晶系（orthorhombic），空间群为 Pbca，共晶炸药中 CL-20 与 TNT 的组分比例（摩尔比 CL-20：TNT）为 1：1。CL-20/TNT 共晶炸药的晶格参数为 $a=9.7352Å$、$b=19.9126Å$、$c=24.6956Å$、$\alpha=90°$、$\beta=90°$和 $\gamma=90°$，单个晶胞中包含 8 个 CL-20 与 8 个 TNT 分子。在 MS 中，建立 CL-20/TNT 共晶的单个晶胞模型，如图 5-11（a）所示。晶胞建立后，将其扩展为（3×2×1）的超晶胞模型，包含 96 个分子，其中 48 个 CL-20 分子，48 个 TNT 分子，共 2736 个原子。共晶的超晶胞模型如图 5-11（b）所示。为了方便与缺陷晶体进行区分，将“完美”型共晶模型标记为 Model-1。

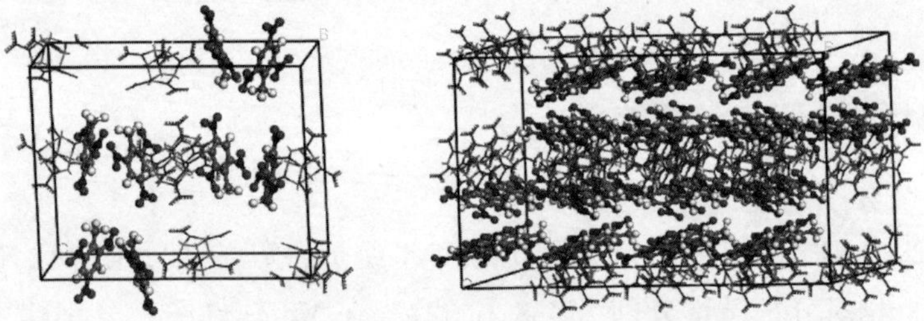

（a）　　　　　　　　　　（b）

图 5-11　CL-20/TNT 共晶炸药的单个晶胞与超晶胞模型

## 3. CL-20/TNT 共晶炸药缺陷模型的建立

将“完美”型超晶胞模型中的 4 个 CL-20 分子（标记为黄色，图 5-12（a））用 4 个 TNT 分子进行替换，得到的缺陷模型如图 5-12（b）所示，将所得缺陷模型标记为 Model-2。

将“完美”型超晶胞模型中的 4 个 TNT 分子（标记为黄色，图 5-13（a））用 4 个 CL-20 分子进行替换，得到的缺陷模型如图 5-13（b）所示，将所得缺陷模型标记为 Model-3。

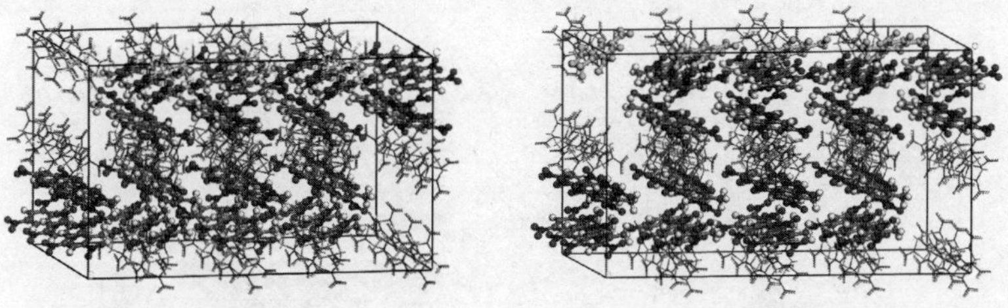

（a）　　　　　　　　　　（b）

**图 5－12　用 TNT 分子替换 CL－20 分子所得缺陷晶体模型（附彩图）**

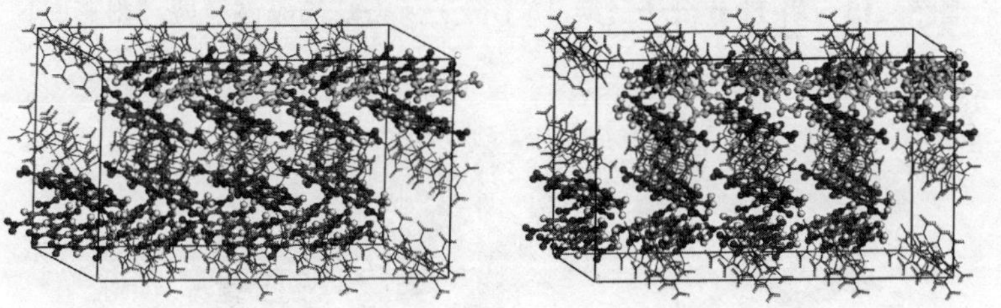

（a）　　　　　　　　　　（b）

**图 5－13　用 CL－20 分子替换 TNT 分子所得缺陷晶体模型（附彩图）**

将“完美”型超晶胞模型中的 4 个 TNT 分子（标记为黄色，图 5－13（a））用 4 个 DNT 分子（图 5－14（a））进行替换，得到的缺陷模型如图 5－14（b）所示，将所得缺陷模型标记为 Model－4。

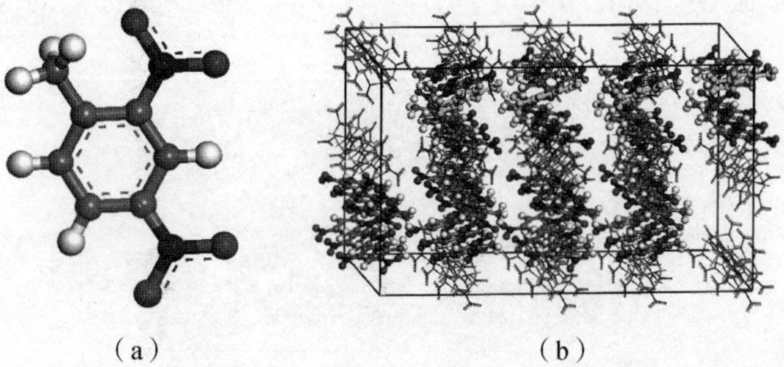

（a）　　　　　　　　　　（b）

**图 5－14　用 DNT 分子替换 TNT 分子所得缺陷晶体模型（附彩图）**

将“完美”型超晶胞模型中的 4 个 TNT 分子（标记为黄色，图 5－13（a））用 4 个 TNB 分子（图 5－15（a））进行替换，得到的缺陷模型如图 5－15（b）所示，将所得缺陷模型标记为 Model－5。

将“完美”型超晶胞模型中的 4 个 TNT 分子（标记为黄色，图 5－13（a））用 4 个 DNB（图 5－16（a））分子进行替换，得到的缺陷模型如图 5－16（b）所示，将所得缺陷模型标记为 Model－6。

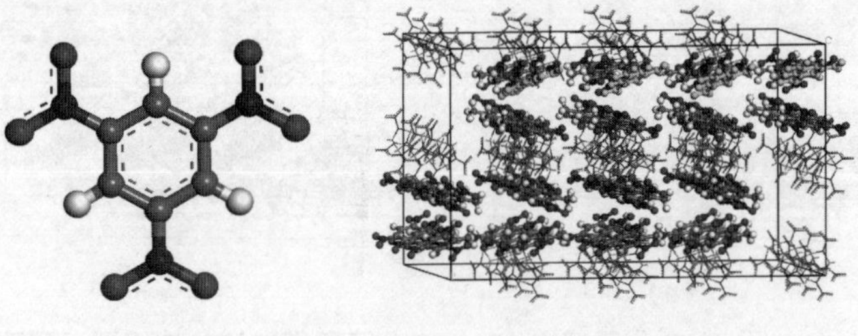

（a）　　　　　　　　　　　　（b）

**图 5－15　用 TNB 分子替换 TNT 分子所得缺陷晶体模型（附彩图）**

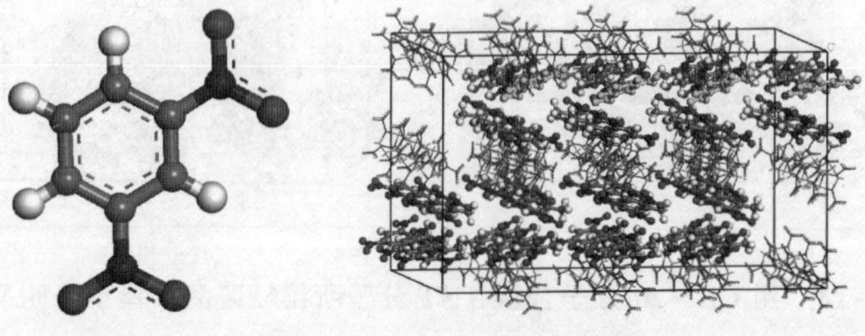

（a）　　　　　　　　　　　　（b）

**图 5－16　用 DNB 分子替换 TNT 分子所得缺陷晶体模型（附彩图）**

将“完美”型超晶胞模型中的 4 个 TNT 分子（标记为黄色，图 5－13（a））删除，得到的缺陷模型如图 5－17 所示，将所得缺陷模型标记为 Model－7。

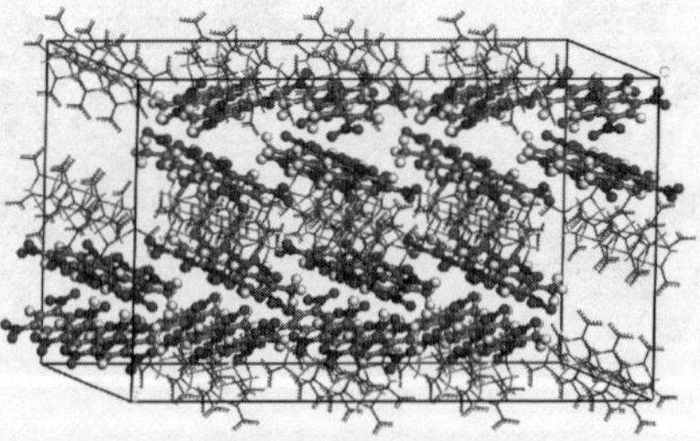

**图 5－17　删除 4 个 TNT 分子所得缺陷晶体模型（Model－7）（附彩图）**

将“完美”型超晶胞模型中的 4 个 CL－20 分子（标记为黄色，图 5－12（a））删除，得到的缺陷模型如图 5－18 所示，将所得缺陷模型标记为 Model－8。

将“完美”型超晶胞模型中的两个 CL－20 分子与两个 TNT 分子（标记为黄色，图 5－19（a））删除，得到的缺陷模型如图 5－19（b）所示，将所得缺陷模型标记为 Model－9。

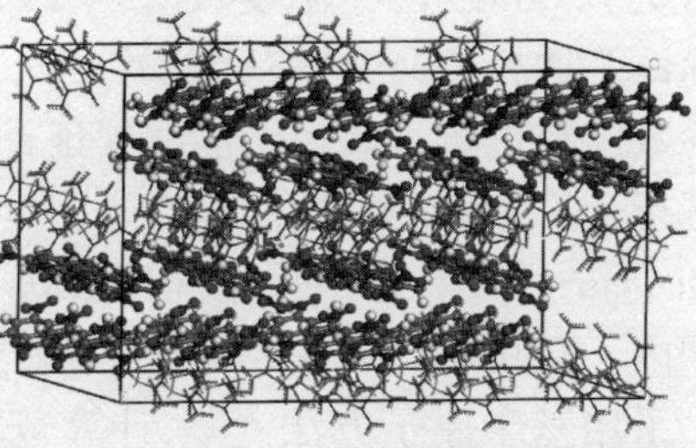

图 5－18　删除 4 个 CL－20 分子所得缺陷晶体模型（Model－8）

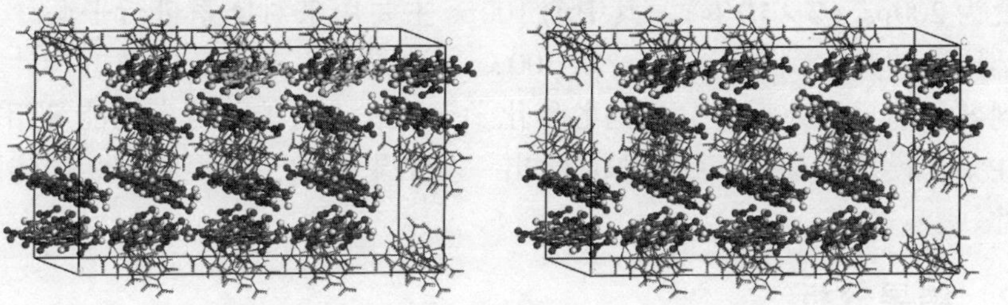

（a）　　　　　　　　　　　　（b）

图 5－19　删除两个 CL－20 分子与两个 TNT 分子所得缺陷晶体模型

将 CL－20/TNT“完美”共晶模型中最上层的 CL－20 分子（标记为黄色，图 5－20（a））向下方移动距离为 2Å，移动后缺陷晶体的模型如图 5－20（b）所示，将所得缺陷模型标记为 Model－10。

（a）　　　　　　　　　　　　（b）

图 5－20　位错缺陷晶体模型

**4. 计算条件设置**

在建立 CL－20/TNT 共晶炸药“完美”型与含有掺杂、空位、位错缺陷的模型后，对建立的各种模型进行能量最小化处理，优化其晶体结构，使模型中分子的排列位置发生改变，模型结构更趋于稳定与合理，同时消除内应力的影响，从而提高计算精度。优化过程结束后，进行分子动力学计算，选择恒温恒压（NPT）系综，即体系的温度、压力与模型中的原子总数在整个过程中始终保持恒定，压力设置为 0.0001GPa，温度设置为 295K。在计算时，为保证计算结果的精度与准确性，选择 COMPASS 力场[27-28]，一是 COMPASS 力场采用从头算法，其中的参数已经进行了修正，能够保证计算精度；二是该力场适合用于对凝聚态物质进行计算，预测其性能。在进行计算时，模型中分子的初始速度由 Maxwell-Boltzman 分布确定，采用周期性边界条件。为了使温度与压力保持在一定的范围内，采用 Andersen[29] 控温方法，压力采用 Parrinello[30] 方法进行控制。此外，采用基于原子方法[31]来计算范德华力的作用，而静电力的计算采用 Ewald 方法[32]。在计算中，时间步长设置为 1fs，总模拟计算时间设置为 200ps（$2\times10^5$fs）。其中前 100ps 主要用来对体系进行平衡计算，优化其结构，使其达到平衡状态；后 100ps 主要是用来对平衡体系进行计算，从而得到各种能量、体系中分子的各种化学键键长、键能与静态性能等相关的参数。在整个模拟过程中，每隔 1ps 输出一步结果文件，共得到 100 帧体系的轨迹文件。

### 5.3.2 结果分析

**1. 平衡判别与平衡体系**

在对 CL-20/TNT 共晶模型进行计算，预测其能量与性能时，需要让各种体系达到平衡状态，而体系的平衡通常用模拟过程中温度变化曲线与能量变化曲线来衡量。通常认为，当体系的温度、能量波动幅度均在 ±5%~10% 范围内时，即可认为体系已经达到平衡状态。以 Model-5 为例，图 5-21（a）中给出了共晶体系的温度变化曲线，图 5-21（b）中给出了体系的能量变化曲线。

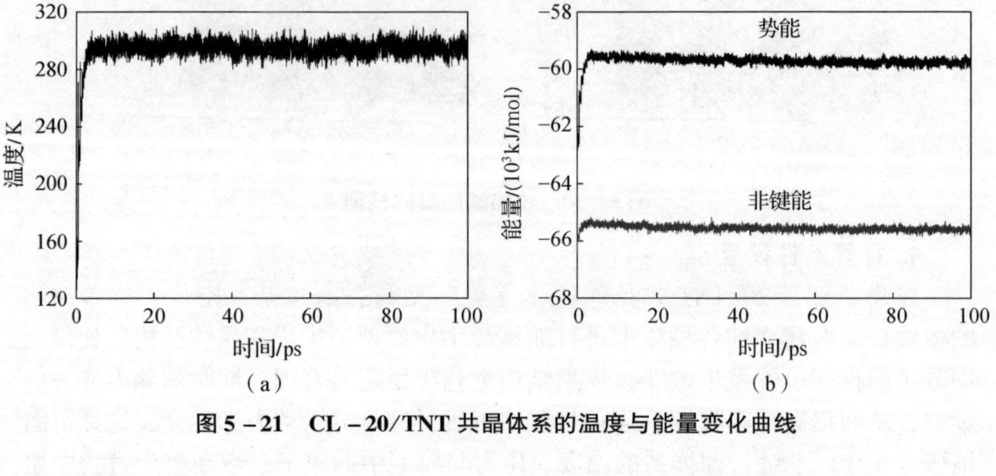


**图 5-21　CL-20/TNT 共晶体系的温度与能量变化曲线**

从图 5－21 可以看出，模拟初期，温度与能量均有所上升，并且波动幅度较大。随着时间的推移，温度与能量的波动幅度逐渐减小，最终温度上下波动幅度为 ±15K，能量波动幅度也逐渐减小，最终波动幅度在 ±5% 内，偏差相对较小，表明混合体系已达到热力学平衡状态。对于其他类型的晶体模型，分子动力学计算时，均以温度平衡和能量平衡来判别混合体系是否达到平衡状态。

**2. 感度**

1）引发键键连双原子作用能

通常认为引发键是物质中能量最弱的化学键，当受到外界刺激时，引发键最容易发生断裂，从而使炸药发生分解或者爆炸。在 CL－20/TNT 共晶炸药及其缺陷晶体中，CL－20 的感度远高于其他成分，如 TNT、TNB、DNB 等，对外界的刺激最敏感，最容易发生化学反应，而 CL－20 的引发键为分子中 N—$NO_2$ 基团上的 N—N 键[43－44]，因此选择 N—$NO_2$ 键作为"完美"型晶体与缺陷晶体的引发键来预测体系的感度。

引发键键连双原子作用能（$E_{N-N}$）的计算公式为

$$E_{N-N} = \frac{E_1 - E_2}{n} \tag{5-3}$$

式中：$E_1$ 为 CL－20/TNT 共晶模型达到热力学平衡状态时系统的总能量（kJ/mol）；$E_2$ 为固定 CL－20 中的所有 N 原子后，混合体系达到平衡状态时的总能量（kJ/mol）；$n$ 为混合体系中 CL－20 分子中 N—$NO_2$ 键的数目。

不同 CL－20/TNT 共晶模型中键连双原子作用能（$E_{N-N}$）的变化曲线如图 5－22 所示。

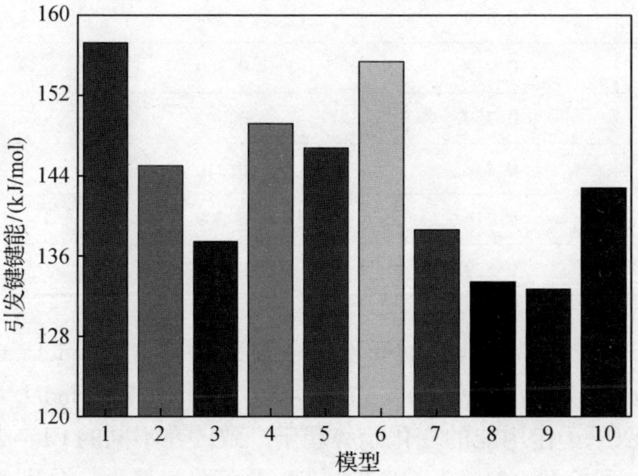


**图 5－22　不同类型的 CL－20/TNT 模型中的引发键键连双原子作用能**

从图 5－22 可以看出，对于不同种类的 CL－20/TNT 共晶模型，引发键键连双原子作用能的大小顺序为 Model－1 > Model－6 > Model－4 > Model－5 > Model－2 > Model－10 > Model－7 > Model－3 > Model－8 ≈ Model－9，表明在所有的模型中，"完美"型模型（Model－1）的引发键键连双原子作用能最大，预示引发键的强度最大，CL－20/TNT 共晶炸药的感度最低，安全性能最优。与"完美"型模型相比，缺陷模型的引发键键连双原子作用能均有不同程度的减小，表明引发键的强度降低，引发键在外界作用下更容易发生断裂，预示缺陷模型的感度升高，安全性能降低。在不同种类的缺陷模型中，Model－8 与 Model－9 的引发键键连双原子作用能最小，表明其感度最高，安全性能最差。Model－8 与 Model－9 对应的缺陷类型为空位缺陷，表明空位缺陷模型的感度最高，也预示空位缺陷对炸药感度的影响最为显著。

2）CED

CED 等于范德华力与静电力之和，即分子的非键力。通过分子动力学模拟，得到不同模型的 CED 与相关能量，结果如表 5－4 所列。

**表 5－4　CL－20/TNT 共晶模型的 CED 与相关能量**

| 模型 *n* | CED/(kJ/cm$^3$) | 范德华力/(kJ/cm$^3$) | 静电力/(kJ/cm$^3$) |
|---|---|---|---|
| Model－1 | 0.937 | 0.318 | 0.619 |
| Model－2 | 0.848 | 0.283 | 0.565 |
| Model－3 | 0.785 | 0.251 | 0.534 |
| Model－4 | 0.877 | 0.294 | 0.583 |
| Model－5 | 0.879 | 0.294 | 0.585 |
| Model－6 | 0.913 | 0.309 | 0.604 |
| Model－7 | 0.759 | 0.242 | 0.517 |
| Model－8 | 0.719 | 0.210 | 0.509 |
| Model－9 | 0.716 | 0.209 | 0.507 |
| Model－10 | 0.822 | 0.268 | 0.554 |

从表 5－4 可以看出，CED 的变化顺序为 Model－1 > Model－6 > Model－5 ≈ Model－4 > Model－2 > Model－10 > Model－3 > Model－7 > Model－8 ≈ Model－9，与引发键键连双原子作用能的变化趋势趋于一致。在不同的 CL－20/TNT 共晶模型中，"完美"型模型（Model－1）的 CED 及其分量最大，分别为 0.937kJ/cm$^3$、0.318kJ/cm$^3$、0.619kJ/cm$^3$，而 Model－9 对应的能量最小，分别为 0.716kJ/cm$^3$、

0.209kJ/cm³、0.507kJ/cm³。与"完美"型模型相比，Model－9 的 CED、范德华力与静电力减小幅度分别为 23.59%、34.28%、18.09%。此外，表 5－4 中的数据还表明，缺陷模型的 CED 均小于"完美"型模型对应的能量值，表明缺陷模型的感度升高，安全性降低，且空位缺陷模型的感度最高，安全性能最差。

**3. 稳定性**

稳定性主要通过结合能（$E_b$）来体现。结合能越大，说明炸药中分子之间的相互作用力越强，炸药的稳定性越好。同时，结合能越大，也说明各组分之间的相容性越好。

对于 CL－20/TNT 共晶模型，结合能的计算公式为

$$E_b = -E_{inter} = -[E_{total} - (E_{CL-20} + E_{other})] \tag{5-4}$$

式中：$E_b$为结合能（kJ/mol）；$E_{inter}$为分子之间的相互作用能（kJ/mol）；$E_{total}$为混合体系达到平衡状态时体系的总能量（kJ/mol）；$E_{CL-20}$为去掉体系中的其他组分后，CL－20 分子对应的总能量（kJ/mol）；$E_{other}$为去掉 CL－20 分子后，体系中的 TNT 分子与其他组分的总能量（kJ/mol）。

通过计算，得到不同模型对应的结合能，如图 5－23 所示。

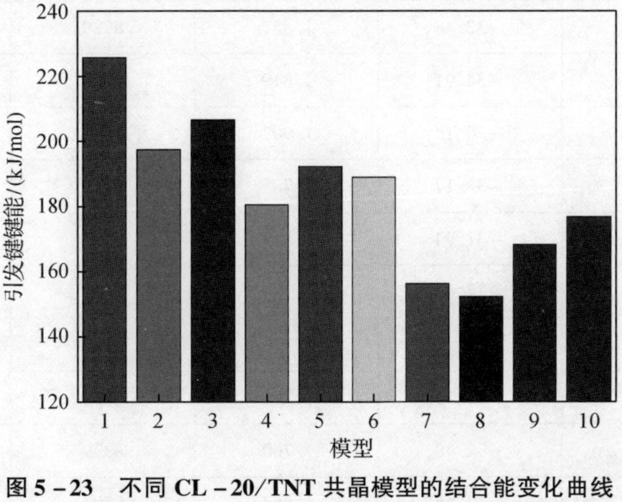


**图 5－23　不同 CL－20/TNT 共晶模型的结合能变化曲线**

从图 5－23 可以看出，对于不同的模型，结合能的变化顺序为 Model－1 > Model－3 > Model－2 > Model－5 > Model－6 > Model－4 > Model－10 > Model－9 > Model－7 > Model－8，表明"完美"型模型的结合能最大，为 225.75kJ/mol，缺陷模型的结合能均有不同程度的减小，其中 Model－3 的结合能最大，为 206.63kJ/mol，而 Model－8 的结合能最小，为 152.35kJ/mol。对于缺陷晶体

而言，结合能的值均小于“完美”型晶体，其中当晶体类型为掺杂缺陷时，结合能最大，而当晶体缺陷是空位缺陷时，结合能的值最小，说明分子之间的相互作用力最弱。此外，图 5-23 的结果也进一步说明，当炸药中存在晶体缺陷时，分子之间的作用力减弱，结合能减小，炸药的稳定性变差。

在不同的模型中，“完美”型共晶的结合能的值最大，对于缺陷晶体而言，结合能的值减小，表明其稳定性减弱。这可能是由于在“完美”型共晶中，CL-20 与 TNT 分子呈现出有序排列的结构，分子结合得最为紧密，相互作用力最强。而对于缺陷晶体来说，由于晶体缺陷的存在，破坏了晶胞的原始结构，使晶胞中 CL-20 与 TNT 分子的位置发生了变化，减小了分子之间相互作用的面积，从而使结合能减小，相互作用力减弱。

**4. 爆轰性能**

根据前面章节中提到的修正氮当量理论[45]，通过计算得到不同模型的爆轰参数，结果如表 5-5 所列，其中炸药的密度可以直接从分子动力学结果中提取得到。

**表 5-5　不同 CL-20/TNT 共晶模型的爆轰参数**

| 模型 $n$ | OB/% | $\rho$/(g/cm$^3$) | $D$/(m/s) | $p$/GPa |
|---|---|---|---|---|
| Model-1 | -32.48 | 1.887 | 8789 | 35.86 |
| Model-2 | -34.91 | 1.849 | 8598 | 33.95 |
| Model-3 | -30.18 | 1.902 | 8896 | 36.91 |
| Model-4 | -33.17 | 1.785 | 8419 | 31.93 |
| Model-5 | -31.94 | 1.831 | 8597 | 33.77 |
| Model-6 | -32.62 | 1.784 | 8422 | 31.95 |
| Model-7 | -31.27 | 1.776 | 8423 | 31.88 |
| Model-8 | -33.73 | 1.753 | 8287 | 30.63 |
| Model-9 | -32.48 | 1.760 | 8339 | 31.09 |
| Model-10 | -32.48 | 1.864 | 8708 | 34.98 |

从表 5-5 可以看出，在不同的模型中，炸药密度的大小顺序为 Model-3 > Model-1 > Model-10 > Model-2 > Model-5 > Model-4 ≈ Model-6 > Model-7 > Model-9 > Model-8，爆速与爆压的顺序与密度的变化顺序一致。对于不同的共晶模型，“完美”型共晶的氧平衡系数、密度、爆速与爆压分别为 -32.48%、

1.887g/cm³、8789m/s、35.86GPa；缺陷晶体模型 Model－3 的氧平衡系数、密度与爆轰参数的值最大，分别为－30.18%、1.902g/cm³、8896m/s、36.91GPa，即缺陷晶体模型 Model－3 的能量密度最大；而晶体缺陷模型 Model－8 对应的密度与爆轰参数的值最小，分别为 1.753g/cm³、8287m/s、30.63GPa。这主要是因为 CL－20 的密度与爆轰参数比 TNT 高很多，对缺陷晶体模型 Model－3，当用 CL－20 分子替代 TNT 分子时，使共晶体系中的高能组分（CL－20）所占的比例增大，从而使体系的密度与爆轰参数增大，能量密度提高。相反，对缺陷晶体模型 Model－8，当删除一定数量的 CL－20 分子后，使体系中高能组分（CL－20）的含量减小，而低能组分（TNT）所占的比例增大，从而使体系的密度与爆轰参数减小，能量密度减小。此外，表 5－5 的结果也表明，总体来看，当共晶中存在缺陷时，体系的密度与爆轰参数减小，即缺陷会对体系的威力与能量特性产生不利影响，并且当缺陷类型为空位缺陷时，体系的密度与爆轰参数最小，能量密度最低，即空位缺陷对炸药的能量特性与爆轰性能最为不利。

**5. 力学性能**

当 CL－20/TNT 共晶模型达到热力学平衡状态后，通过分子动力学计算，可以得到不同模型的力学性能参数，结果如表 5－6 与图 5－24 所示。

**表 5－6　不同种类的 CL－20/TNT 共晶模型的力学性能**

| 参数 | Model－1 | Model－2 | Model－3 | Model－4 | Model－5 |
|---|---|---|---|---|---|
| $C_{11}$/GPa | 21.494 | 18.007 | 19.377 | 16.775 | 16.823 |
| $C_{22}$/GPa | 18.725 | 15.464 | 16.026 | 13.281 | 13.874 |
| $C_{33}$/GPa | 15.903 | 12.887 | 14.575 | 10.930 | 10.588 |
| $C_{44}$/GPa | 8.822 | 6.468 | 7.323 | 4.577 | 4.818 |
| $C_{55}$/GPa | 7.152 | 6.018 | 6.445 | 4.774 | 5.017 |
| $C_{66}$/GPa | 5.975 | 5.234 | 5.370 | 4.488 | 4.737 |
| $C_{12}$/GPa | 8.064 | 6.585 | 7.304 | 5.515 | 5.769 |
| $C_{13}$/GPa | 7.378 | 6.028 | 6.678 | 4.806 | 5.209 |
| $C_{23}$/GPa | 7.969 | 7.283 | 7.236 | 5.955 | 6.115 |
| $C_{15}$/GPa | －0.371 | 0.118 | －0.049 | 0.272 | 0.136 |
| $C_{25}$/GPa | －0.244 | 0.077 | 0.111 | 0.166 | －0.125 |
| $C_{35}$/GPa | 0.059 | －0.102 | 0.072 | 0.083 | 0.274 |

续表

| 参数 | Model - 1 | Model - 2 | Model - 3 | Model - 4 | Model - 5 |
|---|---|---|---|---|---|
| $C_{46}$/GPa | 0. 116 | 0. 037 | -0. 138 | -0. 059 | 0. 152 |
| $E$/GPa | 15. 329 | 13. 301 | 14. 558 | 11. 267 | 11. 287 |
| $\gamma$ | 0. 232 | 0. 240 | 0. 235 | 0. 235 | 0. 236 |
| $K$/GPa | 9. 535 | 8. 536 | 9. 176 | 7. 083 | 7. 125 |
| $G$/GPa | 6. 221 | 5. 362 | 5. 891 | 4. 562 | 4. 566 |
| $(C_{12}-C_{44})$/GPa | -0. 758 | 0. 117 | -0. 019 | 0. 938 | 0. 951 |
| 参数 | Model - 6 | Model - 7 | Model - 8 | Model - 9 | Model - 10 |
| $C_{11}$/GPa | 17. 736 | 16. 632 | 14. 645 | 15. 732 | 17. 552 |
| $C_{22}$/GPa | 14. 519 | 13. 447 | 12. 283 | 12. 446 | 15. 017 |
| $C_{33}$/GPa | 11. 892 | 10. 572 | 9. 543 | 9. 532 | 12. 969 |
| $C_{44}$/GPa | 5. 351 | 4. 236 | 3. 578 | 3. 828 | 5. 458 |
| $C_{55}$/GPa | 5. 575 | 4. 892 | 3. 677 | 4. 311 | 5. 774 |
| $C_{66}$/GPa | 4. 728 | 4. 177 | 3. 323 | 3. 839 | 5. 015 |
| $C_{12}$/GPa | 6. 013 | 5. 459 | 5. 176 | 5. 203 | 5. 967 |
| $C_{13}$/GPa | 5. 593 | 4. 775 | 4. 311 | 4. 662 | 5. 945 |
| $C_{23}$/GPa | 6. 677 | 5. 923 | 5. 557 | 5. 518 | 7. 068 |
| $C_{15}$/GPa | 0. 241 | -0. 058 | 0. 210 | -0. 106 | 0. 015 |
| $C_{25}$/GPa | 0. 158 | 0. 129 | -0. 189 | 0. 315 | -0. 134 |
| $C_{35}$/GPa | 0. 014 | 0. 115 | 0. 023 | -0. 113 | 0. 093 |
| $C_{46}$/GPa | -0. 116 | 0. 106 | -0. 028 | 0. 038 | 0. 127 |
| $E$/GPa | 12. 202 | 9. 979 | 8. 766 | 9. 644 | 12. 882 |
| $\gamma$ | 0. 241 | 0. 242 | 0. 255 | 0. 244 | 0. 237 |
| $K$/GPa | 7. 837 | 6. 464 | 5. 965 | 6. 288 | 8. 164 |
| $G$/GPa | 4. 918 | 4. 015 | 3. 492 | 3. 875 | 5. 207 |
| $(C_{12}-C_{44})$/GPa | 0. 662 | 1. 223 | 1. 598 | 1. 375 | 0. 509 |

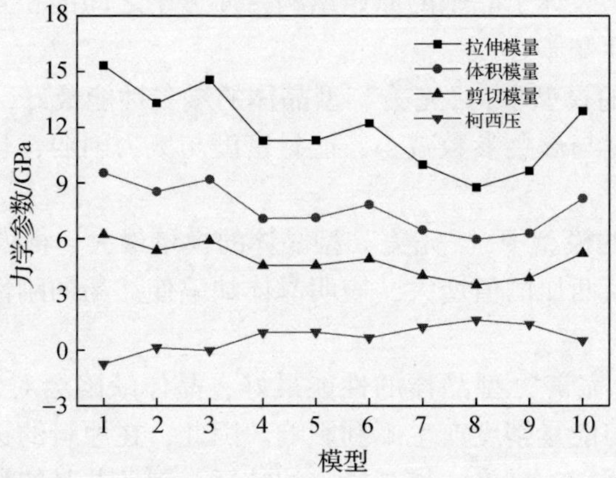


**图 5－24　不同种类的 CL－20/TNT 共晶模型的力学参数**

从表 5－6 与图 5－24 可以看出，不同的模型对应的力学参数各不相同。其中，$E$、$K$、$G$ 的大小顺序为 Model－1＞Model－3＞Model－2＞Model－10＞Model－6＞Model－5 ≈ Model－4＞Model－7＞Model－9＞Model－8，而柯西压（$C_{12}$—$C_{44}$）则呈现出相反的变化趋势。在不同的共晶模型中，“完美”型共晶模型的模量（$E$、$K$、$G$）值分别为 15.329GPa、9.535GPa、6.221GPa，$E$、$K$、$G$ 的值较大，表明炸药的刚性较强，硬度较大，在外界的作用下不容易发生变形，而柯西压（$C_{12}$—$C_{44}$）为负值（－0.758GPa），说明炸药的延展性与塑性较差。对于缺陷晶体来说，$E$、$K$、$G$ 的值逐渐减小，而柯西压的值逐渐增大，其中缺陷晶体模型 Model－8 的模量值最小，分别为 8.766GPa、5.965GPa、3.492GPa，柯西压的值为 1.598GPa。与“完美”型共晶模型相比，$E$、$K$、$G$ 的减小幅度分别为 42.81%、37.44%、43.87%。模量减小，表明炸药的刚性减弱，而柯西压增大，表明炸药的延展性与柔性增强。基于此可以看出，由于晶体缺陷的影响，使共晶炸药的刚性减弱，延展性与柔性增强。

### 5.3.3　本节小结

本节以 CL－20/TNT 共晶炸药为研究对象，分别建立了“完美”型与含有掺杂、空位、位错缺陷的 CL－20/TNT 共晶炸药模型，采用分子动力学方法，计算得到了不同模型的共晶炸药的感度、稳定性、爆轰性能与力学性能参数并进行了比较。结果表明以下几点。

（1）由于晶体缺陷的存在，共晶模型的键连双原子作用能减小，CED 减小，表明晶体缺陷使炸药的感度增大，安全性变差。

（2）“完美”型晶体的结合能最大，分子之间的相互作用力最强，稳定性最好，而晶体缺陷破坏了晶胞的原始结构，使分子之间的相互作用力减弱，结合能减小，稳定性变差。

(3) 在不同的模型中，“完美”型晶体的爆轰性能最好，由于晶体缺陷的影响，晶体的密度与爆轰参数减小，能量密度与威力削弱，且空位缺陷对应的能量密度最低。

(4) 在不同的模型中，“完美”型晶体的模量最大，柯西压最大，缺陷晶体的模量减小，柯西压的值增大，表明晶体缺陷使炸药的刚性与硬度减弱，延展性与塑性增强。

综合来看，“完美”型晶体的性能最好，晶体缺陷会对炸药的力学性能、稳定性、安全性与能量密度产生不利影响。因此，在原料的选取与共晶的制备过程中，应采取严密的措施，提高原料的纯度与制备共晶的科学性，尽量避免晶体缺陷的产生，从而确保晶体良好的性能。

## 5.4 微观缺陷对 CL-20/NQ 共晶炸药性能影响

CL-20 是一种新型的高能量密度材料，也是目前整体性能最好的单质炸药之一，具有广阔的发展前景与应用价值。但 CL-20 的机械感度很高，安全性能差，从而导致其发展应用受到限制。NQ 是一种钝感炸药，晶体呈白色针状形貌，撞击感度与摩擦感度均很低，使它受到了越来越多人的青睐。德国和美国先后研制了以 NQ 为主的低感熔铸炸药和钝感混合炸药，综合性能表现良好。然而略低的能量限制了其广泛应用。

由于共晶方法在改善含能材料性能方面具有较好的优势，可以从分子层面改善含能材料的晶体结构与晶体中分子的排列组装方式，调控含能材料能量密度与安全性之间的矛盾，实现对含能材料性能的有效改进与提升，因此含能共晶的研究引起国内外的广泛关注。基于此，可以考虑设计 CL-20/NQ 共晶炸药，从而改善 CL-20 的性能。对于 CL-20/NQ 共晶，一方面，由于 CL-20 具有高能量密度，可以使共晶炸药保持高威力的优势；另一方面，NQ 具有低机械感度的优势，可以使共晶炸药具有较高的安全性。

2016 年，丁雄等[50-51]以 CL-20、NQ 为组分，设计了新型的 CL-20/NQ 共晶炸药，预测了共晶炸药的性能。结果表明，CL-20/NQ 共晶分子间存在较强的相互作用力，CL-20/NQ 共晶炸药的感度低于 CL-20，爆速大于 HMX，实现了对 CL-20 性能的有效改进与提升。因此，CL-20/NQ 共晶炸药有望成为一种新型的高能钝感炸药。β-NQ 是 NQ 的一种异构物，在共晶炸药制备过程中，原料 NQ 中可能会混入一定量的杂质成分 β－NQ，从而导致制备的 CL－20/NQ 共晶炸药不纯，即炸药中存在掺杂缺陷。此外，由于外界因素的干扰，晶体的生长过程可能会受到影响，从而导致炸药晶体中存在缺陷。而晶体缺陷的存在会影响炸药的性能，如稳定性、感度与能量特性等，从而进一步影响武器弹药的安全性与作战性能。因此，为了研究晶体缺陷对 CL－20/NQ 共晶炸药的性能影响，本节以 CL－20/NQ 共晶炸药为研究对象，分别建立“完美”型与含有晶体缺陷（掺杂、空位与位错）的 CL－20/NQ 共晶炸药模型，采用分子动力学方法，预测各种模型的结合能、感度、爆轰性能与力学参数并进行比较，评价晶体缺陷对 CL－20/NQ 共晶炸药性能影响。

## 5.4.1　计算模型与计算方法

### 1. 单个分子的建立

CL－20/NQ 共晶炸药由 CL－20 与 NQ 组成，其中 CL－20 与 NQ 的分子式分别为 $C_6H_6O_{12}N_{12}$、$CH_4O_2N_4$，相对分子质量分别为 438、104。在 MS 软件中，分别建立 CL－20 与 NQ 的单个分子模型，如图 5－25 所示。

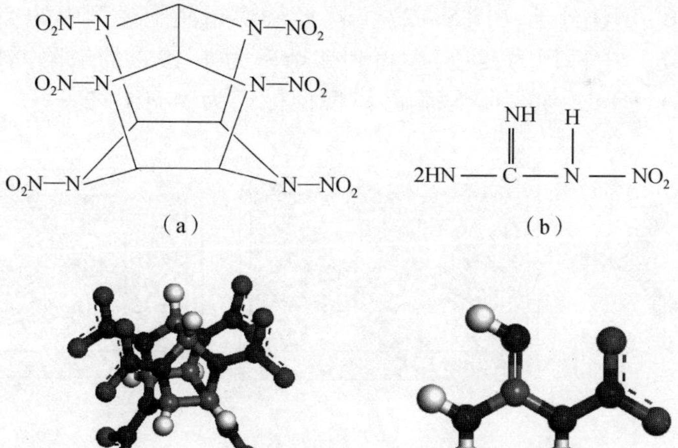


**图 5－25　CL－20 与 NQ 的结构式及分子模型**

### 2. CL－20/NQ 共晶炸药初始模型的建立

CL－20/NQ 共晶炸药属于单斜晶系，空间群为 P21/C，晶格参数为 $a$ = 13.980Å、$b$ = 14.090Å、$c$ = 9.520Å、$\alpha$ = 90.00°、$\beta$ = 93.85°和 $\gamma$ = 90.00°，单个晶胞中包含 4 个 CL－20 与 4 个 NQ 分子[51]。根据 CL－20/NQ 共晶炸药的晶体结构与晶格参数信息，在 MS 软件中建立其单个晶胞模型，如图 5－26（a）

所示。在 CL－20/NQ 共晶单个晶胞模型的基础上，将单个晶胞模型扩展为 12（3×2×2）的超晶胞模型，其中包含 48 个 CL－20 与 48 个 NQ 分子，共 96 个分子，2256 个原子，如图 5－26（b）所示。为了便于与含有晶体缺陷的模型进行比较，将“完美”型的晶体模型标记为 Model－1。

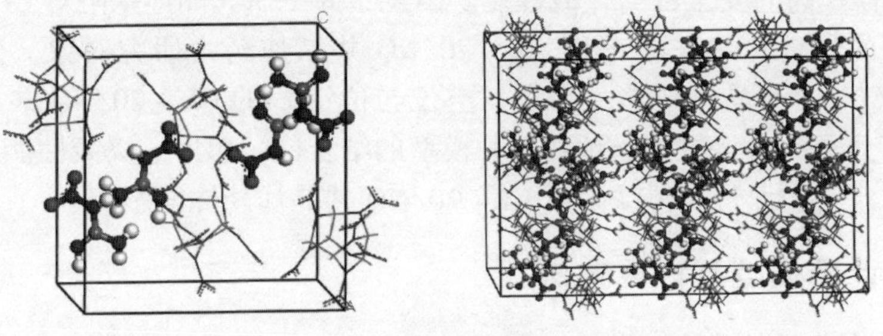

（a）　　　　　　　　　　　　　　（b）

**图 5－26　CL－20/NQ 共晶炸药的单个晶胞与超晶胞模型**

**3. CL－20/NQ 共晶炸药缺陷模型的建立**

本节中研究的晶体缺陷共包括 3 种类型，即掺杂、空位与位错。

用 4 个 β－NQ 分子（图 5－27（a））替换超晶胞模型中的 4 个 NQ 分子（图 5－27（b）中标记为黄色），得到掺杂率为 4.17% 的缺陷晶体模型，如图 5－27（c）所示，将掺杂缺陷晶体模型标记为 Model－2。

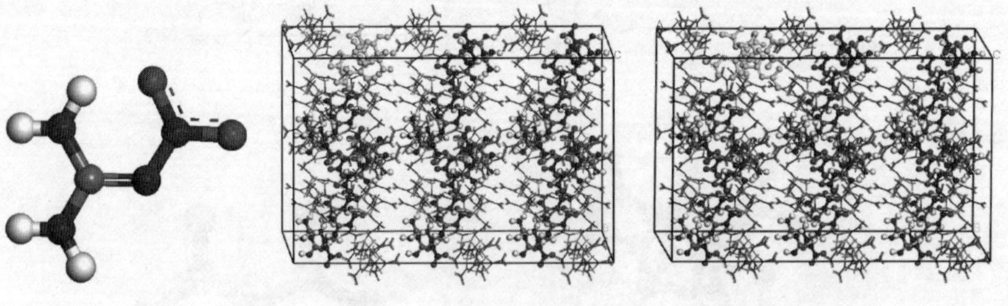

（a）　　　　　　　　　（b）　　　　　　　　　（c）

**图 5－27　β－NQ 分子、初始模型与含有掺杂缺陷的晶胞模型**

类似地，分别用 6 个 β－NQ 分子替换 6 个 NQ 分子、8 个 β－NQ 分子替换 8 个 NQ 分子，得到掺杂率分别为 6.25% 与 8.33% 的缺陷晶体模型，分别标记为 Model－3、Model－4。

删除超晶胞模型中的 4 个 CL－20 分子（图 5－28（a）中标记为黄色），得到含空位为 4.17% 的缺陷晶体模型，如图 5－28（b）所示，将缺陷晶体模型标记为 Model－5。

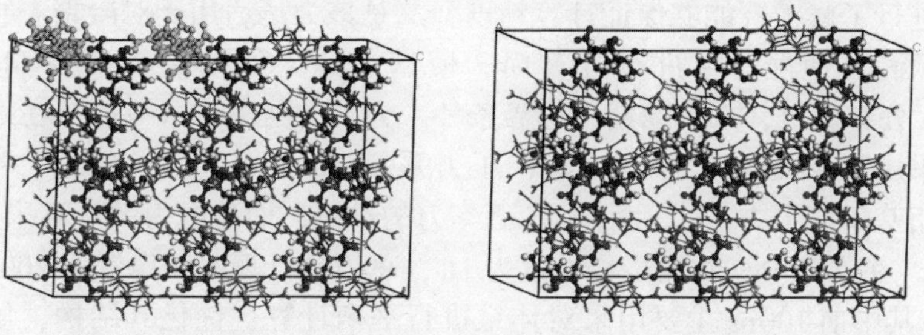


**图 5－28　初始模型与含有空位缺陷的晶胞模型**

类似地，分别删除 4 个 NQ 分子、2 个 CL－20 与 2 个 NQ 分子、8 个 CL－20 分子、8 个 NQ 分子、4 个 CL－20 与 4 个 NQ 分子，将空位缺陷模型分别标记为 Model－6、Model－7、Model－8、Model－9、Model－10。

将“完美”型晶体模型中最上层的 6 个 CL－20 分子（图 5－29（a）中标记为黄色）向上方移动 2Å 的距离，得到含位错缺陷的晶体模型，如图 5－29（b）所示，将缺陷晶体模型标记为 Model－11。

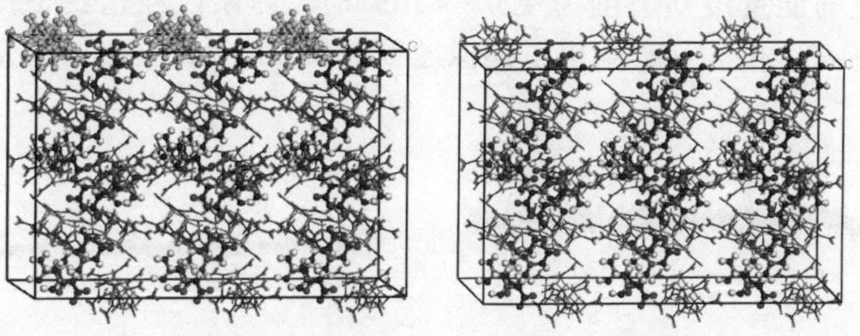


**图 5－29　初始模型与含有位错缺陷的晶胞模型**

类似地，将“完美”型晶体模型中最上层的 6 个 CL－20 分子向下方移动 2Å 的距离，得到位错缺陷晶体模型，标记为 Model－12。

**4. 计算条件设置**

分别对建立的 CL－20/NQ 共晶炸药的“完美”型模型与含有缺陷的各种模型进行能量最小化处理，优化其晶体结构，使模型中分子的排列位置发生改变，模型结构更趋于稳定与合理，同时消除内应力的影响，从而提高计算精度。优化过程结束后，进行分子动力学计算，选择恒温恒压（NPT）系综，即体系的温度、压力与模型中的原子总数在整个过程中始终保持恒定，压力设置为 0.0001GPa，温度设置为 295K。在计算时，为保证计算结果的精度与准确性，选择 COMPASS 力场[27－28]，一是 COMPASS 力场采用从头算法，其中的参数已经进行了修正，能够保证计算精度；二是该力场适用于对凝聚态物质进行计算，预测其性能。在进行计算时，模型中分子的初始速度由 Maxwell - Boltzman 分布确定，采用周期性边界条件。为了使温度与压力保持在一定的范围内，采用 Andersen[29] 控温方法，压力采用 Parrinello[30] 方法进行控制。此外，采用基于原子方法[31] 来计算范德华力的作用，而静电力的计算采用 Ewald 方法[32]。在计算中，时间步长设置为 1fs，总模拟计算时间设置为 200ps（$2\times10^5$fs）。其中前 100ps 主要用来对体系进行平衡计算，优化其结构，使其达到平衡状态；后 100ps 主要是用来对平衡体系进行计算，从而得到各种能量、体系中分子的各种化学键键长、键能与静态性能等相关的参数。在整个模拟过程中，每隔 1ps 输出一步结果文件，共得到 100 帧体系的轨迹文件。

### 5.4.2 结果分析

**1. 平衡判别与平衡体系**

在对 CL - 20/NQ 共晶模型进行计算，预测其能量与性能时，需要让混合体系达到平衡状态，而体系平衡时，必须同时满足温度平衡与能量平衡。通常认为当温度与能量波动范围为 ±5% ~ 10% 时，体系已经达到平衡状态。以 Model - 4 为例，图 5 - 30 给出了模拟过程中混合体系的温度与能量随时间的变化曲线。

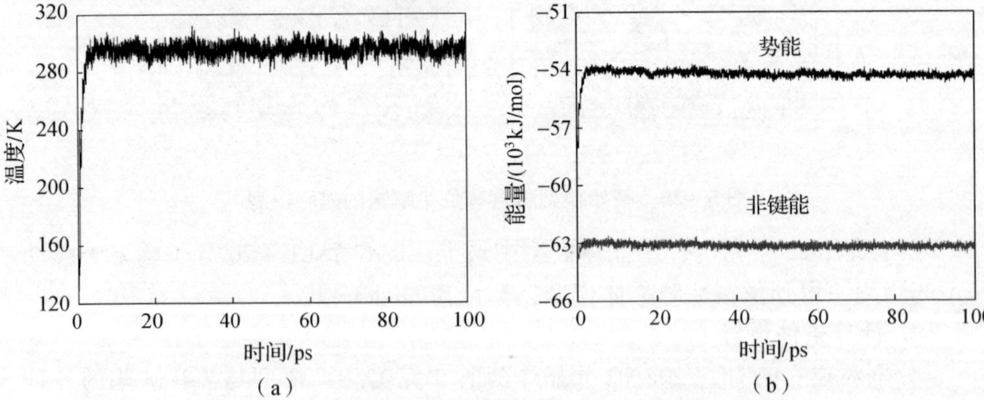


**图 5 - 30　CL - 20/NQ 共晶模型的温度与能量变化曲线**

从图 5 - 30 可以看出，模拟初期，CL - 20/NQ 共晶模型的温度与能量均有所上升，并且波动幅度相对较大。随着时间的推移，温度与能量的波动幅度逐渐减小，最终温度波动幅度为 ±15K，能量波动幅度为 ±5%，偏差相对较小，表明混合体系已达到热力学平衡状态。对于其他的 CL - 20/NQ 共晶炸药模型，分子动力学计算时，均以温度平衡和能量平衡来判别混合体系是否达到平衡状态。

**2. 感度**

1）引发键键连双原子作用能

所谓引发键，是指含能材料中能量最低、强度最弱的化学键。当受到外界刺激时，引发键最容易发生断裂，从而导致含能材料发生分解或者爆炸。在 CL-20/NQ 共晶及其缺陷晶体中，CL-20 的感度远高于 NQ，在外界刺激下，CL-20 更容易发生分解或爆炸。CL-20 的引发键为 N—$NO_2$ 键中的 N—N 键[43-44]，因此选择 N—N 键来预测不同模型的感度大小。

键连双原子作用能主要用来反映键的强度。键连双原子作用能越大，说明键的强度越大，含能材料的感度越低，安全性越好。键连双原子作用能（$E_{N-N}$）的计算公式为

$$E_{N-N} = \frac{E_T - E_F}{n} \tag{5.5}$$

式中：$E_T$为 CL-20/NQ 共晶炸药达到平衡状态时体系的总能量（kJ/mol）；$E_F$为固定 CL-20 中所有的 N 原子后体系的总能量（kJ/mol）；$n$ 为体系中 CL-20 分子中包含的 N—N 键的数量。

不同 CL-20/NQ 共晶模型中键连双原子作用能（$E_{N—N}$）的变化曲线如图 5-31 所示。

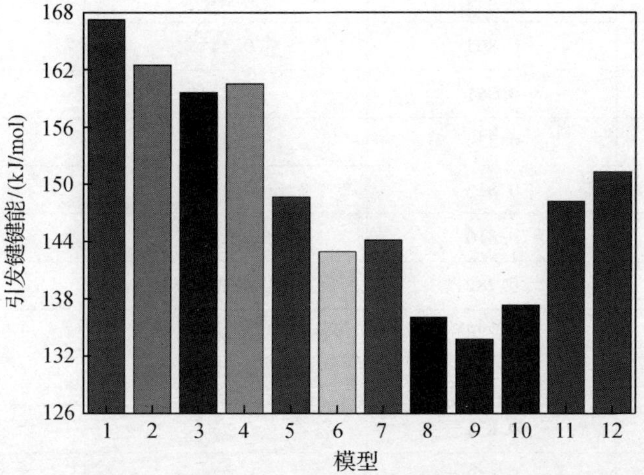


**图 5-31　不同 CL-20/NQ 共晶模型中的引发键键连双原子作用能**

从图 5-31 可以看出，对于不同的模型，键连双原子作用能的大小顺序为 Model-1 > Model-2 > Model-4 ≈ Model-3 > Model-12 > Model-5 ≈

Model－11＞Model－7＞Model－6＞Model－10＞Model－8＞Model－9，即“完美”型晶体模型对应的键连双原子作用能最大（167.26kJ/mol），其次为含有掺杂缺陷的模型Model－2（162.48kJ/mol），而空位缺陷模型Model－9对应的键连双原子作用能最小（133.75kJ/mol）。与“完美”型模型相比，键连双原子作用能减小的幅度为2.86%～20.03%。键连双原子作用能减小，说明引发键断裂时需要的能量减小，即在外界的刺激下，引发键更容易发生断裂，表明炸药的感度增大，安全性降低。此外，图5－31也进一步说明，空位缺陷的晶体模型键连双原子作用能最小，键的强度最弱，表明其感度最高，安全性最差。随着晶体中缺陷的增加，键连双原子作用能逐渐减小，预示炸药的感度逐渐升高。因此，晶体缺陷会对炸药的安全性产生不利影响。

2）CED

CED定义为单位体积内1mol物质由凝聚态变为气态时克服分子间作用力所做的功。CED属于非键力，在数值上等于范德华力与静电力之和。通过分子动力学计算，得到不同模型的CED、范德华力与静电力，结果如表5－7所列。

**表5－7　不同CL－20/NQ共晶模型的内聚能密度、范德华力与静电力**

| 模型 $n$ | CED/(kJ/cm$^3$) | 范德华力/(kJ/cm$^3$) | 静电力/(kJ/cm$^3$) |
|---|---|---|---|
| Model－1 | 0.896 | 0.258 | 0.638 |
| Model－2 | 0.874 | 0.248 | 0.626 |
| Model－3 | 0.863 | 0.244 | 0.619 |
| Model－4 | 0.861 | 0.243 | 0.618 |
| Model－5 | 0.839 | 0.232 | 0.607 |
| Model－6 | 0.815 | 0.221 | 0.594 |
| Model－7 | 0.810 | 0.219 | 0.591 |
| Model－8 | 0.782 | 0.204 | 0.578 |
| Model－9 | 0.788 | 0.207 | 0.581 |
| Model－10 | 0.801 | 0.213 | 0.588 |
| Model－11 | 0.831 | 0.230 | 0.601 |
| Model－12 | 0.850 | 0.238 | 0.612 |

从表5－7可以看出，在不同的晶体模型中，“完美”型模型的CED、范德华力与静电力最大，分别为0.896kJ/cm$^3$、0.258kJ/cm$^3$、0.638kJ/cm$^3$。

在缺陷模型中，掺杂缺陷模型（Model－2）的 CED 最大（0.874kJ/cm$^3$），而空位缺陷模型（Model－8）的 CED 最小（0.782kJ/cm$^3$），CED 减小的幅度为 2.46%～12.72%。CED 减小，表明炸药的感度增大，安全性减弱。此外，表 5－7 也进一步说明，当炸药中的缺陷增多时，CED 逐渐减小，预示炸药的感度逐渐增大，与上述的结果一致。在不同的缺陷模型中，空位缺陷模型对应的 CED 最小，即空位缺陷的模型感度最高，安全性最差，也说明空位缺陷对炸药的感度影响更加显著。

**3. 稳定性**

结合能（$E_b$）定义为分子之间相互作用力（$E_{inter}$）的负值，主要用来反映体系的稳定性。结合能越大，说明分子之间的相互作用力越强，体系的稳定性越好。

对于 CL－20/NQ 共晶炸药模型，结合能（$E_b$）的计算公式为

$$E_b = -E_{inter} = -[E_{total} - (E_{CL-20} + E_{NQ})] \tag{5-6}$$

式中：$E_b$为结合能（kJ/mol）；$E_{inter}$为分子之间的相互作用力（kJ/mol）；$E_{total}$为混合体系达到平衡状态时体系的总能量（kJ/mol）；$E_{CL-20}$为去掉体系中的 NQ 分子后，CL－20 分子对应的总能量（kJ/mol）；$E_{NQ}$为去掉 CL－20 分子后，体系中的 NQ 分子对应的总能量（kJ/mol）。

通过计算，得到不同 CL－20/NQ 共晶模型对应的结合能，结果如图 5－32 所示。

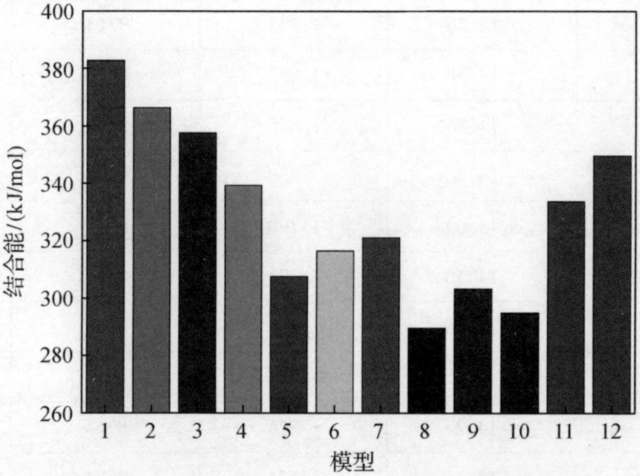


**图 5－32　不同 CL－20/NQ 共晶模型的结合能**

从图 5－32 可以看出，在所有模型中，“完美”型模型（Model－1）对应的结合能最大，为 382.7kJ/mol，表明 CL－20 与 NQ 分子之间的相互作用力最

强，炸药的稳定性最好。与“完美”型晶体相比，缺陷晶体模型的结合能减小，表明炸药分子之间的相互作用力减弱，稳定性变差。在缺陷模型中，结合能的大小顺序为 Model－2 > Model－3 > Model－12 > Model－4 > Model－11 > Model－7 > Model－6 > Model－5 > Model－9 > Model－10 > Model－8，即掺杂缺陷模型（Model－2）的结合能最大，为 366.3kJ/mol，而空位缺陷模型（Model－8）对应的结合能最小，为 289.6kJ/mol，结合能减小的幅度为 4.29%～24.33%。在 3 种类型的晶体缺陷中，空位缺陷模型对应的结合能最小，表明空位缺陷对结合能的影响更为显著。在缺陷模型中，结合能减小的原因可能是共晶炸药的晶体结构遭到破坏，导致炸药分子的排列方式发生变化，分子之间的相互作用力强度减弱，从而导致结合能减小，炸药的稳定性减弱。此外，从图 5－32 中还可以看出，对于同种类型的晶体缺陷（掺杂、空位），随着缺陷数量的增加，结合能逐渐减小，表明炸药的稳定性逐渐减弱。基于此，可以看出，晶体缺陷会对炸药的稳定性产生不利影响。

**4. 爆轰性能**

根据前面章节中提到的修正氮当量理论[45]，通过计算得到不同模型的爆轰参数，结果如表 5－8 所列，其中炸药的密度可以直接从分子动力学结果中提取得到。

**表 5－8　不同 CL－20/NQ 共晶模型的爆轰参数**

| 模型 $n$ | OB/% | $\rho$/(g/cm$^3$) | $D$/(m/s) | $p$/GPa |
|---|---|---|---|---|
| Model－1 | －14.76 | 1.903 | 9213 | 39.66 |
| Model－2 | －14.76 | 1.892 | 9173 | 39.19 |
| Model－3 | －14.76 | 1.875 | 9110 | 38.47 |
| Model－4 | －14.76 | 1.860 | 9055 | 37.85 |
| Model－5 | －15.03 | 1.790 | 8787 | 34.91 |
| Model－6 | －14.50 | 1.791 | 8809 | 35.10 |
| Model－7 | －14.76 | 1.809 | 8866 | 35.75 |
| Model－8 | －15.35 | 1.759 | 8661 | 33.59 |
| Model－9 | －14.23 | 1.776 | 8763 | 34.58 |
| Model－10 | －14.76 | 1.774 | 8737 | 34.35 |
| Model－11 | －14.76 | 1.830 | 8944 | 36.61 |
| Model－12 | －14.76 | 1.833 | 8955 | 36.73 |

从表 5－8 可以看出，对于不同的炸药晶体模型，“完美”型模型（Model－1）对应的密度与爆轰参数最大，分别为 1.903g/cm$^3$、9213m/s、39.66GPa，表明 CL－20/NQ 共晶炸药的威力较大，能量密度较高。对缺陷晶体而言，密度与爆轰参数均呈现出下降的变化趋势。在缺陷晶体中，空位缺陷模型（Model－8）对应的密度与爆轰参数最小，分别为 1.759g/cm$^3$、8661m/s、33.59GPa，表明空位缺陷对炸药能量特性的影响最为显著。与“完美”型晶体相比，缺陷晶体的密度与爆轰参数减小幅度分别为 7.57%、5.99%、15.31%。密度与爆轰参数减小，表明炸药的威力减小，能量特性受到削弱。由此可见，晶体缺陷会对炸药的能量特性产生不利影响。此外，还可以看出，对于不同的缺陷晶体模型，随着缺陷数量的增加，炸药的密度与爆轰参数逐渐减小，即能量密度与威力逐渐降低。

**5. 力学性能**

当 CL－20/NQ 共晶模型达到热力学平衡状态后，通过分子动力学计算，可以得到不同模型的力学性能参数，结果如表 5－9 所列与图 5－33 所示。

**表 5－9　不同种类的 CL－20/NQ 共晶模型的力学性能**

| 参数 | Model－1 | Model－2 | Model－3 | Model－4 | Model－5 | Model－6 |
|---|---|---|---|---|---|---|
| $C_{11}$/GPa | 16.358 | 15.217 | 15.232 | 13.517 | 13.969 | 14.272 |
| $C_{22}$/GPa | 15.957 | 14.934 | 13.775 | 13.062 | 13.815 | 13.367 |
| $C_{33}$/GPa | 13.770 | 12.320 | 12.115 | 10.973 | 11.438 | 11.201 |
| $C_{44}$/GPa | 7.081 | 6.219 | 5.538 | 4.511 | 4.930 | 5.007 |
| $C_{55}$/GPa | 6.484 | 5.936 | 5.174 | 5.116 | 5.320 | 5.030 |
| $C_{66}$/GPa | 6.127 | 5.959 | 5.012 | 4.421 | 4.737 | 4.411 |
| $C_{12}$/GPa | 7.546 | 7.036 | 6.774 | 6.456 | 6.748 | 6.483 |
| $C_{13}$/GPa | 6.833 | 6.507 | 5.814 | 5.036 | 5.187 | 5.207 |
| $C_{23}$/GPa | 6.126 | 5.936 | 5.715 | 5.619 | 5.522 | 4.989 |
| $C_{15}$/GPa | 0.077 | －0.216 | 0.315 | 0.281 | －0.115 | 0.116 |
| $C_{25}$/GPa | 0.124 | －0.189 | 0.169 | 0.166 | 0.231 | 0.167 |
| $C_{35}$/GPa | －0.106 | 0.059 | －0.154 | －0.175 | 0.177 | －0.122 |
| $C_{46}$/GPa | 0.119 | －0.047 | 0.098 | 0.082 | －0.044 | 0.213 |

续表

| 参数 | Model - 1 | Model - 2 | Model - 3 | Model - 4 | Model - 5 | Model - 6 |
|---|---|---|---|---|---|---|
| $E$/GPa | 15. 951 | 14. 727 | 14. 024 | 12. 980 | 13. 389 | 13. 461 |
| $\gamma$ | 0. 227 | 0. 228 | 0. 230 | 0. 229 | 0. 228 | 0. 228 |
| $K$/GPa | 9. 738 | 9. 024 | 8. 657 | 7. 983 | 8. 204 | 8. 248 |
| $G$/GPa | 6. 500 | 5. 996 | 5. 701 | 5. 281 | 5. 452 | 5. 481 |
| $(C_{12}—C_{44})$/GPa | 0. 465 | 0. 817 | 1. 236 | 1. 945 | 1. 818 | 1. 476 |
| 参数 | Model - 7 | Model - 8 | Model - 9 | Model - 10 | Model - 11 | Model - 12 |
| $C_{11}$/GPa | 14. 565 | 10. 869 | 11. 917 | 12. 533 | 16. 017 | 15. 718 |
| $C_{22}$/GPa | 13. 973 | 9. 772 | 11. 036 | 11. 929 | 15. 183 | 14. 833 |
| $C_{33}$/GPa | 12. 022 | 8. 384 | 8. 825 | 9. 822 | 13. 162 | 12. 969 |
| $C_{44}$/GPa | 5. 244 | 3. 169 | 3. 823 | 3. 938 | 6. 631 | 6. 206 |
| $C_{55}$/GPa | 5. 774 | 3. 937 | 4. 038 | 4. 567 | 6. 117 | 5. 935 |
| $C_{66}$/GPa | 4. 903 | 4. 202 | 4. 311 | 4. 538 | 6. 003 | 6. 122 |
| $C_{12}$/GPa | 6. 920 | 5. 551 | 5. 681 | 6. 105 | 7. 404 | 7. 211 |
| $C_{13}$/GPa | 5. 433 | 4. 264 | 4. 380 | 4. 517 | 6. 316 | 6. 519 |
| $C_{23}$/GPa | 5. 438 | 5. 226 | 5. 277 | 5. 418 | 6. 102 | 5. 772 |
| $C_{15}$/GPa | −0. 117 | −0. 080 | 0. 252 | 0. 227 | 0. 126 | 0. 155 |
| $C_{25}$/GPa | −0. 209 | 0. 101 | 0. 051 | −0. 196 | −0. 021 | −0. 167 |
| $C_{35}$/GPa | 0. 038 | −0. 121 | 0. 269 | −0. 114 | 0. 038 | 0. 029 |
| $C_{46}$/GPa | 0. 365 | 0. 027 | −0. 183 | −0. 102 | 0. 125 | −0. 128 |
| $E$/GPa | 13. 114 | 9. 341 | 10. 909 | 11. 552 | 15. 530 | 14. 925 |
| $\gamma$ | 0. 230 | 0. 233 | 0. 230 | 0. 233 | 0. 228 | 0. 229 |
| $K$/GPa | 8. 095 | 5. 831 | 6. 734 | 7. 211 | 9. 516 | 9. 178 |
| $G$/GPa | 5. 331 | 3. 788 | 4. 435 | 4. 685 | 6. 323 | 6. 072 |
| $(C_{12}—C_{44})$/GPa | 1. 676 | 2. 382 | 1. 858 | 2. 167 | 0. 773 | 1. 005 |

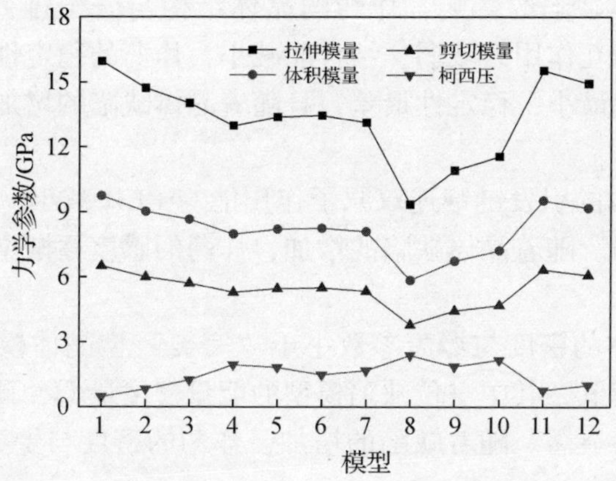


**图 5－33　不同种类的 CL－20/NQ 共晶模型的力学参数**

从表 5－9 与图 5－33 可以看出，对于不同的 CL－20/NQ 共晶炸药模型，“完美”型模型（Model－1）的拉伸模量、体积模量与剪切模量的值最大，分别为 15.951GPa、9.738GPa、6.500GPa，而柯西压的值最小（0.465GPa），表明炸药的刚性最强，而延展性较差。由于晶体缺陷的影响，炸药的晶体结构遭到破坏，因此缺陷晶体的拉伸模量、体积模量与剪切模量的值减小，而柯西压增大，表明炸药的刚性减弱，在外界作用下，炸药更容易发生形变，而柯西压增大则表明炸药的塑性与延展性增强。对于不同的缺陷模型，位错缺陷模型 Model－11 的拉伸模量、体积模量与剪切模量最大，分别为 15.530GPa、9.516GPa、6.323GPa，柯西压的值最小（0.773GPa）；而空位缺陷模型 Model－8 的拉伸模量、体积模量与剪切模量最小，分别为 9.341GPa、5.831GPa、3.788GPa，而柯西压的值最大（2.382GPa）。与“完美”型模型相比，拉伸模量、体积模量与剪切模量分别减小 0.421～6.610GPa、0.222～3.907GPa、0.177～2.712GPa，柯西压增大 0.308～1.917GPa。此外，从图 5－33 还可以看出，在缺陷模型中，随着缺陷率的增加，力学参数的变化幅度逐渐增大，表明晶体缺陷对炸药力学性能的影响效果愈发显著。对于缺陷率相同的模型，空位缺陷模型的力学参数变化幅度最大，表明空位缺陷对炸药力学性能的影响效果更加明显。

### 5.4.3　本节小结

本节采用分子动力学方法，研究并预测了“完美”型与含有晶体缺陷的 CL－20/NQ 共晶炸药的稳定性、感度、爆轰性能与力学性能，探讨了晶体缺陷对 CL－20/NQ 共晶炸药性能的影响，得到的主要结论如下。

（1）由于晶体缺陷的影响，炸药的晶体结构与分子排列方式发生变化，导致分子之间的相互作用力减弱，结合能减小，炸药的稳定性变差。空位缺陷晶体模型的结合能最小，稳定性最差，且随着晶体缺陷的增加，炸药的稳定性逐渐减弱。

（2）缺陷晶体的引发键键连双原子作用能与 CED 减小，表明炸药的感度增大，安全性减弱。随着晶体缺陷的增加，炸药的感度逐渐增大，安全性逐渐减弱。

（3）缺陷晶体的密度与爆轰参数小于“完美”型晶体模型，表明其威力减小，能量密度降低，其中空位缺陷模型的能量密度最低，预示空位缺陷对能量密度的影响更为显著。随着缺陷的增加，炸药的密度与爆轰参数逐渐减小，能量密度逐渐降低。

（4）在不同的模型中，“完美”型晶体的模量最大，柯西压最大，缺陷晶体的模量减小，柯西压的值增大，表明晶体缺陷使炸药的刚性与硬度减弱，延展性与塑性增强，空位缺陷对炸药力学性能的影响更加显著。

综合来看，晶体缺陷使炸药的稳定性降低，感度升高，安全性减弱，能量密度与威力减小。因此，晶体缺陷会对炸药的稳定性、感度与能量特性产生不利影响，其中空位缺陷对炸药性能的影响更为显著，并且随着缺陷数量的增加，炸药的性能逐渐变差。

## 5.5 微观缺陷对 CL－20/HMX 共晶炸药性能影响

CL－20 是一种笼形结构的硝胺类 HEDC，氧平衡系数、密度、生成热、爆速、爆压等参数均高于目前公认的综合性能最好的高能单质炸药 HMX，发展潜力较好，应用前景极为广阔。自 1987 年首次公开报道以来，CL－20 就引起极大的轰动，也一直是各国研究的热点。但 CL－20 的制备工艺复杂、价格昂贵，再加上其机械感度较高，不满足炸药高安全性的要求，制约了其在武器弹药领域的应用。HMX 是一种常见的硝胺类高能炸药，分子呈现出环状结构，具有良好的热稳定性、较高的能量密度，因此 HMX 也是目前综合性能最好的单质炸药之一，长期以来备受关注，在众多方面得到广泛应用。由于共晶方法可以从分子层面改善含能材料的晶体结构与晶体中分子的排列组装方式，改善含能材料的性能，因此含能共晶的研究成为近年来的一个热点。

2012 年，Bolton 等[52]以 CL－20 与 HMX 两种硝胺类高能炸药为原料，选择 2－丙醇为溶剂，采用溶剂挥发法制备了 CL－20/HMX 共晶炸药（组分比例 CL－20：HMX＝2：1），表征分析了共晶炸药的结构，测试了共晶炸药的感度，预测了其能量密度。研究结果表明，当 CL－20 与 HMX 形成共晶炸药后，HMX 在共晶炸药中发挥了降感的作用，使 CL－20/HMX 共晶炸药的撞击感度低于 CL－20，与 HMX 相当，能量密度高于 HMX，即 CL－20/HMX 共晶炸药实现了降低 CL－20 的感度，并且保持高能量密度的目标。正因为如此，CL－20/HMX 共晶炸药被视为一种综合性能最为优异的含能共晶，国内外对其开展了广泛而深入的研究[53－65]。

CL－20 通常采用硝化 TADBIW 的方式进行生产制备，在此过程中会生成一系列的其他产物，其中最为典型的就是 PNMAIW，因此最终产物为 CL－20 与 PNMAIW 组成的混合物。HMX 通常采用改进型乙酸酐法制备，即硝化乙酸酐的工艺进行生产制备，在此过程中，除了生成 HMX 外，还会生成相应的副产物，最典型的就是 RDX，从而导致制备的 HMX 中存在一定量的杂质成分 RDX。因此，最终制备的 CL－20/HMX 共晶炸药中可能存在杂质成分 PNMAIW 与 RDX，即共晶炸药中存在掺杂缺陷。此外，在晶体生长过程中，由于外界因素的干扰，晶体的生长过程可能会受到影响，从而使晶体中存在缺陷，如空位、位错等。晶体缺陷的存在可能会影响炸药的性能，如感度、稳定性、能量特性与力学性能等，从而进一步影响武器弹药的威力与安全性。

为了研究晶体缺陷对 CL－20/HMX 共晶炸药的性能影响情况，本节分别建立“完美”型与含有晶体缺陷（掺杂、空位与位错）的 CL－20/HMX 共晶炸药模型，采用分子动力学方法，预测各种模型的结合能、感度与爆轰性能并进行比较，对晶体缺陷对炸药性能的影响进行综合评价。

### 5.5.1 计算模型与计算方法

**1. 单个分子的建立**

CL－20/HMX 共晶炸药由 CL－20 与 HMX 组成，其中 CL－20 与 HMX 的分子式分别为 $C_6H_6O_{12}N_{12}$ 和 $C_4H_8O_8N_8$，相对分子质量分别为 438 和 296。在 MS 软件中，分别建立 CL－20 与 HMX 的单个分子模型，如图 5－34 所示。

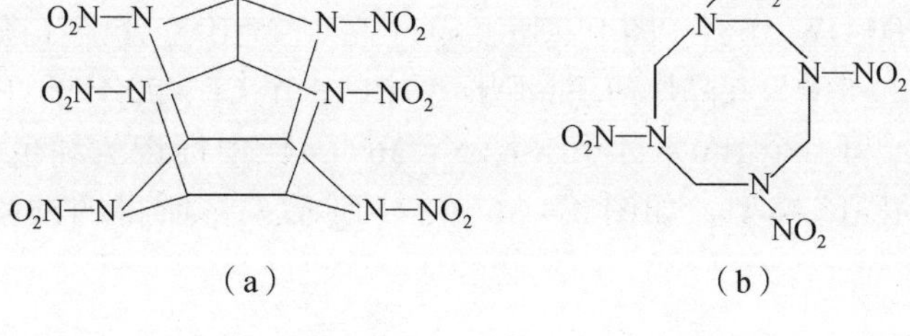


（a）　　（b）

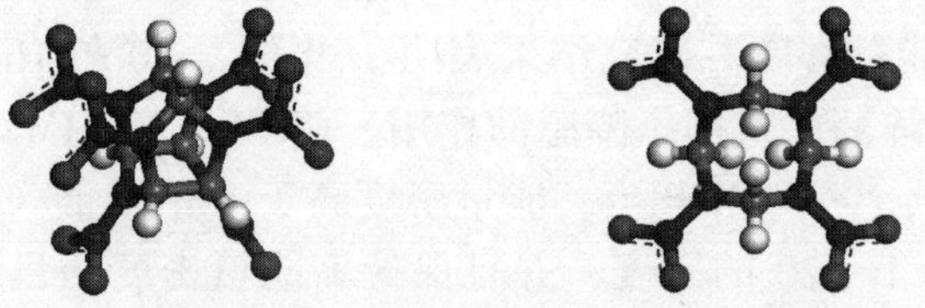

（c）　　　　　　　　　　　　　　（d）

图5-34　CL-20与HMX的结构式及分子模型

**2. CL-20/HMX共晶炸药初始模型的建立**

根据Bolton等[52]的研究结果，CL-20/HMX共晶炸药中CL-20与HMX的分子比例为2∶1，属于单斜晶系，空间群为P21/C，晶格参数为$a=16.3455\ (12)$ Å、$b=9.9361\ (5)$ Å、$c=12.1419\ (7)$ Å、$\alpha=90.00°$、$\beta=99.233\ (7)°$和$\gamma=90.00°$，单个晶胞中包含4个CL-20与2个HMX分子。CL-20/HMX共晶模型如图5-35（a）所示。在单晶胞模型的基础上，将其扩展为24（3×4×2）的超晶胞模型，共包含96个CL-20分子与48个HMX分子，如图5-35（b）所示。为了将“完美”型模型与含有缺陷的模型进行比较，将CL-20/HMX共晶的“完美”型超晶胞模型标记为Model-1。

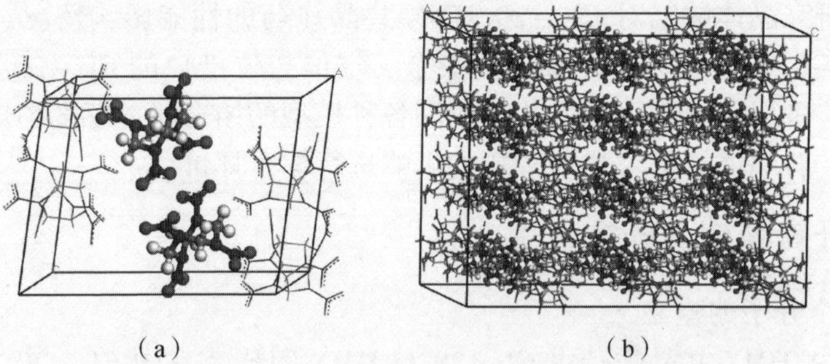

（a）　　　　　　　　　　　　　　（b）

图5-35　CL-20/HMX共晶的单晶胞与超晶胞模型

**3. CL-20/HMX共晶炸药缺陷模型的建立**

本节中研究的晶体缺陷共包括3种类型，即掺杂、空位与位错。

用1个PNMAIW分子（图5-36（a））与1个RDX分子（图5-36（b））分别替换CL-20/HMX共晶炸药超晶胞模型中的1个CL-20分子（图5-36（c）中标记为黄色）与1个HMX分子（图5-36（c）中标记为绿色），得到掺杂率为1.39%的缺陷模型，如图5-36（d）所示，将所得的缺陷模型标记为Model-2。

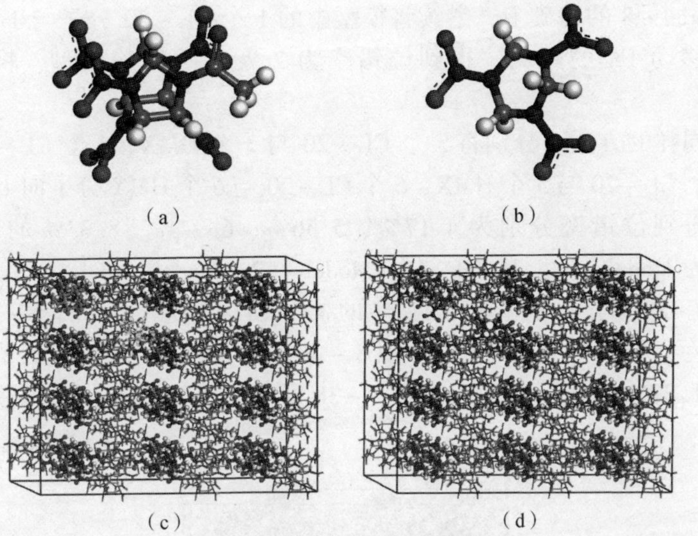


**图 5-36　CL-20/HMX 共晶初始模型与掺杂率为 1.39% 的缺陷模型**

在 Model-2 的基础上，继续用 1 个 PNMAIW 与 1 个 RDX 分子分别替换 1 个 CL-20 与 1 个 HMX 分子，得到掺杂率为 2.78% 的缺陷晶体模型，标记为 Model-3。

类似地，分别用 3 个 PNMAIW 与 3 个 RDX 分子、4 个 PNMAIW 与 4 个 RDX 分子、5 个 PNMAIW 与 5 个 RDX 分子、6 个 PNMAIW 与 6 个 RDX 分子分别取代模型中同等数量的 CL-20 与 HMX 分子，得到掺杂率分别为 4.17%、5.56%、6.94%、8.33% 的缺陷模型，将所得缺陷模型分别标记为 Model-4、Model-5、Model-6、Model-7。

将 CL-20/HMX 共晶初始模型中的 1 个 CL-20 分子（图 5-36（c）中标记为黄色）与 1 个 HMX 分子（图 5-36（c）中标记为绿色）向上方移动 1Å 的距离，得到位错率为 1.39% 的缺陷模型，如图 5-37 所示，将所得位错缺陷模型标记为 Model-8。

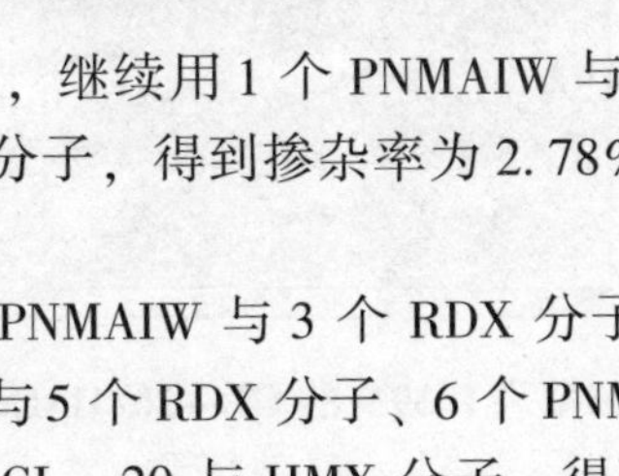

**图 5-37　位错率为 1.39% 的 CL-20/HMX 共晶缺陷模型**

在 Model－8 的基础上，继续将模型中的 1 个 CL－20 分子与 1 个 HMX 分子向上方移动 1Å 的距离，得到位错率为 2.78% 的缺陷模型，将其标记为 Model－9。

采用同样的方法，分别将 3 个 CL－20 与 3 个 HMX、4 个 CL－20 与 4 个 HMX、5 个 CL－20 与 5 个 HMX、6 个 CL－20 与 6 个 HMX 分子向上方移动 1Å 的距离，得到位错率分别为 4.17%、5.56%、6.94%、8.33% 的缺陷模型，分别标记为 Model－10、Model－11、Model－12、Model－13。

将 CL－20/HMX 共晶初始模型中的 1 个 CL－20 分子（图 5－36（c）中标记为黄色）与 1 个 HMX 分子（图 5－36（c）中标记为绿色）删除，得到空位率为 1.39% 的缺陷模型，如图 5－38 所示，将所得空位缺陷模型标记为 Model－14。

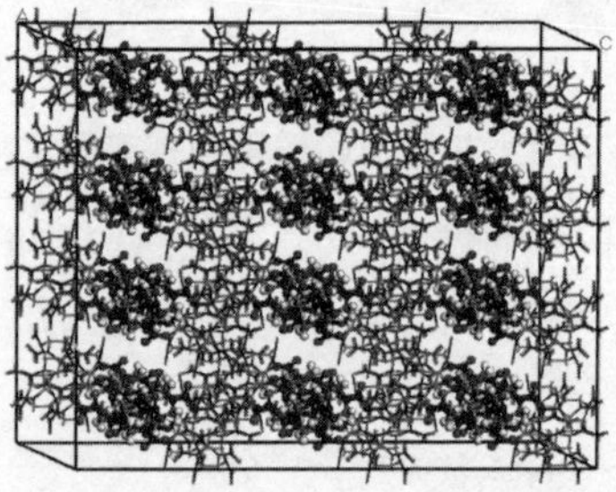

**图 5－38　空位率为 1.39% 的 CL－20/HMX 共晶缺陷模型**

在 Model－14 的基础上，继续删除模型中的 1 个 CL－20 与 1 个 HMX 分子，得到空位率为 2.78% 的缺陷模型，将其标记为 Model－15。

采用同样的方法，分别将 3 个 CL－20 与 3 个 HMX、4 个 CL－20 与 4 个 HMX、5 个 CL－20 与 5 个 HMX、6 个 CL－20 与 6 个 HMX 分子删除，得到空位率为 4.17%、5.56%、6.94%、8.33% 的缺陷模型，将所得缺陷模型分别标记为 Model－16、Model－17、Model－18、Model－19。

**4. 计算条件设置**

分别对建立的 CL－20/HMX 共晶炸药的“完美”型模型与含有缺陷的各种模型进行能量最小化处理，优化其晶体结构，使模型中分子的排列位置发生改变，模型结构更趋于稳定与合理，同时消除内应力的影响，从而提高计算精度。优化过程结束后，进行分子动力学计算，选择恒温恒压（NPT）系综，即体系的温度、压力与模型中的原子总数在整个过程中始终保持恒定，压力设置为 0.0001GPa，温度设置为 295K。在计算时，为保证计算结果的精度与准确性，选择 COMPASS 力场[27－28]，一是 COMPASS 力场采用从头算法，其中的参数已经进行了修正，能够保证计算精度；二是该力场适合用于对凝聚态物质进行计算，预测其性能。在进行计算时，模型中分子的初始速度由 Maxwell－Boltzman 分布确定，采用周期性边界条件。为了使温度与压力保持在一定的范围内，采用 Andersen[29] 控温方法，压力采用 Parrinello[30] 方法进行控制。此外，采用基于原子方法[31]来计算范德华力的作用，而静电力的计算采用 Ewald 方法[32]。在计算中，时间步长设置为 1fs，总模拟计算时间设置为 200ps（$2\times 10^5$fs）。其中前 100ps 主要用来对体系进行平衡计算，优化其结构，使其达到平衡状态；后 100ps 主要是用来对平衡体系进行计算，从而得到各种能量、体系中分子的各种化学键键长、键能与静态性能等相关的参数。在整个模拟过程中，每隔 1ps 输出一步结果文件，共得到 100 帧体系的轨迹文件。

## 5.5.2　结果分析

### 1. 平衡判别与平衡条件

在对 CL－20/HMX 共晶“完美”型与缺陷模型进行计算，预测其能量与性能时，需要让混合体系达到平衡状态，而体系平衡时，必须同时满足温度平衡与能量平衡。通常认为，当温度与能量波动范围为 ±5%～10% 时，体系已经达到平衡状态。以位错率为 1.39% 的缺陷模型 Model－8 为例，图 5－39 给出了模拟过程中 CL－20/HMX 缺陷模型的温度与能量随时间的变化曲线。

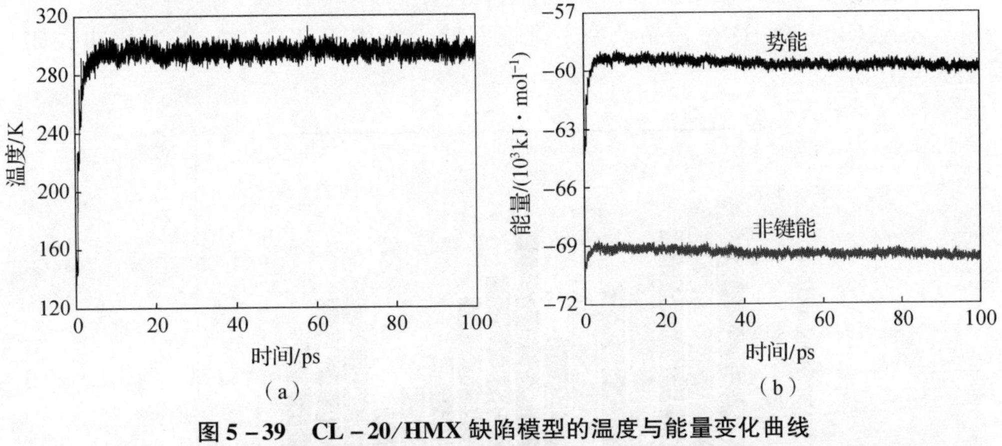


**图 5－39　CL－20/HMX 缺陷模型的温度与能量变化曲线**

从图 5－39 可以看出，模拟初期，CL－20/HMX 缺陷模型的温度与能量均有所上升，并且波动幅度相对较大。随着时间的推移，温度与能量的波动幅度逐渐减小，最终温度波动幅度为 ±15K，能量波动幅度为 ±5%，偏差相对较小，表明混合体系已达到热力学平衡状态。对于其他的 CL－20/HMX 共晶模型，分子动力学计算时，均以温度平衡和能量平衡来判别混合体系是否达到平衡状态。

**2. 感度**

1）引发键键连双原子作用能

引发键是指含能材料中能量最低、强度最弱的化学键。当受到外界刺激时，引发键最容易发生断裂，从而导致含能材料发生分解或者爆炸。对于 CL－20/HMX 共晶"完美"型与含有位错、空位的缺陷模型，其由 CL－20 与 HMX 组成；对于 CL－20/HMX 共晶掺杂缺陷模型，其由 CL－20、HMX、PNMAIW、RDX 组成。在不同的模型中，CL－20 的感度最高，对外界的刺激最为敏感，当受到外界刺激时，CL－20 最有可能发生分解或爆炸。对于 CL－20 分子，其引发键为 N—$NO_2$键中的 N—N 键[43－44]，因此选择 N—N 键来预测不同模型的感度大小。

键连双原子作用能主要用来反映键的强度。键连双原子作用能越大，说明键的强度越大，含能材料的感度越低，安全性越好。键连双原子作用能（$E_{N-N}$）的计算公式为

$$E_{N—N}=\frac{E_T-E_F}{n} \tag{5-7}$$

式中：$E_T$为 CL－20/HMX 共晶模型达到平衡状态时体系的总能量（kJ/mol）；$E_F$为固定 CL－20 中所有的 N 原子后体系的总能量（kJ/mol）；$n$ 为体系中 CL－20 分子中包含的 N—N 键的数量。

不同 CL－20/HMX 共晶模型中键连双原子作用能（$E_{N—N}$）的变化曲线如图 5－40 所示。

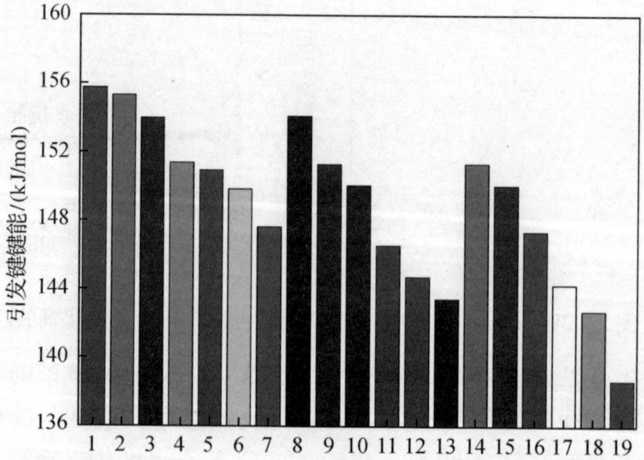


**图 5－40　CL－20/HMX 共晶模型中的引发键键连双原子作用能**

从图5－40可以看出，在不同的CL－20/HMX共晶模型中，“完美”型模型（Model－1）的引发键键连双原子作用能最大（155.73kJ/mol），而缺陷模型中引发键键连双原子作用能均小于“完美”型模型的键连双原子作用能。在不同的CL－20/HMX共晶缺陷模型中，掺杂缺陷模型（Model－2～Model－7）的引发键键连双原子作用能减小幅度为0.44～8.11kJ/mol；对于位错缺陷模型（Model－8～Model－13），引发键键连双原子作用能减小幅度为1.65～12.27kJ/mol；对于空位缺陷模型（Model－14～Model－19），引发键键连双原子作用能减小幅度为4.40～17.06kJ/mol。引发键键连双原子作用能减小，表明引发键的强度减小，引发键断裂时需要吸收的能量减小，引发键在受到外界刺激时更容易发生断裂破坏，预示炸药的感度升高，安全性降低。此外，从图5－40还可以看出，对于不同种类的缺陷模型，当缺陷率相同时，空位缺陷模型的引发键键连双原子作用能最小，表明缺陷模型中引发键键能最小，预示CL－20/HMX共晶炸药的感度最高，也表明空位缺陷对CL－20/HMX共晶炸药的感度影响更为显著。对于缺陷种类相同的模型，随着缺陷率的增加，CL－20分子中引发键键连双原子作用能呈单调减小的变化趋势，表明CL－20/HMX共晶炸药的感度逐渐升高，安全性能逐渐降低，预示缺陷率越高，CL－20/HMX共晶炸药的感度越高，安全性越差。

2）CED

CED定义为单位体积内1mol物质由凝聚态变为气态时克服分子间作用力所做的功。CED属于非键力，在数值上等于范德华力与静电力之和。通过分子动力学计算，得到不同模型的CED、范德华力与静电力，结果如表5－10所列。

**表5－10　不同CL－20/HMX共晶模型的CED、范德华力与静电力**

| 模型 $n$ | CED/(kJ/cm$^3$) | 范德华力/(kJ/cm$^3$) | 静电力/(kJ/cm$^3$) |
|---|---|---|---|
| Model－1 | 0.886 | 0.253 | 0.633 |
| Model－2 | 0.872 | 0.247 | 0.625 |
| Model－3 | 0.861 | 0.242 | 0.619 |
| Model－4 | 0.854 | 0.239 | 0.615 |
| Model－5 | 0.835 | 0.230 | 0.605 |
| Model－6 | 0.816 | 0.219 | 0.597 |
| Model－7 | 0.804 | 0.217 | 0.587 |

续表

| 模型 $n$ | CED/( $kJ/cm^3$ ) | 范德华力/( $kJ/cm^3$ ) | 静电力/( $kJ/cm^3$ ) |
|---|---|---|---|
| Model－8 | 0.864 | 0.242 | 0.622 |
| Model－9 | 0.851 | 0.239 | 0.612 |
| Model－10 | 0.840 | 0.232 | 0.608 |
| Model－11 | 0.827 | 0.228 | 0.599 |
| Model－12 | 0.811 | 0.221 | 0.590 |
| Model－13 | 0.797 | 0.215 | 0.582 |
| Model－14 | 0.856 | 0.240 | 0.616 |
| Model－15 | 0.847 | 0.234 | 0.613 |
| Model－16 | 0.832 | 0.226 | 0.606 |
| Model－17 | 0.808 | 0.214 | 0.594 |
| Model－18 | 0.786 | 0.207 | 0.579 |
| Model－19 | 0.772 | 0.201 | 0.571 |

从表5－10可以看出，在不同的晶体模型中，“完美”型模型（Model－1）的CED、范德华力与静电力最大，分别为 0.886 $kJ/cm^3$、0.253 $kJ/cm^3$、0.633 $kJ/cm^3$。在缺陷模型中，掺杂缺陷模型（Model－2）的CED最大（0.872 $kJ/cm^3$），而空位缺陷模型（Model－19）的CED最小（0.772 $kJ/cm^3$），CED减小的幅度为1.58%~12.87%。CED减小，表明炸药的感度增大，安全性减弱，因此缺陷模型的感度升高，安全性降低。此外，从表5－10还可以看出，对于同种缺陷类型的模型，随着缺陷率的增加，CED逐渐减小，表明CL－20/HMX共晶炸药的感度随着缺陷的增加而逐渐增大，安全性能逐渐减弱。对于同种缺陷率的模型，空位缺陷模型的CED最小，预示其感度最高，也表明空位缺陷对炸药感度的影响更为显著。

**3. 稳定性**

结合能（$E_b$）定义为分子之间相互作用力（$E_{inter}$）的负值，主要用来反映体系的稳定性。结合能越大，说明分子之间的相互作用力越强，体系的稳定性越好。

对于CL－20/HMX共晶炸药模型，结合能（$E_b$）的计算公式为

$$E_b = -E_{inter} = -[E_{total} - (E_{CL-20} + E_{HMX})] \quad (5-8)$$

式中：$E_b$为结合能（kJ/mol）；$E_{inter}$为分子之间的相互作用力（kJ/mol）；$E_{total}$为混合体系达到平衡状态时体系的总能量（kJ/mol）；$E_{CL-20}$为去掉体系中的 HMX 与杂质成分 RDX 分子后，CL-20 与 PNMAIW 分子对应的总能量（kJ/mol）；$E_{HMX}$为去掉 CL-20 与 PNMAIW 分子后，体系中的 HMX 与 RDX 分子对应的总能量（kJ/mol）。

通过计算，得到不同 CL-20/HMX 共晶模型对应的结合能，结果如图 5-41 所示。

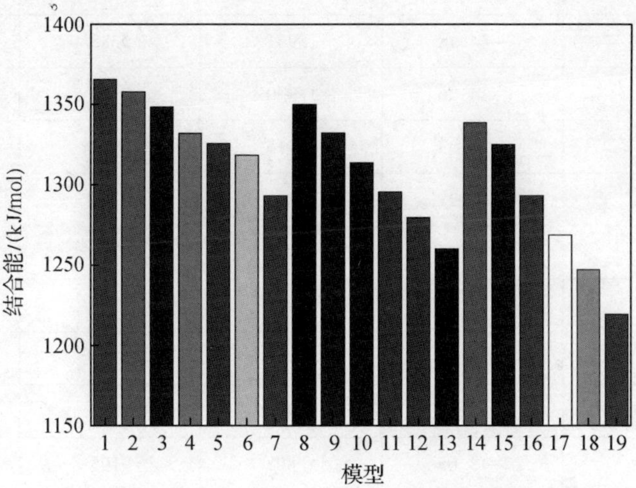


**图 5-41　不同 CL-20/HMX 共晶模型的结合能**

从图 5-41 可以看出，“完美”型（Model-1）CL-20/HMX 共晶模型的结合能最大，为 1365.62kJ/mol，表明 CL-20 与 HMX 分子之间的相互作用力最强，预示 CL-20/HMX 共晶炸药的稳定性最好。在缺陷模型中，结合能均有不同程度的减小，其中对于掺杂缺陷模型（Model-2 ~ Model-7），结合能减小幅度为 7.90 ~ 72.26kJ/mol；对于位错缺陷模型（Model-8 ~ Model-13），结合能减小幅度为 15.80 ~ 105.51kJ/mol；对于空位缺陷模型（Model-14 ~ Model-19），结合能减小幅度为 26.95 ~ 146.28kJ/mol，因此空位缺陷模型结合能减小幅度更大，表明空位缺陷对 CL-20/HMX 共晶炸药稳定性影响最大。在缺陷模型中，结合能减小的原因可能是共晶炸药的晶体结构遭到破坏，导致炸药分子的排列方式发生变化，分子之间的相互作用力强度减弱，从而导致结合能减小，炸药的稳定性减弱。

**4. 爆轰性能**

根据前面章节中提到的修正氮当量理论[45]，通过计算得到不同模型的爆轰参数，结果如表 5-11 所列，其中炸药的密度可以直接从分子动力学结果中提取得到。

**表 5-11　不同 CL-20/HMX 共晶模型的爆轰参数**

| 模型 $n$ | OB/% | $\rho$/(g/cm$^3$) | $D$/(m/s) | $p$/GPa |
|---|---|---|---|---|
| Model-1 | -13.65 | 1.997 | 9459 | 44.96 |
| Model-2 | -13.83 | 1.982 | 9421 | 44.33 |
| Model-3 | -14.00 | 1.973 | 9406 | 44.03 |
| Model-4 | -14.18 | 1.951 | 9388 | 43.48 |
| Model-5 | -14.36 | 1.930 | 9370 | 42.94 |
| Model-6 | -14.53 | 1.915 | 9334 | 42.35 |
| Model-7 | -14.71 | 1.894 | 9296 | 41.64 |
| Model-8 | -13.65 | 1.970 | 9389 | 43.82 |
| Model-9 | -13.65 | 1.961 | 9355 | 43.35 |
| Model-10 | -13.65 | 1.945 | 9287 | 42.44 |
| Model-11 | -13.65 | 1.919 | 9235 | 41.52 |
| Model-12 | -13.65 | 1.895 | 9195 | 40.76 |
| Model-13 | -13.65 | 1.872 | 9116 | 39.67 |
| Model-14 | -13.63 | 1.944 | 9375 | 43.23 |
| Model-15 | -13.61 | 1.931 | 9323 | 42.53 |
| Model-16 | -13.59 | 1.907 | 9264 | 41.58 |
| Model-17 | -13.56 | 1.886 | 9197 | 40.62 |
| Model-18 | -13.54 | 1.864 | 9102 | 39.41 |
| Model-19 | -13.52 | 1.849 | 9021 | 38.47 |

从表 5-11 可以看出，CL-20/HMX 共晶的“完美”型模型（Model-1）密度与爆轰参数最大，分别为 1.997g/cm$^3$、9459m/s、44.96GPa，表明其能量密度最高，爆轰性能最好。在缺陷模型中，密度、爆速与爆压均有不同程度的减小。与“完美”型模型相比，掺杂缺陷模型（Model-2 ~ Model-7）中炸药的

密度减小 0.015～0.103g/cm$^3$，爆速减小 38～163m/s，爆压减小 0.63～3.32GPa；位错缺陷模型（Model－8～Model－13）的密度减小 0.027～0.125g/cm$^3$，爆速减小 70～343m/s，爆压减小 1.14～5.29GPa；空位缺陷模型（Model－13～Model－19）的密度减小 0.053～0.148g/cm$^3$，爆速减小 84～438m/s，爆压减小 1.73～6.49GPa。密度、爆速与爆压减小，表明炸药的能量密度降低，威力减弱，因此晶体缺陷使 CL－20/HMX 共晶炸药的爆轰性能减小，能量密度降低，即晶体缺陷会对 CL－20/HMX 共晶炸药的爆轰性能产生不利影响。此外，表 5－11 中的数据也表明，空位缺陷模型的密度、爆速与爆压减小幅度最大，表明空位缺陷对 CL－20/HMX 共晶炸药爆轰性能的影响更为显著。

**5. 力学性能**

当 CL－20/HMX 共晶模型达到热力学平衡状态后，通过分子动力学计算，可以得到不同模型的力学性能参数，结果如表 5－12 与图 5－42 所示。

**表 5－12　不同类型的 CL－20/HMX 共晶模型的力学性能**

| 模型 $n$ | $C_{11}$/GPa | $C_{22}$/GPa | $C_{33}$/GPa | $C_{44}$/GPa | $C_{55}$/GPa | $C_{66}$/GPa | $C_{12}$/GPa | $C_{13}$/GPa | $C_{23}$/GPa |
|---|---|---|---|---|---|---|---|---|---|
| Model－1 | 20.258 | 16.191 | 15.384 | 7.556 | 6.977 | 5.338 | 8.573 | 9.008 | 7.343 |
| Model－2 | 20.101 | 16.338 | 14.033 | 7.235 | 6.822 | 5.506 | 8.360 | 8.110 | 7.206 |
| Model－3 | 18.224 | 15.542 | 13.045 | 6.818 | 6.606 | 5.123 | 8.168 | 7.922 | 6.518 |
| Model－4 | 17.757 | 14.438 | 13.169 | 6.305 | 6.535 | 5.077 | 7.811 | 7.268 | 6.029 |
| Model－5 | 16.255 | 14.380 | 11.575 | 5.433 | 6.128 | 4.930 | 7.145 | 6.901 | 5.338 |
| Model－6 | 15.513 | 12.236 | 9.724 | 5.334 | 5.448 | 4.442 | 7.209 | 6.494 | 5.557 |
| Model－7 | 14.974 | 11.906 | 8.098 | 4.726 | 5.129 | 4.202 | 6.795 | 6.135 | 5.026 |
| Model－8 | 18.773 | 14.255 | 14.369 | 6.807 | 6.117 | 4.944 | 8.281 | 8.007 | 7.583 |
| Model－9 | 17.105 | 13.362 | 12.846 | 6.341 | 6.230 | 4.870 | 7.839 | 7.138 | 6.997 |
| Model－10 | 16.440 | 13.039 | 12.048 | 6.202 | 5.754 | 4.533 | 7.972 | 6.720 | 6.130 |
| Model－11 | 15.233 | 12.181 | 9.774 | 5.533 | 5.420 | 4.629 | 7.749 | 5.707 | 5.415 |
| Model－12 | 14.609 | 11.950 | 7.978 | 4.604 | 5.258 | 4.575 | 7.026 | 5.518 | 4.399 |
| Model－13 | 14.258 | 12.183 | 7.554 | 3.622 | 4.556 | 4.183 | 6.552 | 5.232 | 4.438 |
| Model－14 | 18.152 | 12.990 | 12.003 | 6.105 | 5.722 | 4.239 | 8.297 | 6.516 | 5.457 |
| Model－15 | 17.355 | 12.056 | 11.108 | 5.517 | 5.633 | 4.355 | 7.918 | 6.338 | 5.034 |

续表

| 模型 $n$ | $C_{11}$/GPa | $C_{22}$/GPa | $C_{33}$/GPa | $C_{44}$/GPa | $C_{55}$/GPa | $C_{66}$/GPa | $C_{12}$/GPa | $C_{13}$/GPa | $C_{23}$/GPa |
|---|---|---|---|---|---|---|---|---|---|
| Model-16 | 15.830 | 11.225 | 10.055 | 4.964 | 4.927 | 4.228 | 7.536 | 5.551 | 5.207 |
| Model-17 | 15.041 | 9.966 | 8.454 | 4.153 | 4.629 | 4.104 | 6.929 | 5.630 | 4.892 |
| Model-18 | 13.446 | 9.518 | 7.791 | 3.430 | 3.873 | 3.924 | 6.323 | 5.022 | 4.670 |
| Model-19 | 12.338 | 9.772 | 7.578 | 3.038 | 3.520 | 3.702 | 6.526 | 4.515 | 4.113 |

| 模型 $n$ | $C_{15}$/GPa | $C_{25}$/GPa | $C_{35}$/GPa | $C_{46}$/GPa | $E$/GPa | $\gamma$ | $K$/GPa | $G$/GPa | $(C_{12}-C_{44})$/GPa |
|---|---|---|---|---|---|---|---|---|---|
| Model-1 | -0.120 | 0.223 | -0.046 | 0.197 | 17.101 | 0.228 | 10.478 | 6.963 | 1.017 |
| Model-2 | 0.220 | -0.311 | 0.055 | -0.189 | 16.962 | 0.227 | 10.355 | 6.912 | 1.125 |
| Model-3 | -0.204 | -0.157 | 0.227 | 0.301 | 16.559 | 0.229 | 10.184 | 6.737 | 1.350 |
| Model-4 | 0.331 | 0.294 | -0.126 | -0.006 | 16.350 | 0.231 | 10.130 | 6.641 | 1.506 |
| Model-5 | -0.118 | -0.297 | -0.155 | 0.288 | 15.547 | 0.229 | 9.561 | 6.325 | 1.712 |
| Model-6 | 0.114 | 0.283 | 0.110 | -0.067 | 14.539 | 0.230 | 8.974 | 5.910 | 1.875 |
| Model-7 | -0.163 | -0.137 | 0.424 | -0.098 | 13.035 | 0.229 | 8.016 | 5.303 | 2.069 |
| Model-8 | 0.294 | 0.035 | -0.127 | -0.172 | 16.599 | 0.227 | 10.134 | 6.764 | 1.474 |
| Model-9 | 0.158 | -0.220 | -0.308 | 0.357 | 15.982 | 0.229 | 9.829 | 6.502 | 1.498 |
| Model-10 | -0.126 | -0.030 | 0.118 | 0.229 | 15.496 | 0.231 | 9.601 | 6.294 | 1.770 |
| Model-11 | 0.201 | 0.044 | -0.177 | 0.402 | 13.847 | 0.228 | 8.485 | 5.638 | 2.216 |
| Model-12 | -0.411 | -0.389 | 0.104 | 0.330 | 11.580 | 0.229 | 7.121 | 4.711 | 2.422 |
| Model-13 | 0.210 | -0.181 | 0.189 | 0.345 | 10.691 | 0.232 | 6.649 | 4.339 | 2.930 |
| Model-14 | -0.037 | 0.257 | -0.136 | 0.407 | 15.877 | 0.231 | 9.837 | 6.449 | 2.192 |
| Model-15 | 0.269 | -0.068 | -0.139 | 0.221 | 15.257 | 0.228 | 9.348 | 6.212 | 2.401 |
| Model-16 | -0.138 | -0.226 | 0.477 | -0.039 | 14.264 | 0.229 | 8.772 | 5.803 | 2.572 |
| Model-17 | 0.074 | 0.363 | -0.450 | -0.114 | 13.130 | 0.234 | 8.227 | 5.320 | 2.776 |
| Model-18 | 0.209 | -0.188 | 0.257 | -0.284 | 11.594 | 0.230 | 7.157 | 4.713 | 2.893 |
| Model-19 | -0.013 | 0.332 | 0.133 | 0.025 | 9.532 | 0.236 | 6.018 | 3.856 | 3.488 |

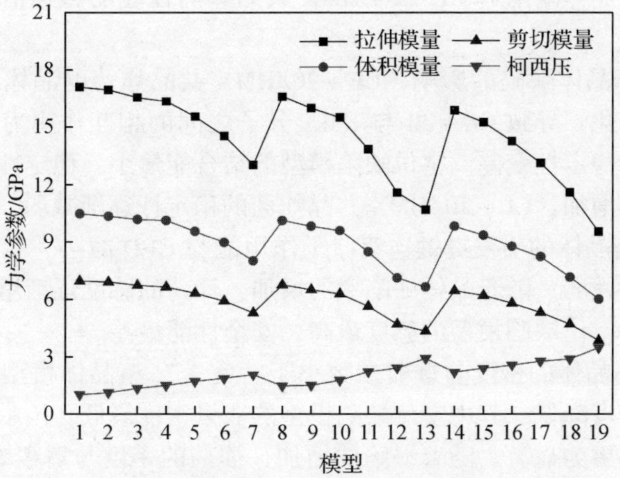


图5-42　不同类型的CL-20/HMX共晶模型的力学性能

从表5-12与图5-42可以看出，CL-20/HMX共晶的“完美”型模型（Model-1）的模量最大，而柯西压的值最小，其中拉伸模量为17.101GPa，体积模量为10.478GPa，剪切模量为6.963GPa，柯西压为1.017GPa，表明“完美”型模型的刚性与硬度最大，而延展性最弱。在CL-20/HMX共晶的缺陷模型中，拉伸模量、体积模量与剪切模量的值均有不同程度减小，而柯西压则有所增大。与“完美”型模型相比，掺杂缺陷模型（Model-2~Model-7）中，拉伸模量减小0.139~4.066GPa，体积模量减小0.123~2.462GPa，剪切模量减小0.051~1.660GPa，柯西压增大0.108~1.052GPa；在位错缺陷模型（Model-8~Model-13）中，拉伸模量减小0.502~6.410GPa，体积模量减小0.344~3.829GPa，剪切模量减小0.199~2.624GPa，柯西压增大0.457~1.913GPa；在空位缺陷模型（Model-14~Model-19）中，拉伸模量减小1.224~7.569GPa，体积模量减小0.641~4.460GPa，剪切模量减小0.514~3.107GPa，柯西压增大1.175~2.471GPa。拉伸模量、体积模量与剪切模量减小表明炸药的刚性、硬度与断裂强度减小，柯西压增大表明炸药的延展性增强，因此缺陷模型的硬度减小，断裂强度降低，延展性有所增强。其中，对于不同种类的缺陷模型，空位缺陷模型的力学参数变化幅度最大，表明空位缺陷对CL-20/HMX共晶炸药力学性能的影响更为显著。

## 5.5.3　本节小结

本节采用分子动力学方法，研究并预测了“完美”型与含有掺杂、位错与空位晶体缺陷的CL-20/HMX共晶炸药的稳定性、感度、爆轰性能与力学性能，探讨了晶体缺陷对 CL－20/HMX 共晶炸药性能的影响情况，得到的主要结论如下。

（1）由于晶体缺陷的影响，CL－20/HMX 共晶炸药的晶体结构与分子排列方式发生变化，导致 CL－20 与 HMX 分子之间的相互作用力减弱，结合能减小，炸药的稳定性变差。空位缺陷模型的结合能最小，稳定性最差，且随着晶体缺陷率的增加，CL－20/HMX 共晶炸药的稳定性逐渐减弱。

（2）缺陷晶体的引发键键连双原子作用能与 CED 减小，表明炸药的感度增大，安全性减弱。随着晶体缺陷率的增加，炸药的感度逐渐增大，安全性逐渐减弱，其中空位缺陷模型的感度最高，安全性能最差。

（3）缺陷晶体的密度与爆轰参数小于"完美"型晶体模型，表明其威力减小，能量密度降低，其中空位缺陷模型的能量密度最低，预示空位缺陷对能量密度的影响更为显著。随着缺陷的增加，炸药的密度与爆轰参数逐渐减小，能量密度逐渐降低。

（4）在不同的模型中，"完美"型晶体的模量最大，柯西压最大，缺陷晶体的模量减小，柯西压的值增大，表明晶体缺陷使炸药的刚性与硬度减弱，延展性与塑性增强，空位缺陷对炸药力学性能的影响更加显著。

综合来看，晶体缺陷使 CL－20/HMX 共晶炸药的稳定性降低，感度升高，安全性减弱，能量密度与威力减小。因此，晶体缺陷会对炸药的稳定性、感度与能量特性产生不利影响，其中空位缺陷对炸药性能的影响更为显著，并且随着缺陷数量的增加，炸药的性能逐渐变差。

## ◇ 参考文献 ◇


[1] Lara－Ochoa F, Espinosa－Pérez G. Cocrystals definitions [J]. Supramolecular Chemistry, 2007, 19 (8): 553－557.

[2] Bond A D. What is a co－crystal [J]. CrystEngComm, 2007, 9: 833－834.

[3] Zhang C Y, Xiong Y, Jiao F B, et al. Redefining the term of cocrystal and broadening its intension [J]. Crystal Growth & Design, 2019, 19 (3): 1471－1478.

[4] Liu G R, Wei S H, Zhang C Y. Review of the intermolecular interactions in energetic molecular cocrystals [J]. Crystal Growth & Design, 2020, 20 (10): 7065－7069.

[5] Friščic T. Supramolecular concepts and new techniques in mechanochemistry: cocrystals, cages, rotaxanes, open metal－organic frameworks [J]. Chemical Society Reviews, 2012, 41: 3493－3510.

[6] Bolton O, Matzger A J. Improved stability and smart－material functionality realized in an energetic cocrystal [J]. Angewandte Chemie International Edition, 2011, 50: 8960－8963.

[7] Landenberger K B, Matzger A J. Cocrystals of 1, 3, 5, 7－tetranitro－1, 3, 5, 7－tetrazacyclooctane (HMX) [J]. Crystal Growth & Design, 2012, 12: 3603－3609.

[8] Landenberger K B, Bolton O, Matzger A J. Two isostructural explosive cocrystals with significantly different

thermodynamic stabilities [J]. Angewandte Chemie International Edition, 2013, 52: 6468－6471.

[9] Landenberger K B, Bolton O, Matzger A J. Energetic－energetic cocrystals of diacetone diperoxide (DADP): dramatic and divergent sensitivity modifications via cocrystallization [J]. Journal of the American Chemical Society, 2015, 137: 5074－5079.

[10] Foroughi L M, Wiscons R A, Bois D R D, et al. Improving stability of the metal－free primary energetic cyanuric triazide (CTA) through cocrystallization [J]. Chemical Communications, 2020, 56 (14): 2111－2114.

[11] Zohari N, Mohammadkhani F G, Montazeri M, et al. Synthesis and characterization of a novel explosive HMX/BTNEN (2:1) cocrystal [J]. Propellants, Explosives, Pyrotechnics, 2021, 46 (2): 329－333.

[12] Shen J P, Duan X H, Luo Q P, et al. Preparation and characterization of a novel cocrystal explosive [J]. Crystal Growth & Design, 2011, 11 (5): 1759－1765.

[13] Yang Z W, Li H Z, Zhou X Q, et al. Characterization and properties of a novel energetic－energetic cocrystal explosive composed of HNIW and BTF [J]. Crystal Growth & Design, 2012, 12: 5155－5158.

[14] Guo C Y, Zhang H B, Wang X C, et al. Study on a novel energetic cocrystal of TNT/TNB [J]. Journal of Materials Science, 2013, 48: 1351－1357.

[15] Lin H, Zhu S G, Zhang L, et al. Synthesis and first principles investigation of HMX/NMP cocrystal explosive [J]. Journal of Energetic Materials, 2013, 31 (4): 261－272.

[16] Yang Z W, Wang H J, Ma Y, et al. Isomeric cocrystals of CL－20: a promising strategy for development of high－performance explosives [J]. Crystal Growth & Design, 2018, 18 (11): 6399－6403.

[17] Liu N, Duan B H, Lu X M, et al. Preparation of CL－20/DNDAP cocrystal by a rapid and continuous spray drying method: an alternative to cocrystal formation [J]. CrystEngComm, 2018, 20: 2060－2067.

[18] Tan Y W, Yang Z W, Wang H J, et al. High energy explosive with low sensitivity: a new energetic cocrystal based on CL－20 and 1, 4－DNI [J]. Crystal Growth & Design, 2019, 19 (8): 4476－4482.

[19] Anderson S R, Dubé P, Krawiec M, et al. Promising CL－20－based energetic material by cocrystallization [J]. Propellants, Explosives, Pyrotechnics, 2016, 41: 783－788.

[20] Bennion J C, Vogt L, Tuckerman M E, et al. Isostructural cocrystals of 1, 3, 5－trinitrobenzene assembled by halogen bonding [J]. Crystal Growth & Design, 2016, 16: 4688－4693.

[21] Liu K, Zhang G, Luan J Y, et al. Crystal structure, spectrum character and explosive property of a new cocrystal CL－20/DNT [J]. Journal of Molecular Structure, 2016, 110: 91－96.

[22] Tan Y W, Liu Y C, Wang H J, et al. Different stoichiometric ratios realized in energetic－energetic cocrystals based on CL－20 and 4, 5－MDNI: a smart strategy to tune performance [J]. Crystal Growth & Design, 2020, 20 (6): 3826－3833.

[23] Xue Z H, Zhang X X, Huang B B, et al. Assembling of hybrid nano－sized HMX/ANPyO cocrystals intercalated with 2D high nitrogen materials [J]. Crystal Growth & Design, 2021, 21 (8): 4488－4499.

[24] 乔申，杨宗伟，李洪珍，等. TNB/1，4－DNI 共晶炸药的制备与表征 [J]. 含能材料，2021，29 (12): 1182－1185.

[25] 王玉平，杨宗伟，李洪珍，等. CL-20/DNB共晶炸药的制备与表征［J］. 含能材料，2013，21（4）：554-555.
[26] Wang Y P，Yang Z W，Li H Z，et al. A novel cocrystal explosive of HNIW with good comprehensive properties［J］. Propellants，Explosives，Pyrotechnics，2014，39：590-596.
[27] Sun H. Compass：an ab initio force-field optimized for condense-phase applications-overview with details on alkanes and benzene compounds［J］. The Journal of Physical Chemistry B，1998，102：7338-7364.
[28] Sun H，Ren P，Fried J R. The COMPASS force field：parameterization and validation for phosphazenes［J］. Computational and Theoretical Polymer Science，1998，8：229-246.
[29] Andersen H C. Molecular dynamics simulations at constant pressure and/or temperature［J］. Journal of Chemical Physics，1980，72（4）：2384-2393.
[30] Parrinello M，Rahman A. Polymorphic transitions in single crystals：a new molecular dynamics method［J］. Journal of Applied Physics，1981，52（12）：7182-7190.
[31] Allen M P，Tildesley D J. Computer Simulation of Liquids［M］. Oxford：Oxford University Press，1987.
[32] Ewald P P. Evaluation of optical and electrostatic lattice potentials［J］. Annals of Physics，1921，64：253-287.
[33] Bowden F P，Yoffe A D. Initiation and Growth of Explosion in Liquids and Solids［M］. Cambridge：Cambridge University Press，1952.
[34] Kamlet M J，Adoiph H G. The relationship of impact sensitivity with structure of organic high explosives［J］. Propellants，Explosives，Pyrotechnics，1979，4（2）：30-34.
[35] Zhu W，Wang X J，Xiao J J，et al. Molecular dynamics simulations of AP/HMX composite with a modified force field［J］. Journal of Hazardous Materials，2009，167：810-816.
[36] 朱伟，肖继军，郑剑，等. 高能混合物的感度理论判别——不同配比和不同温度AP/HMX的MD研究［J］. 化学学报，2008，66（23）：2592-2596.
[37] 朱伟，刘冬梅，肖继军，等. 多组分高能复合体系的感度判据、热膨胀和力学性能的MD研究［J］. 含能材料，2014，22（5）：582-587.
[38] 刘冬梅，赵丽，肖继军，等. 不同温度下HMX和RDX晶体的感度判别和力学性能预估—分子动力学比较研究［J］. 高等学校化学学报，2013，34（11）：2558-2565.
[39] 刘冬梅，肖继军，陈军，等. 不同模型下HMX晶体结构和性能的MD研究［J］. 含能材料，2013，21（6）：765-770.
[40] Xiao J J，Zhao L，Zhu W，et al. Molecular dynamics study on the relationships of modeling，structural and energy properties with sensitivity for RDX-based PBXs［J］. Science China Chemistry，2012，55（12）：2587-2594.
[41] 赵丽，肖继军，陈军，等. RDX基PBX的模型、结构、能量及其与感度关系的分子动力学研究［J］. 中国科学：化学，2013，43（5）：576-584.
[42] 刘强，肖继军，陈军，等. 不同温度下ε-CL-20晶体感度和力学性能的分子动力学模拟计算［J］. 火炸药学报，2014，37（2）：7-12.
[43] 许晓娟，肖鹤鸣，居学海，等. ε-六硝基六氮杂异伍兹烷（CL-20）热解机理的理论研究［J］. 有机化学，2005，25（5）：536-539.

[44] Geetha M, Nair U R, Sarwade D B, et al. Studies on CL-20: the most powerful high energy material [J]. Journal of Thermal Analysis and Calorimetry, 2003, 73: 913-922.

[45] 国迂贤，张厚生. 炸药爆轰性质计算的氮当量公式及修正氮当量公式：炸药爆速的计算 [J]. 爆炸与冲击, 1983, 3 (3): 56-66.

[46] Bolton O, Matzger A J. Improved stability and smart-material functionality realized in an energetic cocrystal [J]. Angewandte Chemie International Edition, 2011, 50: 8960-8963.

[47] 杨宗伟，黄辉，李洪珍，等. CL-20/TNT 共晶炸药的制备与理论性能 [J]. 含能材料, 2012, 20 (2): 256-257.

[48] 杨宗伟，张艳丽，李洪珍，等. CL-20/TNT 共晶炸药的制备、结构与性能 [J]. 含能材料, 2012, 20 (6): 674-679.

[49] Yang Z W, Li H Z, Huang H, et al. Preparation and performance of a HNIW/TNT cocrystal explosive [J]. Propellants, Explosives, Pyrotechnics, 2013, 38: 495-501.

[50] Ding X, Gou R J, Ren F D, et al. Molecular dynamics simulation and density functional theory insight into the cocrystal explosive of hexaazaisowurtzitane/nitroguanidine [J]. Internal Journal of Quantum Chemistry, 2016, 116: 88-96.

[51] 苟瑞君，赵媛媛，丁雄，等. CL-20/NQ 共晶材料的分子间作用研究及晶型预测 [J]. 四川大学学报 (自然科学版), 2016, 53 (4): 852-858.

[52] Bolton O, Simke L R, Pagoria P F, et al. High power explosive with good sensitivity: a 2: 1 cocrystal of CL-20: HMX [J]. Crystal Growth & Design, 2012, 12: 4311-4314.

[53] Anderson S R, Ende D J, Salan J S, et al. Preparation of an energetic-energetic cocrystal using resonant acoustic mixing [J]. Propellants, Explosives, Pyrotechnics, 2014, 39: 637-640.

[54] Ghosh M, Sikder A K, Banerjee S, et al. Studies on CL-20/HMX (2: 1) co-crystal: a new preparation method, structural and thermo kinetic analysis [J]. Crystal Growth & Design, 2018, 18 (7): 3781-3793.

[55] Gao B, Wang D, Zhang J, et al. Facile, continuous and large-scale synthesis of CL-20/HMX nano co-crystals with high-performance by ultrasonic spray-assisted electrostatic adsorption method [J]. Journal of Materials Chemistry A, 2014, 2 (47): 19969-19974.

[56] Qiu H W, Patel R B, Damavarapu R S, et al. Nanoscale 2CL-20 · HMX high explosive cocrystal synthesized by bead milling [J]. CrystEngComm, 2015, 17: 4080-4083.

[57] An C W, Li H Q, Ye B Y, et al. Nano-CL-20/HMX cocrystal explosive for significantly reduced mechanical sensitivity [J]. Journal of Nanomaterials, 2017, 2017: 1-7.

[58] Sun S H, Zhang H B, Liu Y, et al. Transitions from separately crystallized CL-20 and HMX to CL-20/HMX cocrystal based on solvent media [J]. Crystal Growth & Design, 2018, 18 (1): 77-84.

[59] 孙婷，刘强，肖继军，等. CL-20/HMX 共晶及其为基 PBX 界面作用和力学性能的 MD 模拟研究 [J]. 化学学报, 2014, 72: 1036-1042.

[60] 陶俊，王晓峰，赵省向，等. CL-20/HMX 共晶与共混物的分子动力学模拟 [J]. 含能材料, 2016, 24 (4): 324-330.

[61] 陶俊，王晓峰，赵省向，等. CL-20/HMX 无规作用及共晶作用的理论计算 [J]. 火炸药学报, 2017, 40 (4): 50-55.

[62] 宋长坤，安崇伟，李鹤群，等. 微纳米 CL-20/HMX 共晶含能材料的制备与性能 [J]. 火工品,

2018，(1)：36 - 40.

[63] 贺倩倩，刘玉存，闫利伟，等．悬浮液法制备高纯度 CL - 20/HMX 共晶炸药 [J]．火炸药学报，2018，41 (1)：82 - 85.

[64] 李鹤群．液相超声法制备 CL - 20/HMX 共晶炸药与表征 [J]．广东化工，2018，45 (6)：96 - 97.

[65] 任晓婷，卢艳华，陆志猛，等．超细 CL - 20/HMX 共晶的制备、表征及其与推进剂组分的相容性 [J]．含能材料，2020，28 (2)：137 - 144.

# 第 6 章　微观缺陷对 HMX 共晶炸药性能影响

## 6.1　引言

HMX 是一种常见的硝胺类高能炸药，也是目前综合性能最好的单质炸药之一，因此长期以来备受关注，在武器弹药与推进剂等领域中得到广泛应用。但 HMX 的机械感度较高，单独使用时对武器弹药的安全性产生不利影响，从而导致其发展应用受到限制。因此，为了提高 HMX 使用过程中的安全性，需要对其进行降感处理。近年来，共晶方法[1-4]成为一种改善含能材料性能的有效途径，共晶可以从分子层面改变含能材料晶体中分子的堆积模式，提高含能材料的热稳定性，降低感度，调控含能材料能量密度与感度之间的矛盾，因此国内外在含能共晶方面开展了深入的研究，设计并研究了 HMX 系列共晶炸药的性能[5-14]。

共晶炸药通常由两种或两种以上的成分构成，受制备工艺的影响，原料中可能会存在一定量的杂质成分，导致共晶炸药中存在掺杂缺陷。另外，在共晶炸药晶体生长与结晶过程中，受外界条件的影响，晶体内部也会出现位错、孔洞等微观缺陷。缺陷的存在会改变炸药的结构，也会影响炸药的物理和化学性能。因此，本章以 HMX 共晶炸药为研究对象，开展微观缺陷对其性能影响评估。

## 6.2　微观缺陷对 HMX/NTO 共晶炸药性能影响

HMX 是一种高能量密度炸药，在武器弹药领域得到众多应用，但机械感度偏高，为提高其安全性，需要对其进行降感处理。NTO 是一种高能钝感炸药，能量接近于 RDX，感度与 TATB 相当，具有广阔的发展前景与应用价值。由于 HMX 具有较高的能量密度，而 NTO 具有较低的机械感度，因此如果 HMX 与 NTO 能够形成共晶，则 HMX/NTO 共晶可以保持高能量密度与低机械感度的优势，实现对 HMX 性能的有效改进提升。Lin 等[15]设计了 HMX/NTO 共晶，并预测了其性能。结果表明，HMX/NTO 共晶炸药的感度低于 HMX，安全性较好，且共晶具有较高的能量密度。因此，HMX/NTO 共晶炸药有望成为一种新型的高能炸药。

HMX 通常采用改进型乙酸酐法制备，在产物中会存在杂质成分 RDX。在 HMX/NTO 共晶炸药制备过程中，RDX 也会进入到共晶炸药中，从而导致制备的炸药不纯，即存在掺杂缺陷。此外，在晶体的生长过程中，由于外界因素的干扰，晶体的生长过程可能会受到影响，从而使晶体中存在缺陷。晶体缺陷的存在会影响炸药的性能，如稳定性、感度、能量特性与力学性能等，从而进一步影响武器弹药的威力与安全性。因此，研究晶体缺陷对 HMX/NTO 共晶炸药性能的影响具有十分重要的理论与现实意义。

为了研究晶体缺陷对 HMX/NTO 共晶炸药的性能影响，本节分别建立“完美”型与含有晶体缺陷（掺杂、空位与位错）的 HMX/NTO 共晶炸药模型，采用分子动力学方法，预测各种模型的结合能、感度与爆轰性能并进行比较，评价晶体缺陷对 HMX/NTO 共晶炸药性能的影响。

### 6.2.1 计算模型与计算方法

**1. 单个分子的建立**

HMX/NTO 共晶炸药由 HMX 与 NTO 组成，其中 HMX 与 NTO 的分子式分别为 $C_4H_8O_8N_8$ 和 $C_2H_2O_3N_4$，相对分子质量分别为 296 和 130。在 MS 软件中，分别建立 HMX 与 NTO 的单个分子模型，如图 6-1 所示。

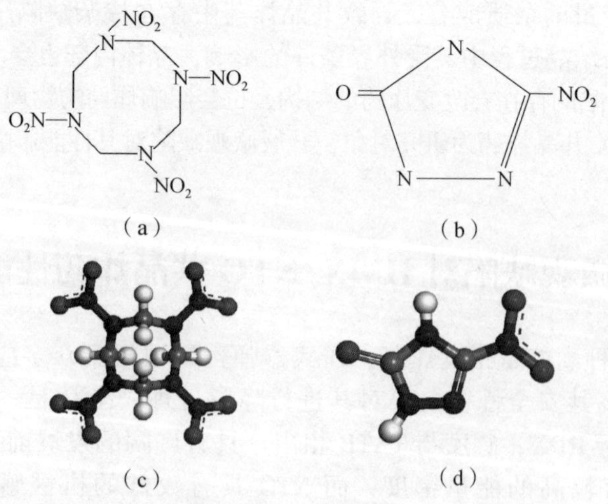


图 6-1 HMX 与 NTO 的结构式及分子模型

**2. HMX/NTO 共晶炸药初始模型的建立**

Lin 等的研究结果表明，HMX/NTO 共晶炸药属于三斜晶系，空间群为 $P\bar{1}$，晶格参数为 $a = 9.060\text{Å}$、$b = 8.190\text{Å}$、$c = 10.270\text{Å}$、$\alpha = 81.94°$、$\beta = 98.42°$ 和 $\gamma = 82.03°$，单个晶胞中包含 2 个 HMX 与 2 个 NTO 分子[15]。HMX/NTO 共晶炸药的单个晶胞模型如图 6－2（a）所示，而后将单个晶胞模型扩展为 36（4×3×3）的超晶胞模型，其中包含 72 个 HMX 分子与 72 个 NTO 分子，共 144 个分子，如图 6－2（b）所示。为了便于与含有晶体缺陷的模型进行比较，将 HMX/NTO 共晶的"完美"型晶体模型标记为 Model－1。

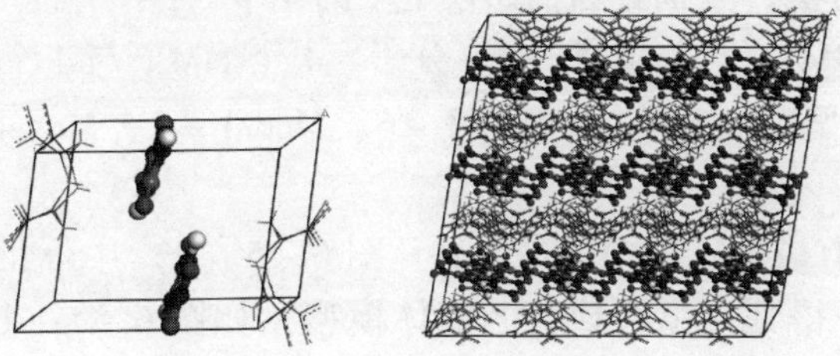

（a）　　　　　　　　（b）

**图 6－2　HMX/NTO 共晶炸药的单个晶胞与超晶胞模型**

**3. HMX/NTO 共晶炸药缺陷模型的建立**

用 4 个 RDX 分子替换"完美"型晶体中的 4 个 HMX 分子（图 6－3（a）中标记为黄色），得到掺杂率为 2.78% 的缺陷晶体模型，如图 6－3（b）所示，将所得缺陷模型标记为 Model－2。

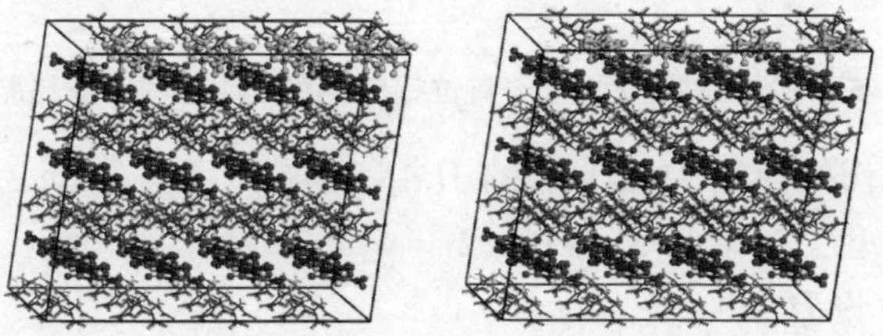

（a）　　　　　　　　（b）

**图 6－3　初始晶胞模型与含有掺杂缺陷的 HMX/NTO 晶胞模型**

类似地，分别用 6 个 RDX 分子替换初始模型中的 6 个 HMX 分子，用 8 个 RDX 分子替换 8 个 HMX 分子，得到掺杂率分别为 4.17%、5.56% 的缺陷晶体模型，分别标记为 Model－3、Model－4。

删除超晶胞模型中的 4 个 HMX 分子（图 6－4（a）中标记为黄色），得到空位率为 2.78% 的缺陷晶体模型，如图 6－4（b）所示，将缺陷晶体模型标记为 Model－5。

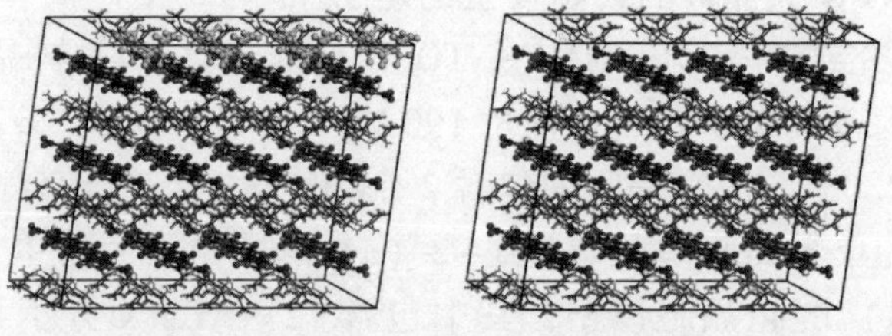

图 6-4 初始晶胞模型与含有空位缺陷的 HMX/NTO 晶胞模型

采用同样的方法，分别删除初始模型中的 4 个 NTO 分子、2 个 HMX 与 2 个 NTO 分子、8 个 HMX 分子、8 个 NTO 分子、4 个 HMX 与 4 个 NTO 分子，将所得空位缺陷的模型分别标记为 Model-6、Model-7、Model-8、Model-9、Model-10。

将初始模型中最上层的 HMX 分子（图 6-5（a）中标记为黄色）向上方移动 2Å 的距离，得到含位错缺陷的晶体模型，如图 6-5（b）所示，将缺陷晶体模型标记为 Model-11。

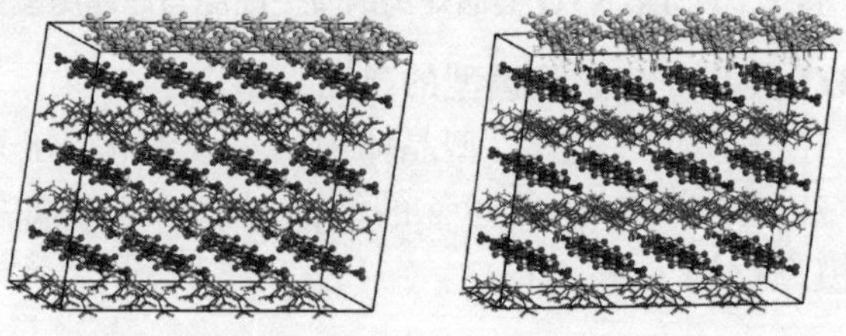

图 6-5 初始晶胞模型与含有位错缺陷的 HMX/NTO 晶胞模型

类似地，将初始模型中最上层的 HMX 分子向下方移动 2Å 的距离，得到位错缺陷晶体模型，标记为 Model-12。

**4. 计算条件设置**

分别对建立的 HMX/NTO 共晶炸药的“完美”型模型与含有缺陷的各种模型进行能量最小化处理，优化其晶体结构，使模型中分子的排列位置发生改变，模型结构更趋于稳定与合理，同时消除内应力的影响，从而提高计算精度。优化过程结束后，进行分子动力学计算，选择恒温恒压（NPT）系综，即体系的温度、压力与模型中的原子总数在整个过程中始终保持恒定，压力设置为 0.0001GPa，温度设置为 295K。在计算时，为保证计算结果的精度与准确性，选择 COMPASS 力场[16-17]，一是 COMPASS 力场采用从头算法，其中的参数已经进行了修正，能够保证计算精度；二是该力场适合用于对凝聚态物质进行计算，预测其性能。在进行计算时，模型中分子的初始速度由 Maxwell – Boltzman 分布确定，采用周期性边界条件。为了使温度与压力保持在一定的范围内，采用 Andersen[18] 控温方法，压力采用 Parrinello[19] 方法进行控制。此外，采用基于方法[20] 来计算范德华力的作用，而静电力的计算采用 Ewald 方法[21]。在计算中，时间步长设置为 1fs，总模拟计算时间设置为 200ps（$2\times10^5$fs）。其中前 100ps 主要用来对体系进行平衡计算，优化其结构，使其达到平衡状态；后 100ps 主要是用来对平衡体系进行计算，从而得到各种能量、体系中分子的各种化学键键长、键能与静态性能等相关的参数。在整个模拟过程中，每隔 1ps 输出一步结果文件，共得到 100 帧体系的轨迹文件。

### 6.2.2　结果分析

**1. 平衡判别与平衡体系**

在提取计算结果时，需要让体系达到平衡状态，而体系平衡时，必须同时满足温度平衡与能量平衡。通常认为当温度与能量波动范围在 ±5% ~ 10% 时，体系已经达到热力学平衡状态。

以掺杂率为 4.17% 的缺陷模型（Model – 3）为例，模拟过程中混合体系的温度变化曲线与能量变化曲线如图 6 – 6 所示。

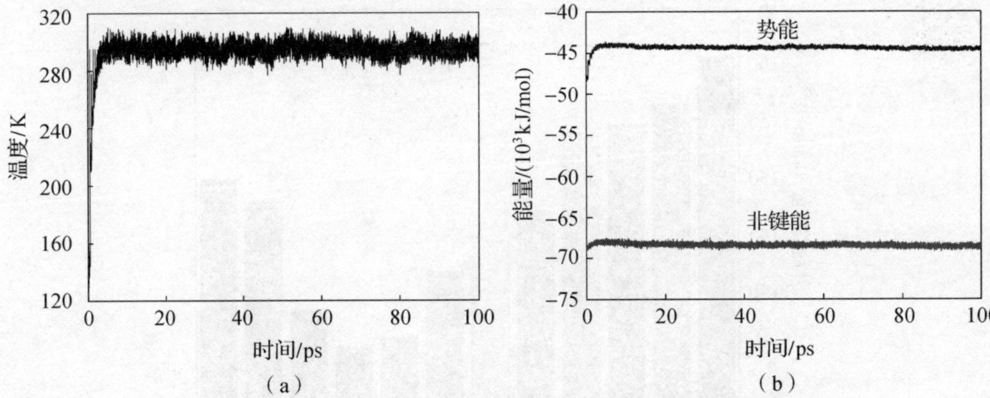


**图 6 – 6　HMX/NTO 缺陷模型的温度与能量变化曲线**

从图 6 – 6 可以看出，在模拟计算初期，体系的温度与能量均有所上升，并且波动幅度较大。随着时间的推移，温度与能量的波动幅度逐渐减小，最终温度波动幅度为 ±15K，能量波动幅度为 ±5%，偏差相对较小，表明混合体系已达到热力学平衡状态。对于其他的晶体模型，分子动力学计算时，均以温度与能量变化曲线来判别混合体系是否达到平衡状态。

**2. 感度**

1）引发键键连双原子作用能

引发键是指含能材料中能量最低、最容易发生断裂的化学键。在外界刺激下，引发键更容易发生断裂破坏，从而使含能材料发生分解或爆炸。在 HMX/NTO 共晶及其缺陷晶体中，HMX 所占的比例最高，而 HMX 的引发键是 N—$NO_2$ 键中的 N—N 键[22-23]。因此，选择 HMX 分子中的 N—N 键作为引发键来预测体系的感度。

键连双原子作用能主要用来反映键的强度。键连双原子作用能越大，说明键的强度越大，含能材料的感度越低，安全性越好。键连双原子作用能（$E_{\text{N-N}}$）的计算公式为

$$E_{\text{N—N}} = \frac{E_{\text{T}} - E_{\text{F}}}{n} \tag{6-1}$$

式中：$E_{\text{T}}$为 HMX/NTO 共晶模型达到平衡状态时体系的总能量（kJ/mol）；$E_{\text{F}}$为固定 HMX 中所有的 N 原子后体系的总能量（kJ/mol）；$n$ 为体系中 HMX 分子中包含的 N—N 键的数量。

不同 HMX/NTO 共晶模型中键连双原子作用能（$E_{\text{N—N}}$）的变化曲线如图 6-7 所示。

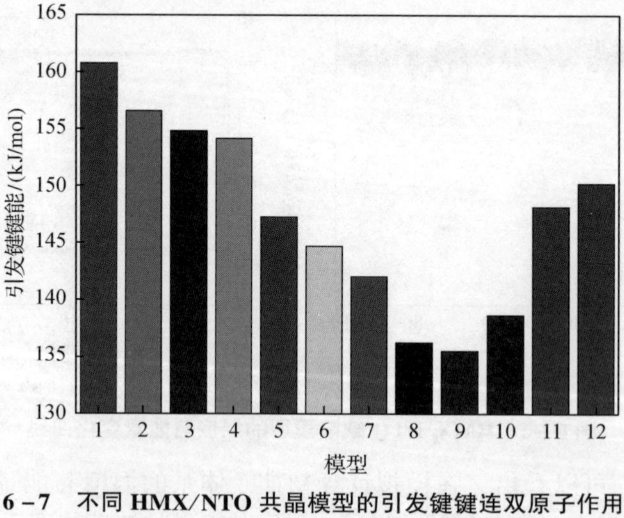


**图 6-7　不同 HMX/NTO 共晶模型的引发键键连双原子作用能**

从图 6-7 可以看出，在不同的晶体模型中，键连双原子作用能的差异较大。其中，“完美”型晶体模型（Model-1）的键连双原子作用能最大（160.77kJ/mol），而缺陷晶体的键连双原子作用能均小于“完美”型晶体模型对应的键的能量。在缺陷晶体中，掺杂缺陷模型（Model-2）的键能最大

(156.57kJ/mol)，而空位缺陷模型（Model - 9）的键能最小（135.53kJ/mol），键连双原子作用能减小的幅度为 2.61% ~ 15.70%。键连双原子作用能减小，说明键的强度减弱，键断裂时需要的能量减小，即含能材料的感度增大，安全性降低。由此可见，晶体缺陷会对炸药的安全性产生不利影响。此外，空位缺陷的模型对应的键连双原子作用能最小，键的强度最弱，感度最高，且随着缺陷数量的增加，键的能量逐渐降低，预示空位缺陷对炸药的感度影响更为显著。之前的研究也表明，由于空位缺陷的影响，在晶体内部容易形成“热点”，从而使含能材料的感度升高，安全性降低。

2）CED

CED 定义为单位体积内 1mol 物质由凝聚态变为气态时克服分子间作用力所做的功，属于非键力，在数值上等于范德华力与静电力之和。

根据计算结果，得到不同模型的 CED、范德华力与静电力等相关的能量，结果如表 6 - 1 所列。

**表 6 - 1　不同 HMX/NTO 共晶模型的 CED、范德华力与静电力**

| 模型 $n$ | CED/($kJ/cm^3$) | 范德华力/($kJ/cm^3$) | 静电力/($kJ/cm^3$) |
|---|---|---|---|
| Model - 1 | 0.883 | 0.252 | 0.631 |
| Model - 2 | 0.872 | 0.248 | 0.624 |
| Model - 3 | 0.867 | 0.246 | 0.621 |
| Model - 4 | 0.853 | 0.238 | 0.615 |
| Model - 5 | 0.836 | 0.228 | 0.608 |
| Model - 6 | 0.821 | 0.222 | 0.599 |
| Model - 7 | 0.825 | 0.224 | 0.601 |
| Model - 8 | 0.808 | 0.214 | 0.594 |
| Model - 9 | 0.797 | 0.208 | 0.589 |
| Model - 10 | 0.813 | 0.217 | 0.596 |
| Model - 11 | 0.845 | 0.234 | 0.611 |
| Model - 12 | 0.846 | 0.235 | 0.611 |

从表 6 - 1 可以看出，“完美”型晶体模型（Model - 1）的能量最高，其中 CED、范德华力与静电力分别为 0.883$kJ/cm^3$、0.252$kJ/cm^3$、0.631$kJ/cm^3$，而缺陷晶体的能量均有不同程度的减小。在缺陷晶体中，掺杂缺陷模型

（Model－2）对应的CED最大（0.872kJ/cm$^3$），而空位缺陷模型（Model－9）的CED最小（0.797kJ/cm$^3$），CED减小的幅度为1.25%～9.74%。CED减小，说明炸药由凝聚态变为气态时吸收的能量减小，预示炸药的感度增大，安全性降低。此外，表6－1也进一步说明，空位缺陷晶体模型的CED最低，且随着缺陷数量的增加，CED逐渐减小，表明炸药的感度逐渐增大，安全性呈下降趋势。

**3. 稳定性**

结合能（$E_b$）定义为分子之间相互作用力（$E_{inter}$）的负值，主要用来预测体系的稳定性。结合能越大，说明分子之间的相互作用力越强，体系的稳定性越好。

对于HMX/NTO共晶及其缺陷晶体炸药，结合能的计算公式为

$$E_b = -E_{inter} = -[E_{total} - (E_{NTO} + E_{other})] \quad (6-2)$$

式中：$E_{inter}$为共晶炸药中分子之间的相互作用力（kJ/mol）；$E_{total}$为混合体系达到热力学平衡状态时对应的总能量（kJ/mol）；$E_{NTO}$为去掉体系中的其他组分后，NTO分子对应的总能量（kJ/mol）；$E_{other}$为去掉晶体模型中的NTO分子后，体系中的HMX与其他组分对应的总能量（kJ/mol）。

根据分子动力学计算得到的各组分能量，通过计算得到不同体系的结合能，结果如图6－8所示。

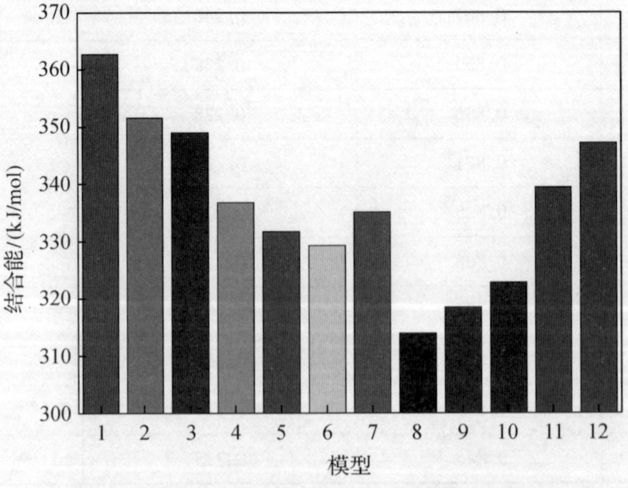


**图6－8　不同HMX/NTO共晶模型的结合能**

从图6－8可以看出，“完美”型晶体模型（Model－1）对应的结合能最大（362.7kJ/mol），表明HMX与NTO分子之间的相互作用力最强，炸药

的稳定性最好。缺陷晶体的结合能均有不同程度的减小，其中掺杂缺陷晶体模型（Model－2）的结合能最大（351.6kJ/mol），而空位缺陷晶体模型（Model－8）的结合能最小（313.9kJ/mol），结合能减小的幅度为 3.06%～13.45%。同时，结合能的变化趋势也表明掺杂缺陷对结合能的影响相对较小，而空位缺陷对结合能的影响最大。此外，从图 6－8 还可以看出，对于同种类型的晶体缺陷，随着缺陷数量的增加，结合能逐渐减小，表明分子之间作用力的强度逐渐减弱，炸药的稳定性逐渐减弱，即晶体缺陷会对炸药的稳定性产生不利影响。结合能减小的原因可能是由于缺陷的影响，晶体的结构遭到破坏，分子的排列方式发生了变化，从而使分子之间的作用力减弱。

**4. 爆轰性能**

根据前面章节中提到的修正氮当量理论[24]，通过计算得到不同模型的爆轰参数，结果如表 6－2 所列，其中炸药的密度可以直接从分子动力学结果中提取得到。

**表 6－2　不同 HMX/NTO 共晶模型的爆轰参数**

| 模型 | OB/% | $\rho$/(g/cm$^3$) | $D$/(m/s) | $p$/GPa |
|---|---|---|---|---|
| Model－1 | －22.53 | 1.917 | 8970 | 37.68 |
| Model－2 | －22.54 | 1.897 | 8896 | 36.86 |
| Model－3 | －22.55 | 1.891 | 8874 | 36.61 |
| Model－4 | －22.55 | 1.883 | 8844 | 36.28 |
| Model－5 | －22.57 | 1.832 | 8656 | 34.26 |
| Model－6 | －22.50 | 1.862 | 8785 | 35.59 |
| Model－7 | －22.53 | 1.859 | 8763 | 35.39 |
| Model－8 | －22.61 | 1.802 | 8538 | 33.03 |
| Model－9 | －22.46 | 1.811 | 8613 | 33.71 |
| Model－10 | －22.53 | 1.818 | 8617 | 33.81 |
| Model－11 | －22.53 | 1.881 | 8842 | 36.25 |
| Model－12 | －22.53 | 1.904 | 8924 | 37.16 |

从表 6－2 可以看出，对于不同的晶体模型，“完美”型晶体模型（Model－1）对应的密度与爆轰参数最大，分别为 1.917g/cm$^3$、8970m/s、37.68GPa，表明“完美”型晶体的威力最大，能量密度最高。在缺陷晶体中，位错缺陷

模型（Model-12）的密度与爆轰参数最大，分别为 1.904g/cm$^3$、8924m/s、37.16GPa，而空位缺陷模型（Model-8）的密度与爆轰参数最小，分别为 1.802g/cm$^3$、8538m/s、33.03GPa。密度、爆速与爆压的减小幅度分别为 0.68%~6.00%、0.51%~4.82%、1.38%~12.34%。密度与爆轰参数减小，说明炸药的威力减小，能量密度降低，因此晶体缺陷会对炸药的能量特性产生不利影响。此外，从表 6-2 还可以看出，在 3 种类型的晶体缺陷中，空位缺陷模型对应的密度与爆轰参数最小，表明其能量密度最低，也进一步说明空位缺陷对能量密度的影响更为显著。在缺陷晶体中，随着缺陷数量的增加，炸药的密度与爆轰参数逐渐减小，能量密度逐渐降低。

**5. 力学性能**

当 HMX/NTO 共晶模型达到热力学平衡状态后，通过分子动力学计算，可以得到不同模型的力学性能参数，结果如表 6-3 与图 6-9 所示。

**表 6-3　不同类型的 HMX/NTO 共晶模型的力学性能**

| 参数 | Model-1 | Model-2 | Model-3 | Model-4 | Model-5 | Model-6 |
|---|---|---|---|---|---|---|
| $C_{11}$/GPa | 16.898 | 16.730 | 16.402 | 15.574 | 14.733 | 15.236 |
| $C_{22}$/GPa | 16.323 | 16.411 | 16.217 | 15.731 | 13.978 | 14.730 |
| $C_{33}$/GPa | 14.919 | 15.117 | 14.902 | 14.467 | 13.104 | 13.661 |
| $C_{44}$/GPa | 7.138 | 6.806 | 6.922 | 6.616 | 5.636 | 5.952 |
| $C_{55}$/GPa | 7.021 | 6.818 | 6.830 | 6.523 | 6.003 | 5.783 |
| $C_{66}$/GPa | 5.232 | 5.408 | 5.195 | 5.002 | 5.147 | 5.245 |
| $C_{12}$/GPa | 7.336 | 7.212 | 7.187 | 7.098 | 6.109 | 6.412 |
| $C_{13}$/GPa | 7.025 | 6.927 | 6.969 | 6.426 | 5.348 | 5.917 |
| $C_{23}$/GPa | 6.917 | 7.004 | 6.768 | 6.518 | 5.515 | 6.115 |
| $C_{15}$/GPa | 0.098 | 0.126 | 0.121 | -0.207 | -0.302 | 0.108 |
| $C_{25}$/GPa | 0.112 | -0.106 | 0.034 | 0.315 | 0.269 | -0.226 |
| $C_{35}$/GPa | -0.230 | 0.218 | 0.168 | 0.117 | 0.150 | 0.313 |
| $C_{46}$/GPa | 0.044 | 0.115 | -0.212 | -0.182 | 0.036 | 0.124 |
| $E$/GPa | 14.441 | 13.853 | 13.468 | 12.632 | 11.860 | 11.943 |
| $\gamma$ | 0.226 | 0.229 | 0.223 | 0.227 | 0.227 | 0.226 |
| $K$/GPa | 8.773 | 8.518 | 8.119 | 7.703 | 7.232 | 7.256 |
| $G$/GPa | 5.891 | 5.634 | 5.504 | 5.149 | 4.834 | 4.872 |
| ($C_{12}$—$C_{44}$)/GPa | 0.198 | 0.406 | 0.265 | 0.482 | 0.473 | 0.460 |

续表

| 参数 | Model－7 | Model－8 | Model－9 | Model－10 | Model－11 | Model－12 |
|---|---|---|---|---|---|---|
| $C_{11}$/GPa | 15. 185 | 14. 514 | 14. 630 | 13. 929 | 14. 038 | 16. 017 |
| $C_{22}$/GPa | 15. 023 | 14. 308 | 14. 213 | 12. 623 | 13. 471 | 15. 548 |
| $C_{33}$/GPa | 14. 830 | 11. 773 | 12. 875 | 10. 318 | 11. 972 | 15. 003 |
| $C_{44}$/GPa | 6. 130 | 4. 736 | 5. 117 | 4. 427 | 4. 418 | 6. 517 |
| $C_{55}$/GPa | 5. 936 | 5. 730 | 5. 853 | 5. 138 | 5. 434 | 6. 635 |
| $C_{66}$/GPa | 5. 113 | 5. 113 | 5. 004 | 4. 025 | 4. 370 | 5. 334 |
| $C_{12}$/GPa | 6. 818 | 5. 582 | 6. 349 | 5. 174 | 5. 333 | 7. 230 |
| $C_{13}$/GPa | 6. 438 | 4. 708 | 4. 978 | 4. 526 | 4. 419 | 6. 618 |
| $C_{23}$/GPa | 6. 023 | 5. 136 | 5. 917 | 4. 835 | 5. 211 | 6. 427 |
| $C_{15}$/GPa | 0. 120 | －0. 215 | －0. 118 | －0. 114 | 0. 177 | 0. 111 |
| $C_{25}$/GPa | 0. 158 | 0. 208 | 0. 310 | 0. 230 | －0. 196 | 0. 235 |
| $C_{35}$/GPa | －0. 059 | 0. 039 | 0. 228 | －0. 020 | －0. 045 | 0. 303 |
| $C_{46}$/GPa | 0. 157 | 0. 168 | 0. 149 | －0. 215 | 0. 176 | －0. 098 |
| $E$/GPa | 12. 113 | 11. 060 | 11. 148 | 9. 325 | 10. 443 | 12. 876 |
| $\gamma$ | 0. 228 | 0. 225 | 0. 230 | 0. 227 | 0. 228 | 0. 226 |
| $K$/GPa | 7. 415 | 6. 706 | 6. 871 | 5. 687 | 6. 393 | 7. 834 |
| $G$/GPa | 4. 933 | 4. 514 | 4. 533 | 3. 801 | 4. 252 | 5. 251 |
| $(C_{12}—C_{44})$/GPa | 0. 688 | 0. 846 | 1. 232 | 0. 747 | 0. 915 | 0. 713 |

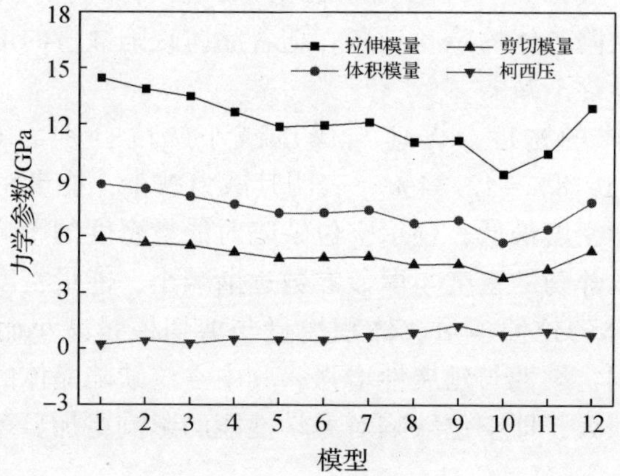


**图 6－9　不同 HMX/NTO 共晶模型的力学性能参数**

从表6-3与图6-9可以看出，“完美”型模型（Model-1）的拉伸模量、体积模量与剪切模量的值最大，分别为14.441GPa、8.773GPa、5.891GPa，而柯西压的值最小（0.198GPa），表明炸药的刚性最强，延展性与塑性较差。对于缺陷晶体，由于炸药的晶体结构发生了变化，因此拉伸模量、体积模量、剪切模量减小而柯西压增大，表明炸药的刚性与硬度减弱，延展性与塑性增强。在外界作用下，炸药更容易发生形变。在缺陷晶体中，掺杂缺陷模型（Model-2）对应的拉伸模量、体积模量、剪切模量最大，分别为13.853GPa、8.518GPa、5.634GPa，而空位缺陷模型（Model-10）的模量最小，分别为9.325GPa、5.687GPa、3.801GPa。因此，空位缺陷对炸药力学性能的影响更为显著。此外，从图6-9还可以看出，对于同种类型的晶体缺陷（掺杂、空位），随着缺陷数量的增加，拉伸模量、体积模量、剪切模量逐渐减小，而柯西压呈现出增大的变化趋势，预示炸药的刚性减弱，而塑性与延展性增强。

### 6.2.3 本节小结

本节采用分子动力学方法，分别预测了“完美”型与含有晶体缺陷的HMX/NTO共晶炸药的稳定性、感度、爆轰性能与力学性能，研究并评估了晶体缺陷对炸药性能的影响，得出以下结论。

（1）由于晶体缺陷的影响，结合能减小幅度为3.06%~13.45%，分子之间的作用力减弱，炸药的稳定性降低。空位缺陷晶体的结合能最小，稳定性最差，且随着缺陷数量的增加，炸药的稳定性逐渐减弱。

（2）与“完美”型晶体相比，缺陷晶体的引发键键连双原子作用能减小2.61%~15.70%，CED减小1.25%~9.74%，表明炸药的感度增大，安全性减弱，其中空位缺陷晶体的感度最高。随着晶体缺陷数量的增加，炸药的感度逐渐增大，安全性逐渐减弱。

（3）缺陷晶体的密度、爆速与爆压减小幅度分别为0.68%~6.00%、0.51%~4.82%、1.38%~12.34%，表明其威力减小，能量密度降低，其中空位缺陷晶体的能量密度最低，预示空位缺陷对能量密度的影响更为显著。随着缺陷数量的增加，炸药的密度与爆轰参数逐渐减小，能量密度逐渐降低。

（4）缺陷晶体的拉伸模量、体积模量与剪切模量减小而柯西压增大，表明炸药的刚性减弱，柔性与延展性增强，其中空位缺陷晶体的模量最小，掺杂缺陷晶体的模量最大，即空位缺陷对力学性能的影响更加显著，而掺杂缺陷的影响相对较小。

综合来看，晶体缺陷使HMX/NTO共晶炸药的稳定性降低，感度升高，安全性减弱，能量密度与威力减小。因此，晶体缺陷会对炸药的稳定性、感度与能量特性产生不利影响，其中空位缺陷对炸药性能的影响更为显著，并且随着缺陷数量的增加，炸药的性能逐渐变差。

## 6.3 微观缺陷对 HMX/NQ 共晶炸药性能影响

HMX 是一种常见的硝胺类高能炸药，也是目前综合性能最好的单质炸药之一，因此长期以来备受关注，在武器弹药与推进剂等领域中得到广泛应用。但 HMX 的机械感度较高，单独使用时对武器弹药的安全性产生不利影响，从而导致其发展应用受到限制。因此，为了提高 HMX 使用过程中的安全性，需要对其进行降感处理。NQ 是一种钝感炸药，晶体呈白色针状形貌，撞击感度与摩擦感度均很低，使得它受到了越来越多人的青睐，然而略低的能量限制了其广泛应用。为了降低含能材料的感度，提高其使用安全性，国内外的研究人员提出了众多的降感方法。其中，共晶方法是一种新型的含能材料降感方法，可以从分子层面改善含能材料晶体中分子的堆积与组装模式，调控含能材料能量密度与安全性之间的矛盾，实现降低感度，提高安全性的目标。正因为如此，共晶炸药的研究成为含能材料领域的一个热点与焦点。

丁雄[25]研究了 HMX/NQ 共晶炸药的性能。结果表明，共晶炸药的感度低于 HMX，安全性得到提高，且共晶具有较高的能量密度。因此，HMX/NQ 共晶炸药有望成为一种新型的高能炸药。HMX 通常采用改进乙酸酐法制备，在产物中会存在杂质成分黑索今（RDX）。因此，在 HMX/NQ 共晶炸药制备过程中，RDX 也会进入到共晶炸药中，从而导致制备的炸药不纯，即晶体中存在掺杂缺陷。晶体缺陷的存在可能会影响炸药的性能，如稳定性、感度、能量特性与力学性能等，从而进一步影响武器弹药的安全性与作战性能。因此，研究晶体缺陷对炸药性能的影响具有重要意义。

为了研究掺杂晶体缺陷对 HMX/NQ 共晶炸药的性能影响情况，本节分别建立“完美”型与含有不同掺杂率缺陷的 HMX/NQ 共晶炸药模型，采用分子动力学方法，预测各种模型的结合能、感度与爆轰性能并进行比较。此外，对掺杂晶体缺陷对炸药性能的影响进行综合评价。

### 6.3.1 计算模型与计算方法

#### 1. 单个分子的建立

HMX/NQ 共晶炸药由 HMX 与 NQ 组成，其中 HMX 与 NQ 的分子式分别为

$C_4H_8O_8N_8$和$CH_4O_2N_4$，相对分子质量分别为296和104。在MS软件中，分别建立HMX与NQ的单个分子模型，如图6－10所示。

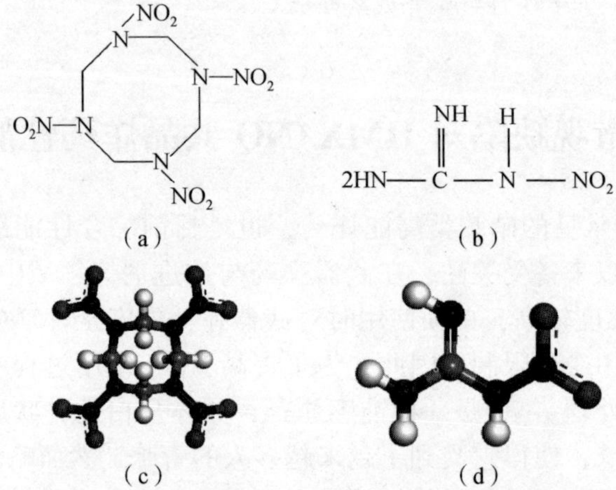


**图6－10　HMX与NQ的结构式及分子模型**

**2. HMX/NQ共晶炸药初始模型的建立**

HMX/NQ共晶炸药属于单斜晶系，空间群为P21，晶格参数为$a=22.640Å$、$b=4.200Å$、$c=7.980Å$、$\alpha=90.00°$、$\beta=103.00°$和$\gamma=90.00°$，单个晶胞中包含2个HMX与2个NQ分子[25]。HMX/NQ共晶炸药的单个晶胞模型如图6－11（a）所示，而后将单个晶胞模型扩展为36（3×4×3）的超晶胞模型，其中包含72个HMX分子与72个NQ分子，共144个分子，如图6－11（b）所示。为了便于与含有晶体缺陷的模型进行比较，将“完美”型晶体模型标记为Model－1。

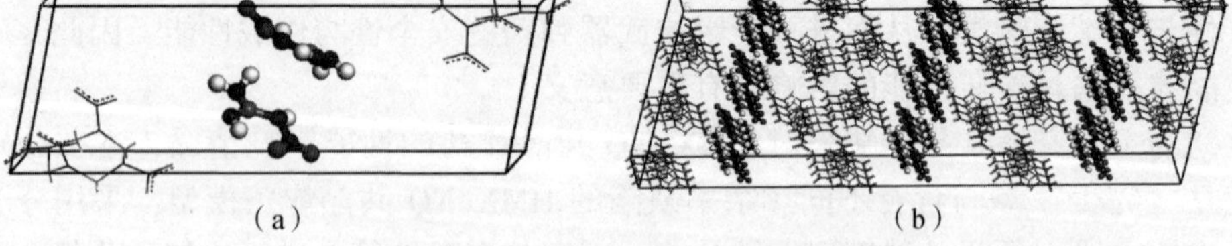


**图6－11　HMX/NQ共晶炸药的单个晶胞与超晶胞模型**

**3. HMX/NQ共晶炸药缺陷模型的建立**

用2个RDX分子替换“完美”型晶体中的2个HMX分子（图6－12（a）中标记为黄色），得到掺杂率为1.39%的缺陷晶体模型，如图6－12（b）所示，将所得缺陷模型标记为Model－2。

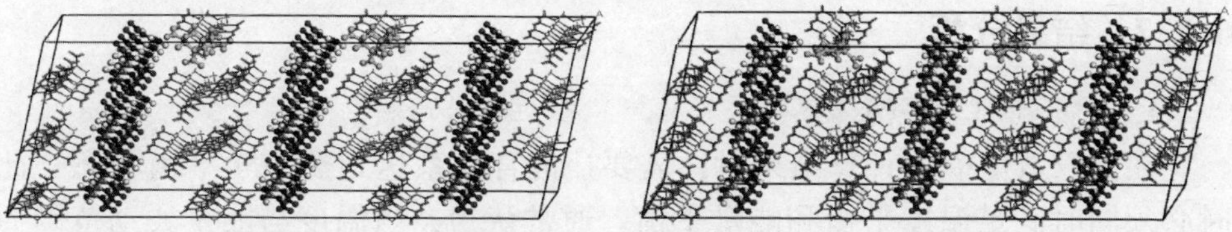
(a)　　(b)

图 6-12　初始模型与含有掺杂缺陷的晶胞模型

在 Model-2 的基础上，继续用 2 个 RDX 分子取代模型中的 2 个 HMX 分子，得到掺杂率为 2.78% 的缺陷晶体模型，标记为 Model-3。

采用同样的方法，在 Model-3 的基础上，继续用 4 个 RDX 分子替换 4 个 HMX 分子，得到掺杂率为 5.56% 的缺陷晶体模型，标记为 Model-4。

类似地，分别用 12 个、16 个、24 个 RDX 分子替换初始模型中同等数量的 HMX 分子，得到掺杂率分别为 8.34%、11.11%、16.67% 的缺陷晶体模型，分别标记为 Model-5、Model-6、Model-7。

**4. 计算条件设置**

分别对建立的 HMX/NQ 共晶炸药的“完美”型模型与含有不同掺杂率缺陷的各种模型进行能量最小化处理，优化其晶体结构，使模型中分子的排列位置发生改变，模型结构更趋于稳定与合理，同时消除内应力的影响，从而提高计算精度。优化过程结束后，进行分子动力学计算，选择恒温恒压（NPT）系综，即体系的温度、压力与模型中的原子总数在整个过程中始终保持恒定，压力设置为 0.0001GPa，温度设置为 295K。在计算时，为保证计算结果的精度与准确性，选择 COMPASS 力场[16-17]，一是 COMPASS 力场采用从头算法，其中的参数已经进行了修正，能够保证计算精度；二是该力场适合用于对凝聚态物质进行计算，预测其性能。在进行计算时，模型中分子的初始速度由 Maxwell-Boltzman 分布确定，采用周期性边界条件。为了使温度与压力保持在一定的范围内，采用 Andersen[18] 控温方法，压力采用 Parrinello[19] 方法进行控制。此外，采用基于原子方法[20] 来计算范德华力的作用，而静电力的计算采用 Ewald 方法[21]。在计算中，时间步长设置为 1fs，总模拟计算时间设置为 200ps（$2\times10^5$fs）。其中前 100ps 主要用来对体系进行平衡计算，优化其结构，使其达到平衡状态；后 100ps 主要是用来对平衡体系进行计算，从而得到各种能量、体系中分子的各种化学键键长、键能与静态性能等相关的参数。在整个模拟过程中，每隔 1ps 输出一步结果文件，共得到 100 帧体系的轨迹文件。

### 6.3.2 结果分析

**1. 平衡判别与平衡体系**

在提取数值模拟计算结果时，需要让混合体系达到热力学平衡状态，此时必须同时满足温度平衡和能量平衡。通常认为，当温度与能量波动范围为±5%~10%时，体系已经达到平衡状态。以 Model-4 为例，模拟过程中混合体系的温度变化曲线如图 6-13（a）所示，能量变化曲线如图 6-13（b）所示。

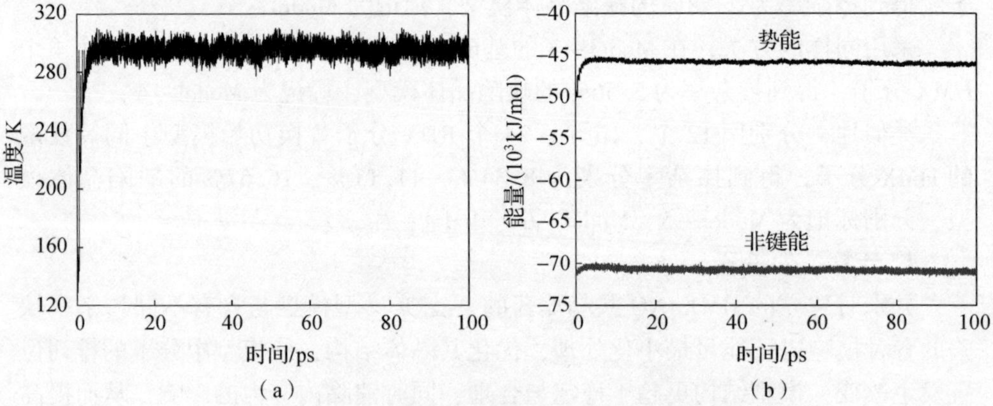


**图 6-13　HMX/NQ 缺陷模型的温度与能量变化曲线**

从图 6-13 可以看出，模拟计算初期，温度与能量均有所上升，并且波动幅度较大。随着时间的推移，温度与能量的波动幅度逐渐减小，最终温度波动幅度为±15K，能量波动幅度为±5%，偏差相对较小，表明混合体系已达到热力学平衡状态。对于其他的晶体模型，分子动力学计算时，均以温度平衡和能量平衡来判别混合体系是否达到平衡状态。

**2. 感度**

1）引发键键连双原子作用能

引发键是指含能材料中能量最低、强度最弱的化学键。在外界刺激下，引发键最容易发生断裂破坏，从而使含能材料发生分解或者爆炸。在 HMX/NQ 共晶及其缺陷晶体中，HMX 所占的比例最高，对外界的刺激最敏感。当受到外界刺激时，HMX 更容易发生化学反应，从而使共晶炸药发生分解或者爆炸。HMX 的引发键为分子中 N—$NO_2$基团上的 N—N 键[22-23]，因此选择 HMX 分子中的 N—$NO_2$键作为引发键来预测体系的感度。

键连双原子作用能主要用来反映键的强度。键连双原子作用能越大，说明键的强度越大，键断裂时需要吸收的能量越多，即含能材料的感度越低，安全性越好。

引发键键连双原子作用能（$E_{N-N}$）的计算公式为

$$E_{N-N} = \frac{E_1 - E_2}{n} \tag{6-3}$$

式中：$E_1$为混合体系达到热力学平衡状态时对应的总能量（kJ/mol）；$E_2$为固定 HMX 中所有的 N 原子后，混合体系达到平衡状态时的总能量（kJ/mol）；$n$ 为体系中 HMX 分子中包含的 N—$NO_2$ 键的数量。

对于不同的晶体模型，键连双原子作用能（$E_{N-N}$）的变化曲线如图 6-14 所示。

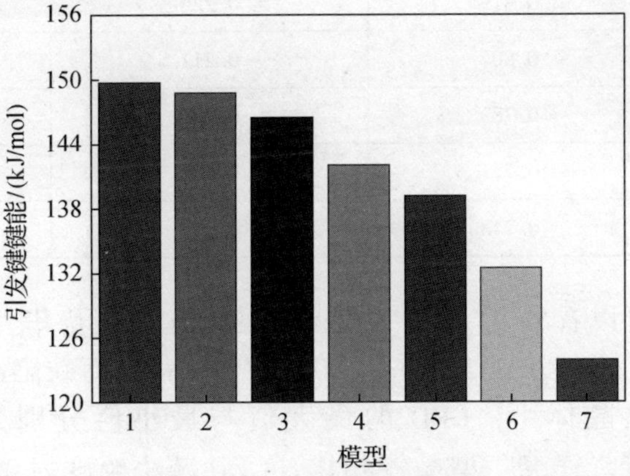


**图 6-14　不同 HMX/NQ 共晶模型中键连双原子作用能**

从图 6-14 可以看出，“完美”型晶体（Model-1）的键连双原子作用能最大（149.75kJ/mol），而缺陷晶体的键连双原子作用能均有不同程度的减小。其中，当掺杂率为 1.39%（Model-2）时，键连双原子作用能为 148.81kJ/mol；当掺杂率为 16.67%（Model-7）时，键连双原子作用能为 123.94kJ/mol，键连双原子作用能减小的幅度为 0.63%~17.24%。键连双原子作用能减小，说明引发键的强度减弱，键断裂时需要的能量降低，即含能材料的感度升高，安全性降低。此外，图 6-14 也表明，随着掺杂率的增加，即缺陷数量的增加，键连双原子作用能逐渐减小，预示炸药的感度逐渐升高，安全性逐渐减弱。因此，晶体缺陷会对炸药的安全性产生不利影响。在缺陷晶体中，键连双原子作用能减小的原因可能是由于晶体结构与分子排列方式发生改变，NQ 的钝感效应降低，HMX 的活性增强，从而使引发键键能减小，感度升高。

2）CED

CED 定义为单位体积内 1mol 物质由凝聚态变为气态时，克服分子间作用力所做的功。CED 属于非键力，在数值上等于范德华力与静电力之和。

通过分子动力学模拟，得到不同模型的 CED、范德华力与静电力，结果如表 6－4 所列。

**表 6－4　不同 HMX/NQ 共晶模型的 CED、范德华力与静电力**

| 模型 $n$ | CED/（$kJ/cm^3$） | 范德华力/（$kJ/cm^3$） | 静电力/（$kJ/cm^3$） |
|---|---|---|---|
| Model－1 | 0.839 | 0.232 | 0.607 |
| Model－2 | 0.832 | 0.229 | 0.603 |
| Model－3 | 0.819 | 0.220 | 0.599 |
| Model－4 | 0.807 | 0.211 | 0.596 |
| Model－5 | 0.783 | 0.206 | 0.577 |
| Model－6 | 0.771 | 0.203 | 0.568 |
| Model－7 | 0.748 | 0.197 | 0.551 |

从表 6－4 可以看出，"完美"型晶体的 CED、范德华力与静电力最大，分别为 $0.839kJ/cm^3$、$0.232kJ/cm^3$、$0.607kJ/cm^3$，而缺陷晶体的能量均有所减小。在缺陷晶体中，CED 的最大值与最小值分别为 $0.832kJ/cm^3$、$0.748kJ/cm^3$。与"完美"型晶体相比，CED 减小幅度为 0.83%～10.85%。CED 减小，表明炸药由凝聚态变为气态时吸收的能量减小，预示炸药的感度升高，安全性降低。此外，随着掺杂率的增加，CED 逐渐减小，表明炸药的感度随着晶体缺陷的增加而逐渐升高。CED 减小的原因可能是晶体结构遭到破坏，分子排列方式发生改变，从而导致分子间的范德华力与静电力作用强度减弱，CED 减小，感度升高。

**3. 稳定性**

结合能（$E_b$）定义为分子之间相互作用力（$E_{inter}$）的负值，主要用来预测体系的稳定性。结合能越大，说明分子之间的相互作用力越强，体系的稳定性越好。

对于 HMX/NQ 共晶及其掺杂缺陷晶体，结合能的计算公式为

$$E_b = -E_{inter} = -[E_{total} - (E_{NQ} + E_{other})] \tag{6.4}$$

式中：$E_b$为结合能（kJ/mol）；$E_{inter}$为分子之间的相互作用力（kJ/mol）；$E_{total}$为混合体系达到平衡状态时对应的总能量（kJ/mol）；$E_{NQ}$为去掉体系中的

其他组分后，NQ 分子对应的总能量（kJ/mol）；$E_{other}$ 为去掉 NQ 分子后，体系中的 HMX 与 RDX 分子对应的总能量（kJ/mol）。

通过计算，得到不同模型对应的结合能，如图 6－15 所示。

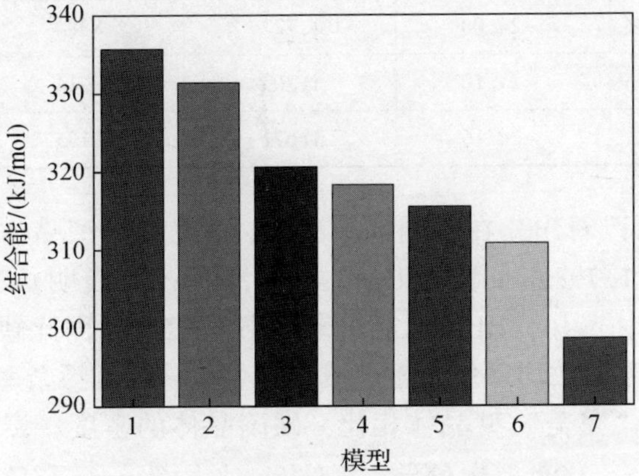


**图 6－15　不同 HMX/NQ 共晶模型的结合能**

从图 6－15 可以看出，“完美”型晶体（Model－1）的结合能最大（335.7kJ/mol），表明 HMX 与 NQ 分之间的相互作用力最强，炸药的稳定性最好。缺陷晶体的结合能均有不同程度的减小且随着掺杂率的增加，结合能逐渐减小。其中当掺杂率为 1.39%（Model－2）时，结合能为 331.4kJ/mol；当掺杂率为 16.67%（Model－7）时，结合能为 298.6kJ/mol，结合能减小的幅度为 1.28%～11.05%。结合能减小，说明分子之间相互作用力的强度减弱，炸药的稳定性降低。结合能减小的原因可能是由于晶体缺陷的影响，炸药的结构遭到破坏，分子的排列方式发生了变化，从而导致分子之间的相互作用力减弱，结合能减小。

**4. 爆轰性能**

根据前面章节中提到的修正氮当量理论[24]，通过计算得到不同模型的爆轰参数，结果如表 6－5 所列，其中炸药的密度可以直接从分子动力学结果中提取得到。

**表 6－5　不同 HMX/NQ 共晶模型的爆轰参数**

| 模型 $n$ | OB/% | $\rho$/(g/cm³) | $D$/(km/s) | $p$/GPa |
|---|---|---|---|---|
| Model－1 | －24.00 | 1.798 | 8664 | 34.00 |
| Model－2 | －24.01 | 1.782 | 8605 | 33.37 |
| Model－3 | －24.02 | 1.763 | 8536 | 32.64 |

续表

| 模型 n | OB/% | ρ/(g/cm³) | D/(km/s) | p/GPa |
|---|---|---|---|---|
| Model - 4 | -24.05 | 1.756 | 8509 | 32.36 |
| Model - 5 | -24.08 | 1.722 | 8384 | 31.08 |
| Model - 6 | -24.10 | 1.703 | 8314 | 30.37 |
| Model - 7 | -24.16 | 1.671 | 8195 | 29.18 |

从表6-5可以看出，在不同的模型中，“完美”型晶体的密度与爆轰参数最大，分别为1.798g/cm³、8664m/s、34.00GPa，表明炸药的能量密度最高。在缺陷晶体中，由于RDX的能量密度小于HMX，因此缺陷晶体的氧平衡系数、密度与爆轰参数均呈现出逐渐减小的变化趋势且掺杂率越高，密度与爆轰参数越小。与“完美”型晶体相比，缺陷晶体的密度、爆速与爆压减小幅度分别为0.89%~7.06%、0.68%~5.41%、1.85%~14.18%。密度与爆轰参数减小，表明炸药的威力减小，能量密度降低，因此晶体缺陷会对炸药的能量特性产生不利影响。

**5. 力学性能**

当HMX/NQ共晶模型达到热力学平衡状态后，通过分子动力学计算，可以得到不同模型的力学性能参数，结果如表6-6与图6-16所示。

**表6-6 不同类型的HMX/NQ共晶模型的力学性能**

| 参数 | Model - 1 | Model - 2 | Model - 3 | Model - 4 | Model - 5 | Model - 6 | Model - 7 |
|---|---|---|---|---|---|---|---|
| $C_{11}$/GPa | 14.969 | 14.690 | 14.036 | 13.591 | 12.526 | 11.932 | 10.872 |
| $C_{22}$/GPa | 13.815 | 13.632 | 12.750 | 11.489 | 10.838 | 10.245 | 9.753 |
| $C_{33}$/GPa | 11.438 | 11.235 | 10.672 | 10.217 | 9.427 | 8.873 | 8.384 |
| $C_{44}$/GPa | 6.539 | 6.116 | 5.679 | 4.990 | 4.271 | 4.079 | 2.955 |
| $C_{55}$/GPa | 5.820 | 5.621 | 5.128 | 4.631 | 4.369 | 4.078 | 3.937 |
| $C_{66}$/GPa | 5.237 | 5.119 | 5.003 | 4.770 | 4.617 | 4.387 | 4.202 |
| $C_{12}$/GPa | 6.748 | 6.433 | 6.211 | 5.919 | 5.536 | 5.382 | 4.951 |
| $C_{13}$/GPa | 6.187 | 5.856 | 5.487 | 5.208 | 4.696 | 4.383 | 4.257 |
| $C_{23}$/GPa | 5.922 | 5.771 | 5.216 | 5.092 | 5.038 | 4.967 | 4.626 |
| $C_{15}$/GPa | -0.113 | 0.038 | 0.212 | -0.167 | 0.069 | 0.025 | -0.080 |

续表

| 参数 | Model－1 | Model－2 | Model－3 | Model－4 | Model－5 | Model－6 | Model－7 |
|---|---|---|---|---|---|---|---|
| $C_{25}$/GPa | 0.096 | －0.015 | 0.146 | 0.025 | 0.216 | －0.231 | 0.101 |
| $C_{35}$/GPa | 0.148 | 0.037 | －0.125 | 0.039 | －0.038 | －0.118 | －0.121 |
| $C_{46}$/GPa | －0.044 | 0.115 | 0.101 | －0.172 | －0.193 | 0.078 | 0.027 |
| $E$/GPa | 13.389 | 13.283 | 12.921 | 12.419 | 11.074 | 10.430 | 9.021 |
| $\gamma$ | 0.228 | 0.228 | 0.228 | 0.227 | 0.231 | 0.230 | 0.234 |
| $K$/GPa | 8.225 | 8.139 | 7.917 | 7.582 | 6.861 | 6.438 | 5.652 |
| $G$/GPa | 5.490 | 5.408 | 5.261 | 5.061 | 4.498 | 4.240 | 3.655 |
| ($C_{12}$—$C_{44}$)/GPa | 0.209 | 0.317 | 0.532 | 0.929 | 1.265 | 1.303 | 1.996 |

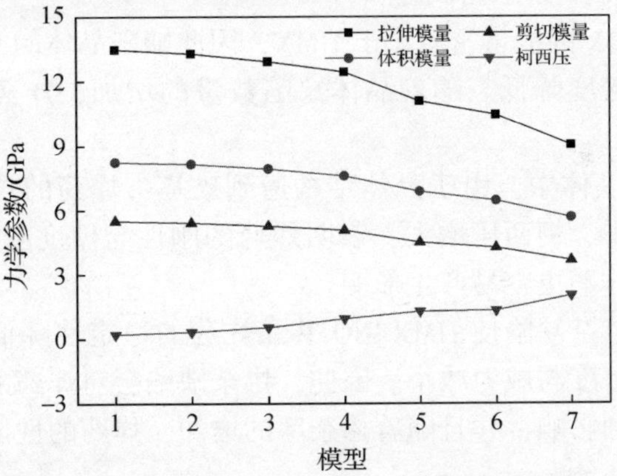


**图 6－16　不同 HMX/NQ 共晶模型的力学性能**

从表 6－6 与图 6－16 可以看出，“完美”型模型（Model－1）的拉伸模量、体积模量与剪切模量的值最大，分别为 13.389GPa、8.225GPa、5.490GPa，而柯西压（$C_{12}$—$C_{44}$）的值最小（0.209GPa），表明炸药的刚性与硬度最强，而延展性较差。由于晶体缺陷的影响，$E$、$K$、$G$ 的值减小，而柯西压增大。在缺陷晶体中，Model－2（掺杂率为 1.39%）的 $E$、$K$、$G$ 最大，分别为 13.283GPa、8.139GPa、5.408GPa，柯西压为 0.317GPa；而 Model－7（掺杂率为 16.67%）对应的模量最小，分别为 9.021GPa、5.652GPa、3.655GPa，柯西压为 1.996GPa。与“完美”型模型相比，$E$、$K$、$G$ 减小的幅度分别为 0.106～4.368GPa、0.086～2.573GPa、0.082～1.835GPa，而柯西压的增大幅

度为0.108~1.787GPa。模量减小表明炸药的刚性与硬度降低，柯西压增大表明炸药的延展性增强。在缺陷晶体中，模量减小的原因可能是由于晶体结构遭到破坏，分子排列方式发生了变化，从而使晶体的对称性破坏，抵抗变形的能力减弱，在外界作用下，晶体更容易产生形变。

### 6.3.3 本节小结

本节采用分子动力学方法，分别预测了“完美”型与含有掺杂晶体缺陷的HMX/NQ共晶炸药的稳定性、感度、爆轰性能与力学性能，研究并评估了掺杂晶体缺陷对炸药性能的影响，得出以下结论。

（1）与“完美”型晶体相比，缺陷晶体的结合能减小，分子之间的相互作用力减弱，炸药的稳定性降低。随着缺陷数量的增加，结合能逐渐减小，炸药的稳定性逐渐减弱。

（2）缺陷晶体的引发键键长增大，而键连双原子作用能与CED减小，表明炸药的感度升高，安全性降低。

（3）由于RDX的能量密度小于HMX，因此缺陷晶体的密度与爆轰参数减小，威力与能量密度降低。随着晶体缺陷数量的增加，炸药的能量特性逐渐减弱。

（4）在缺陷晶体中，由于晶体结构遭到破坏，炸药的拉伸模量、体积模量与剪切模量减小，柯西压增大，表明炸药的刚性与硬度降低，延展性增强。在外界作用下，炸药更容易产生形变。

综合来看，掺杂缺陷使HMX/NQ共晶炸药的稳定性降低，感度升高，安全性减弱，能量密度与威力减小。因此，掺杂缺陷会对炸药的稳定性、感度与能量特性产生不利影响，并且随着掺杂率的增加，炸药的性能逐渐变差。

## ◇ 参考文献 ◇


[1] Lara - Ochoa F, Espinosa - Pérez G. Cocrystals definitions [J]. Supramolecular Chemistry, 2007, 19 (8): 553 - 557.

[2] Bond A D. What is a co - crystal [J]. CrystEngComm, 2007, 9: 833 - 834.

[3] Zhang C Y, Xiong Y, Jiao F B, et al. Redefining the term of cocrystal and broadening its intension [J]. Crystal Growth & Design, 2019, 19 (3): 1471 - 1478.

[4] Liu G R, Wei S H, Zhang C Y. Review of the intermolecular interactions in energetic molecular cocrystals [J]. Crystal Growth & Design, 2020, 20 (10): 7065 - 7069.

[5] Lin H, Zhu S G, Li H Z, et al. Synthesis, characterization, AIM and NBO analysis of HMX/DMI cocrystal explosive [J]. Journal of Molecular Structure, 2013, 1048: 339 - 348.

[6] Lin H, Zhu S G, Li H Z, et al. Structure and detonation performance of a novel HMX/LLM - 105

cocrystal explosive [J]. Journal of Physical Organic Chemistry, 2013, 26: 898-907.

[7] Li H Q, An C W, Guo W J, et al. Preparation and performance of nano HMX/TNT cocrystals [J]. Propellants, Explosives, Pyrotechnics, 2015, 40 (5): 652-658.

[8] Lin H, Chen J F, Zhu S G, et al. Synthesis, characterization, detonation performance, and DFT calculation of HMX/PNO cocrystal explosive [J]. Journal of Energetic Materials, 2017, 35 (1): 95-108.

[9] Han G, Gou R J, Ren F D, et al. Theoretical investigation into the influence of molar ratio on binding energy, mechanical property and detonation performance of 1, 3, 5, 7-tetranitro-1, 3, 5, 7-tetrazacyclooctane (HMX) /1-methyl-4, 5-dinitroimidazole (MDNI) cocrystal explosive [J]. Computational and Theoretical Chemistry, 2017, 1109: 27-35.

[10] Du Y H, Liu F S, Liu Q J, et al. HMX/NMP cocrystal explosive: first-principles calculations [J]. Journal of Molecular Modeling, 2021, 27 (9): 254.

[11] Li M Y, Bai L F, Ju X, et al. The cocrystal mechanism of HMX and LLM-105 by theoretical simulations [J]. Journal of Crystal Growth, 2020, 546: 125775.

[12] Shi Y B, Bai L F, Li J H, et al. Theoretical calculation into the effect of molar ratio on the structures, stability, mechanical properties and detonation performance of 1, 3, 5, 7-tetranitro-1, 3, 5, 7-tetrazocane/1, 3, 5-trinitro-1, 3, 5-triazacyco-hexane cocrystal [J]. Journal of Molecular Modeling, 2019, 25 (9): 299.

[13] Shi Y B, Gong J, Hu X Y, et al. Comparative investigation on the thermostability, sensitivity, and mechanical performance of RDX/HMX energetic cocrystal and its mixture [J]. Journal of Molecular Modeling, 2020, 26 (7): 176.

[14] Wu X W, Liu Z C, Zhu W H. Conformational changes and decomposition mechanisms of HMX-based cocrystal explosives at high temperature [J]. The Journal of Physical Chemistry C, 2019, 124 (1): 25-36.

[15] Lin H, Zhu S G, Zhang L, et al. Intermolecular interactions, thermodynamic properties, crystal structure, and detonation performance of HMX/NTO cocrystal explosive [J]. International Journal of Quantum Chemistry, 2013, 113: 1591-1599.

[16] Sun H. Compass: an ab initio force-field optimized for condense-phase applications-overview with details on alkanes and benzene compounds [J]. The Journal of Physical Chemistry B, 1998, 102: 7338-7364.

[17] Sun H, Ren P, Fried J R. The COMPASS force field: parameterization and validation for phosphazenes [J]. Computational and Theoretical Polymer Science, 1998, 8: 229-246.

[18] Andersen H C. Molecular dynamics simulations at constant pressure and/or temperature [J]. Journal of Chemical Physics, 1980, 72 (4): 2384-2393.

[19] Parrinello M, Rahman A. Polymorphic transitions in single crystals: a new molecular dynamics method [J]. Journal of Applied Physics, 1981, 52 (12): 7182-7190.

[20] Allen M P, Tildesley D J. Computer Simulation of Liquids [M]. Oxford: Oxford University Press, 1987.

[21] Ewald P P. Evaluation of optical and electrostatic lattice potentials [J]. Annals of Physics, 1921, 64: 253-287.

[22] Mullay J. Relationships between impact sensitivity and molecular electronic structure [J]. Propellants, Explosives, Pyrotechnics, 1987, 12 (4): 121 - 124.

[23] Zhou T T, Huang F L. Effect of defects on thermal decomposition of HMX via ReaxFF molecular dynamics simulations [J]. The Journal of Physical Chemistry B, 2011, 115 (2): 278 - 287.

[24] 国迁贤, 张厚生. 炸药爆轰性质计算的氮当量公式及修正氮当量公式：炸药爆速的计算 [J]. 爆炸与冲击, 1983, 3 (3): 56 - 66.

[25] 丁雄. 以硝基胍为基的钝感高能共晶含能材料设计 [D]. 太原：中北大学, 2016.

# 缩略词表

| 英文缩写 | 英文全称 | 中文译名 |
| --- | --- | --- |
| CL－20 | hexanitrohexaazaisowurtzitane | 六硝基六氮杂异伍兹烷 |
| DFT | density functional theory | 密度泛函理论 |
| DNB | 1,3－dinitrobenzene | 1,3－二硝基苯 |
| DNT | 2,4－dinitrotoluene | 2,4－二硝基甲苯 |
| EMs | energetic materials | 含能材料 |
| HEDC | high energy density compounds | 高能量密度化合物 |
| HMX | octahydro－1,3,5,7－tetranitro－1,3,5,7－tetrazocine | 奥克托今/环四亚甲基四硝胺 |
| HNB | hexanitrobenzene | 六硝基苯 |
| NQ | nitroguanidine | 硝基胍 |
| NTO | 3－nitro－1,2,4－triazol－5－one | 3－硝基－1,2,4－三唑－5－酮 |
| PBX | polymer bonded explosive | 高聚物黏结炸药 |
| PE | pentaerythrotol | 季戊四醇 |
| PEDiN | pentaerythritol dinitrate | 季戊四醇二硝酸酯 |
| PEMonoN | pentaerythritol mononitrate | 季戊四醇一硝酸酯 |
| PETN | pentaerythritol tetranitrate | 太安/季戊四醇四硝酸酯 |
| PETriN | pentaerythritol trinitrate | 季戊四醇三硝酸酯 |
| PNMAIW | 4,6,8,10,12－pentanitro－2－acetyl－2,4,6,8,10,12－hexaazaisowurtzitane | 4,6,8,10,12－五硝基－2－乙酰基－2,4,6,8,10,12－六氮杂异伍兹烷 |
| RDX | hexahydro－1,3,5－trinitro－1,3,5－triazine | 黑索今/环三亚甲基三硝胺 |
| TADBIW | tetraacetyldibenzylhexaazaisowurtzitane | 四乙酰基二苄基六氮杂异伍兹烷 |
| TATB | 1,3,5－triamino－2,4,6－trinitrobenzene | 1,3,5－三氨基－2,4,6－三硝基苯 |
| TKX－50 | 5,5′－bistetrazole－1,1′－diolate | 1,1′-二羟基-5,5′-联四唑二羟胺盐 |
| TNB | 1,3,5－trinitrobenzene | 1,3,5－三硝基苯 |
| TNT | 2,4,6－trinitrotoluene | 2,4,6－三硝基甲苯 |

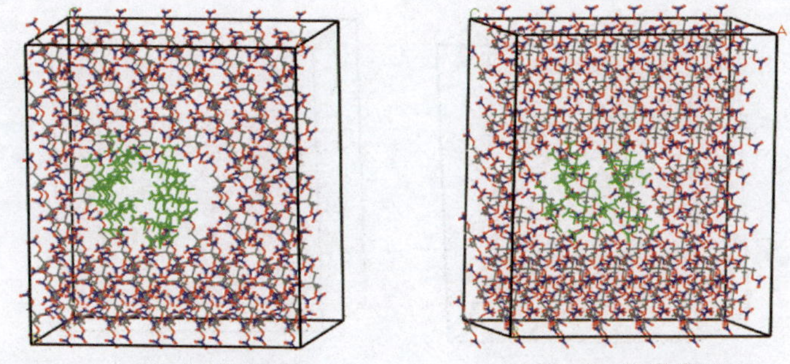

（a）PETN位错模型-1　　（b）PETN位错模型-2

**图 3 –3　PETN 的位错缺陷模型**

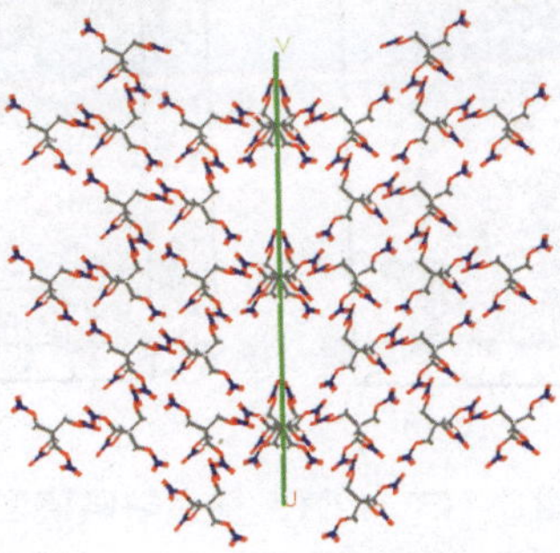

**图 3 –4　PETN 的孪晶缺陷模型**

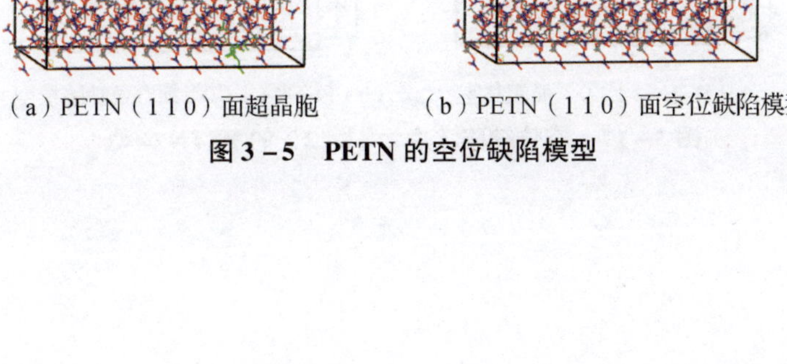

（a）PETN（1 1 0）面超晶胞　　（b）PETN（1 1 0）面空位缺陷模型

**图 3 –5　PETN 的空位缺陷模型**

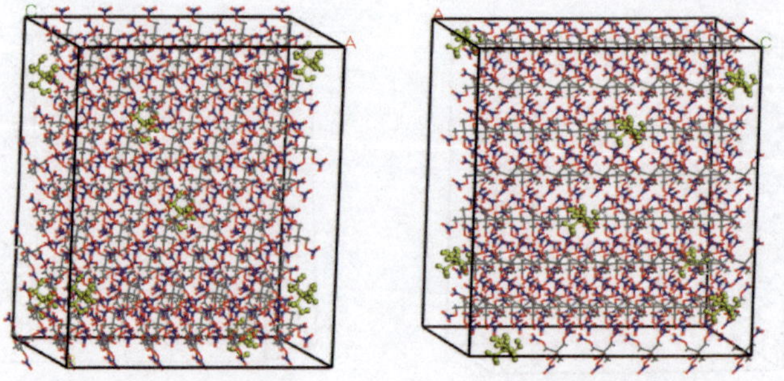

（a）PE掺杂模型　　（b）PEMonoN掺杂模型

（c）PEDiN掺杂模型　　（d）PETriN掺杂模型

**图 3－13　PETN 掺杂缺陷模型**

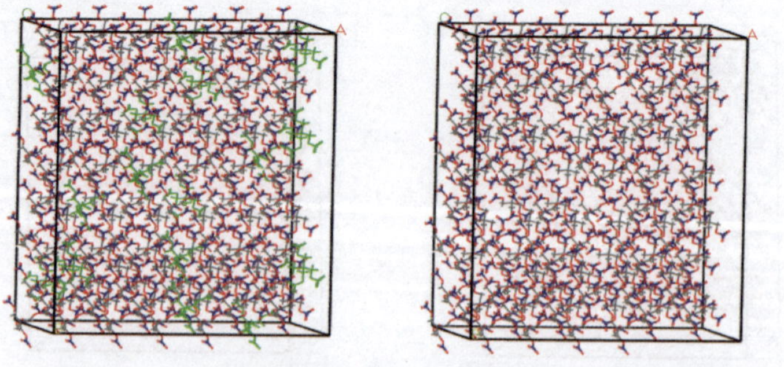

（a）PETN（110）面超晶胞　　（b）PETN（110）面空位缺陷模型

**图 3－17　空位缺陷浓度为 11.12%的 PETN 模型**

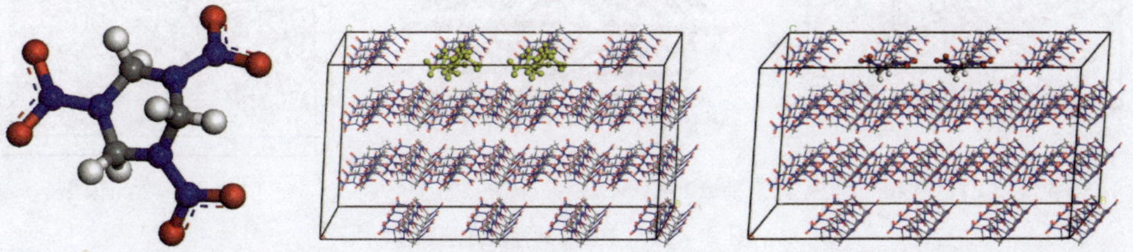

（a）RDX　（b）初始晶胞模型　（c）含有掺杂缺陷的晶胞模型

**图 3 – 22　RDX 分子、初始晶胞模型与含有掺杂缺陷的晶胞模型**

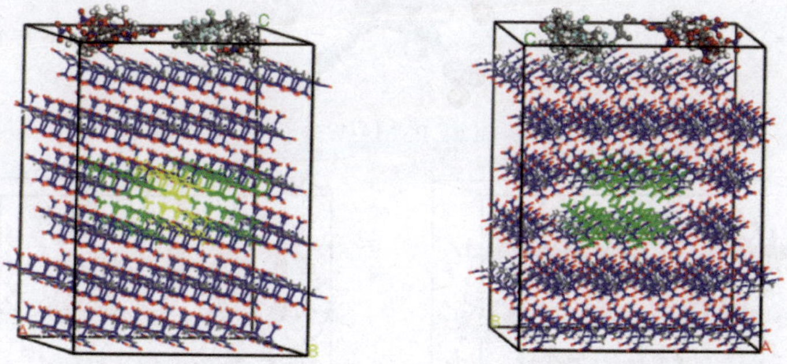

（a）PBX初始模型　（b）PBX位错缺陷模型

**图 4 – 8　PBX 位错缺陷模型**

（a）（001）面PBX初始模型　（b）PBX空位缺陷模型

**图 4 – 9　PBX 空位缺陷模型**

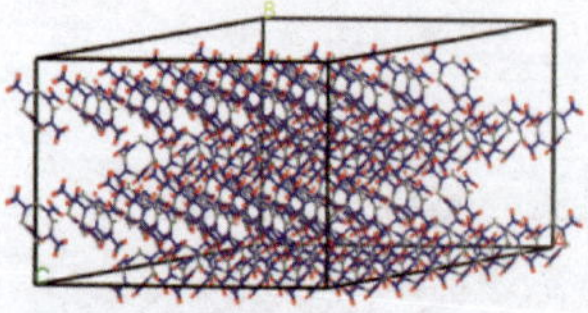

（a）（5×2×5）HMX超晶胞模型

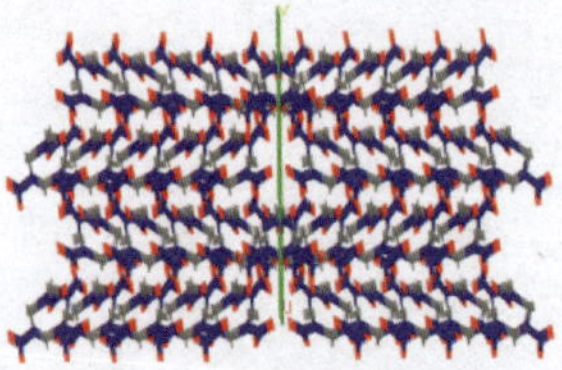

（b）HMX超晶胞孪晶模型

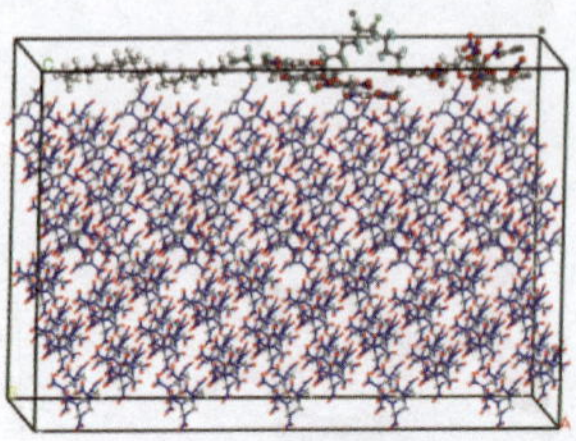

（c）PBX孪晶模型

**图 4－11　PBX 孪晶缺陷模型**

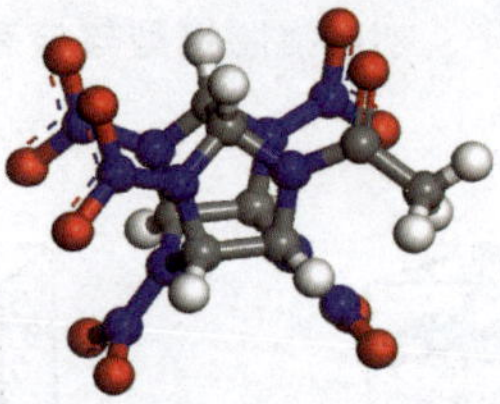

（a）PNMAIW分子

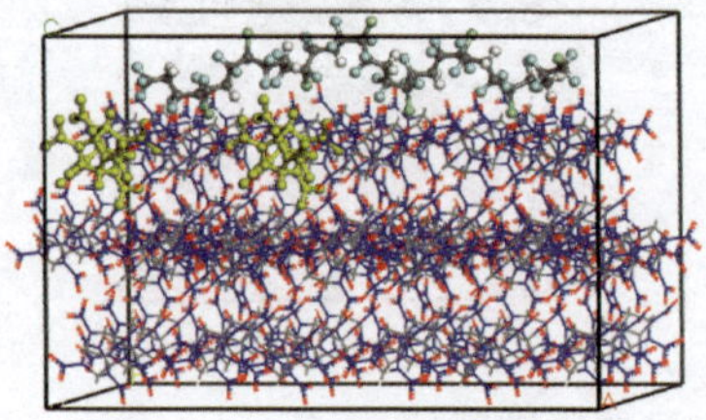

（b）初始PBX模型

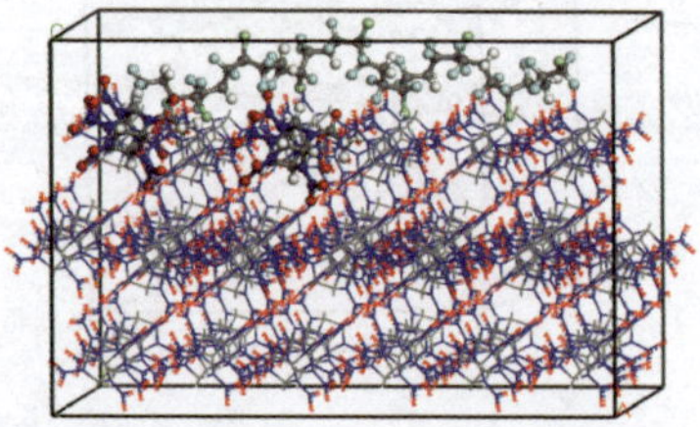

（c）掺杂率为2.78%的缺陷PBX模型

**图 4－27　PNMAIW 分子模型、初始 PBX 模型与掺杂率为 2.78%的缺陷 PBX 模型**

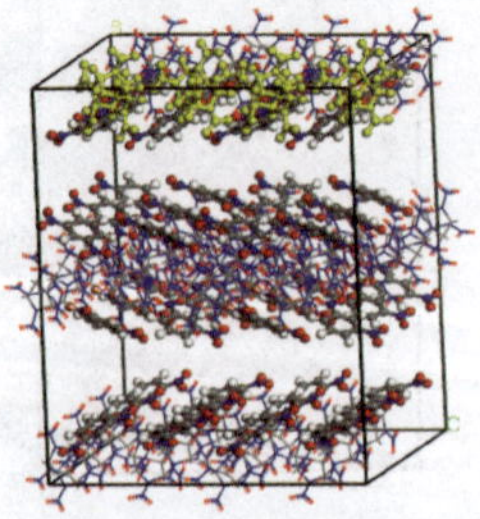

（a）

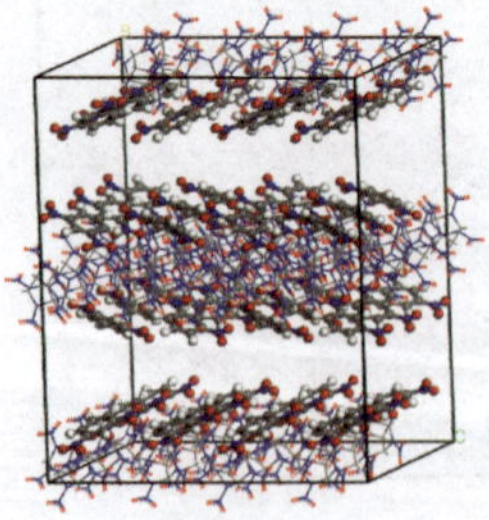

（b）

**图 5－4　初始晶胞模型与含空位缺陷的晶胞模型**

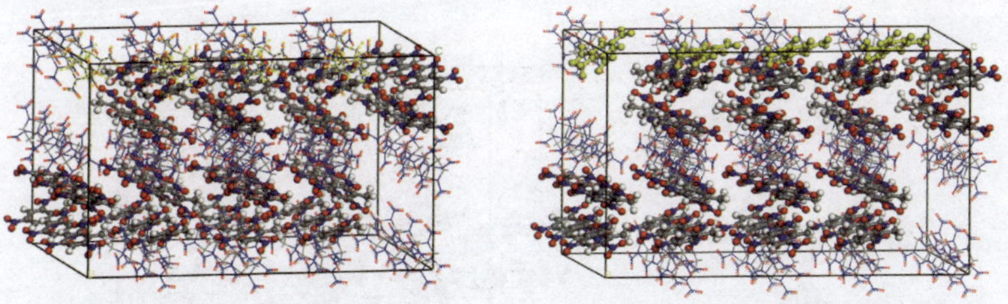

（a）　（b）

**图 5-12　用 TNT 分子替换 CL-20 分子所得缺陷晶体模型**

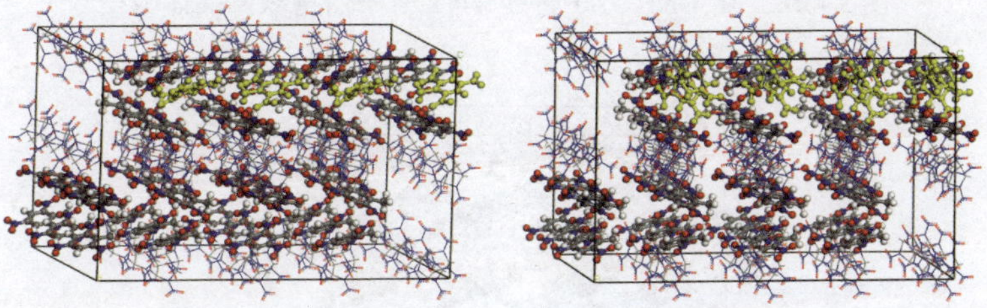

（a）　（b）

**图 5-13　用 CL-20 分子替换 TNT 分子所得缺陷晶体模型**

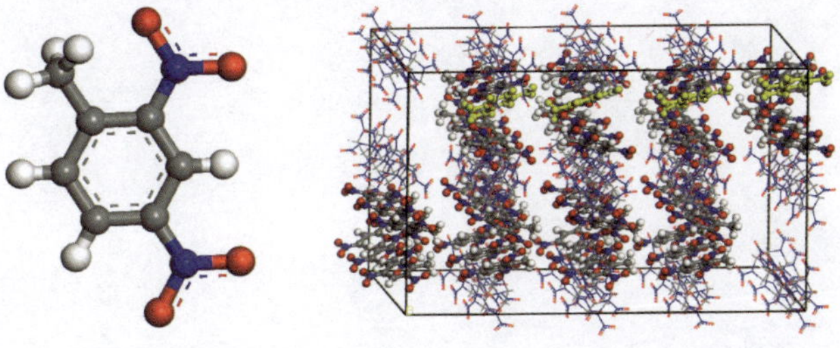

（a）　（b）

**图 5-14　用 DNT 分子替换 TNT 分子所得缺陷晶体模型**

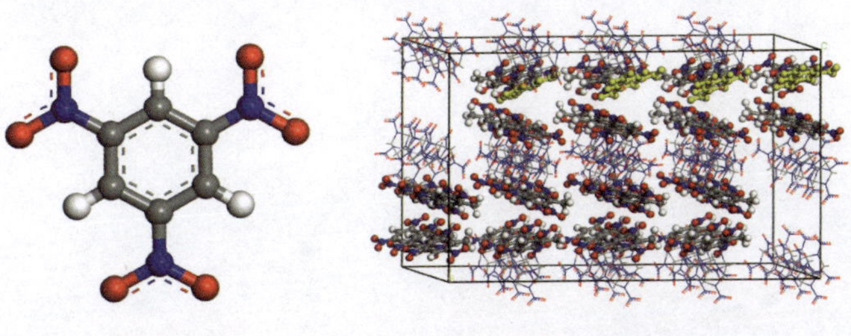

（a）　（b）

**图 5-15　用 TNB 分子替换 TNT 分子所得缺陷晶体模型**

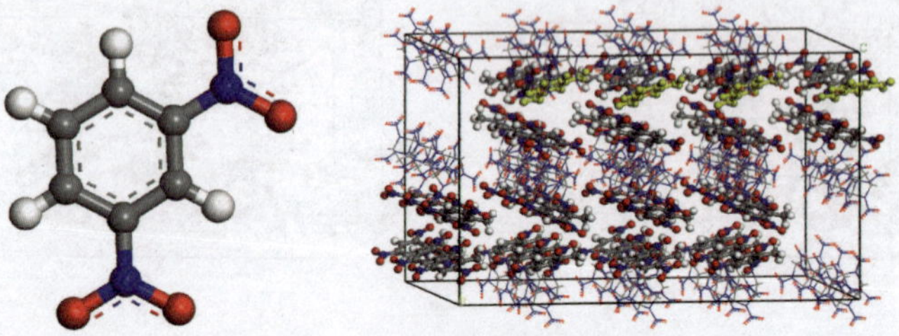

（a）　　　　　　　　　　　　（b）

**图 5－16　用 DNB 分子替换 TNT 分子所得缺陷晶体模型**

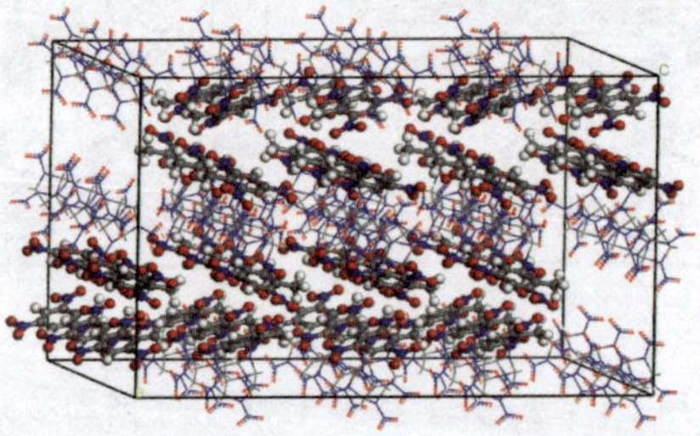

**图 5－17　删除 4 个 TNT 分子所得缺陷晶体模型（Model－7）**